Knut Smoczyk
Analysis 2

Knut Smoczyk

Analysis 2
Differentialrechnung mehrerer Veränderlicher

2., durchgesehene Auflage mit zahlreichen Übungen und Lösungen

Bibliografische Information der Deutschen Nationalbibliothek:

Die Deutsche Nationalbibliothek verzeichnet diese Publikation in der Deutschen Nationalbibliografie; detaillierte bibliografische Daten sind im Internet über http://dnb.d-nb.de abrufbar.

Die automatisierte Analyse des Werkes, um daraus Informationen insbesondere über Muster, Trends und Korrelationen gemäß §44b UrhG („Text und Data Mining") zu gewinnen, ist untersagt.

Mathematics Subject Classification (2020); 26-01, 00AXX

Verlag: BoD · Books on Demand GmbH, Überseering 33, 22297 Hamburg, bod@bod.de

Druck: Libri Plureos GmbH, Friedensallee 273, 22763 Hamburg

Satz: Reproduktionsfertige Vorlage vom Autor

Abbildungen: Erstellt vom Autor unter LaTeX mit PsTricks

ISBN: 978-3-8192-7729-0

Vorwort

Das vorliegende Buch zur *Analysis 2* setzt den ersten Band der Analysis fort und richtet sich weiterhin in erster Linie an Studierende der Mathematik, Physik und des Lehramts im zweiten Semester. Es basiert auf Vorlesungen, die ich wiederholt an der Leibniz Universität Hannover gehalten habe.

Seit der ersten Auflage habe ich von Studierenden sowie von Kolleginnen und Kollegen vielfältiges und wertvolles Feedback erhalten, das es mir ermöglichte, gezielt auf die Bedürfnisse der Leserinnen und Leser einzugehen. Dieses Feedback bildete eine wesentliche Grundlage, um das Buch inhaltlich zu überarbeiten, klarer zu strukturieren und didaktisch weiter zu optimieren. So wurde diese zweite Auflage um zahlreiche Verbesserungen und Erweiterungen ergänzt, die darauf abzielen, den Zugang zu den komplexen Themen der Analysis noch benutzerfreundlicher zu gestalten.

Ein besonderer Schwerpunkt dieser überarbeiteten Auflage liegt in der Erweiterung der Übungsaufgaben sowie der Hinzufügung von Lösungen ausgewählter Aufgaben. Diese ergänzenden Materialien sollen den Studierenden helfen, das Verständnis der behandelten Themen zu vertiefen und eine solide Basis für die eigenständige Erarbeitung von Lösungen zu schaffen.

Inhaltlich bleibt das Buch seiner bewährten Struktur treu: Im ersten Kapitel werden grundlegende topologische Begriffe eingeführt. Dazu zählen das Konzept von offenen, abgeschlossenen und kompakten Mengen. Für Abbildungen zwischen geeigneten topologischen und metrischen Räumen lassen sich verschiedene Konvergenz- und Stetigkeitsbegriffe definieren. Der BANACHSCHE Fixpunktsatz für kontrahierende Abbildungen zwischen BANACH-Räumen im zweiten Kapitel gehört zu den wertvollsten Sätzen der Analysis.

In den darauffolgenden Kapiteln werden verschiedene Themen zur Differenzierbarkeit behandelt. So werden insbesondere die partielle und totale Differenzierbarkeit von Abbildungen zwischen endlichdimensionalen reellen Vektorräumen sowie zwischen BANACH-Räumen untersucht. Der äußerst bedeutende Satz über implizite Funktionen wird im vierten Kapitel bewiesen. Im anschließenden fünften Kapitel beschäftigen wir uns mit Extremwerten von Funktionen mehrerer Veränderlicher, auch unter zusätzlichen Nebenbedingungen. Die im sechsten Kapitel eingeführten Untermannigfaltigkeiten des $\mathbb{R}^n$ lassen sich oft über den ebenfalls dort bewiesenen Satz vom regulären Wert als Niveaumengen reeller Abbildungen darstellen. Der Satz über implizite Funktionen spielt dabei eine zentrale Rolle.

Auch das Kapitel über gewöhnliche Differentialgleichungen, das aufgrund seiner Relevanz für weiterführende Studien ausführlicher gestaltet ist, wurde erneut sorgfältig überarbeitet und erweitert.

Für die Unterstützung bei der Auswahl und Erstellung der Übungsaufgaben sowie für hilfreiche Anmerkungen möchte ich mich herzlich bei Herrn Priv.-Doz. Dr. Lutz Habermann bedanken.

Ich hoffe, dass diese zweite, überarbeitete Auflage erneut ein wertvolles Werkzeug für Studierende der Analysis sein wird, und freue mich weiterhin auf Anregungen und Feedback, um dieses Werk auch zukünftig weiter verbessern zu können.

Knut Smoczyk, Hannover, April 2025

Inhaltsverzeichnis

1. Topologische und metrische Räume

In den kommenden Kapiteln werden wir uns das Ziel setzen, die Konzepte der *Stetigkeit* und *Differenzierbarkeit* reeller Funktionen auf eine möglichst breite Klasse von Abbildungen $f : M \to N$ zwischen geeigneten Mengen auszudehnen. Dazu werden wir zunächst den Begriff des *topologischen Raums* einführen. Topologien gehören zu den grundlegendsten Strukturen, mit denen Mengen ausgestattet werden können. Der Begriff *Topologie* leitet sich aus dem Griechischen ab, wobei *tópos* für *Ort* und *lógos* für *Lehre* steht. Die durch topologische Strukturen beschriebene *Lehre vom Ort* ermöglicht es insbesondere, intuitive Konzepte wie *Nähe* und *Konvergenz* mathematisch präzise zu formulieren.

1.1. Topologische Räume

Für eine beliebige Menge M sei

$$\mathfrak{P}(M) := \{U : U \text{ ist Teilmenge von } M\}$$

die *Potenzmenge* der Menge M. Unter einer *Familie von Teilmengen* von M versteht man eine Abbildung $A : I \to \mathfrak{P}(M)$, wobei I eine beliebige Menge ist. Man setzt $A_i := A(i)$ und schreibt die Familie oft in der Form $(A_i)_{i \in I}$. In diesem Kontext heißt I die *Indexmenge* der Familie.

1.1.1 Definition (Topologischer Raum)
Ein *topologischer Raum* ist ein Paar $(M, \mathcal{O})$, bestehend aus einer Menge M und einem System von Teilmengen $\mathcal{O} \subset \mathfrak{P}(M)$ von M, welches den folgenden Axiomen genügt.

(T1) $\varnothing, M \in \mathcal{O}$.

(T2) Aus $U_1, U_2 \in \mathcal{O}$ folgt auch $U_1 \cap U_2 \in \mathcal{O}$.

(T3) Für jede Teilmenge $\mathcal{S} \subset \mathcal{O}$ gilt

$$\bigcup_{U \in \mathcal{S}} U \in \mathcal{O}.$$

Man nennt $\mathcal{O}$ eine *Topologie* auf M. Die Elemente $p \in M$ eines topologischen Raums heißen *Punkte*. Eine Teilmenge $U \subset M$ heißt *offen* bezüglich $\mathcal{O}$, wenn $U \in \mathcal{O}$. Ist das Komplement $A^c = M \setminus A$ einer Teilmenge $A \subset M$ offen, so nennt man A *abgeschlossen*.

Die Theorie der topologischen Räume ist ein zentraler und sehr wichtiger Zweig der Mathematik. Topologische Räume treten in großer Vielfalt und in den unterschiedlichsten Formen auf.

1.1.2 Beispiele

Im Folgenden stellen wir einige der einfachsten topologischen Räume vor. Später werden weitere Beispiele folgen.

(a) DISKRETE UND INDISKRETE TOPOLOGIE.

Jede Menge M kann mit einer Topologie versehen werden. Setzt man

$$\mathcal{O}_{\mathrm{dis}} := \mathfrak{P}(M), \quad \mathcal{O}_{\mathrm{ind}} := \{\varnothing, M\},$$

so kann schnell überprüft werden, dass $\mathcal{O}_{\mathrm{dis}}, \mathcal{O}_{\mathrm{ind}}$ jeweils die Axiome einer Topologie auf M erfüllen. $\mathcal{O}_{\mathrm{dis}}$ nennt man die *diskrete Topologie* auf M und in Analogie hierzu heißt $\mathcal{O}_{\mathrm{ind}}$ die *indiskrete* oder *chaotische* oder *Klumpen-Topologie* auf M. Ein topologischer Raum $(M, \mathcal{O}_{\mathrm{dis}})$, der die diskrete Topologie trägt, heißt *diskret*. Der Begriff *diskrete Topologie* ergibt sich daraus, dass in der diskreten Topologie alle einelementigen Teilmengen $\{x\}$, wobei $x \in M$, offen sind. Umgekehrt gilt aufgrund von **(T3)** in Definition 1.1.1, dass eine Topologie $\mathcal{O}$ auf M genau dann mit der diskreten Topologie übereinstimmt, wenn alle einelementigen Teilmengen von M in Bezug auf $\mathcal{O}$ offen sind.

(b) SIERPINSKI-RAUM.

Auf einer Menge $M = \{x_1, x_2\}$ mit genau zwei Elementen kann eine Topologie durch $\mathcal{O} := \{\varnothing, \{x_1\}, \{x_1, x_2\}\}$ erklärt werden. Dieser topologische Raum wird SIERPINSKI-RAUM genannt.

(c) KOFINITE TOPOLOGIE.

Auf einer beliebigen Menge M lässt sich durch

$$\mathcal{O} := \{U \subset M : U = \varnothing \text{ oder } M \setminus U \text{ ist endlich}\}$$

eine Topologie definieren. Diese heißt *kofinite Topologie*.

(d) TOPOLOGISCHER TEILRAUM.

Eine Topologie $\mathcal{O}$ auf einer Menge M induziert auf natürliche Weise Topologien auf allen Teilmengen von M. Die formale Definition lautet:

Sei $(M, \mathcal{O})$ ein topologischer Raum und $X \subset M$ eine Teilmenge. Die *Teilraumtopologie* auf X, auch *Relativtopologie* genannt, ist die Topologie

$$\mathcal{O}_X := \{U \cap X : U \in \mathcal{O}\}.$$

Die offenen Mengen in X sind also genau die Durchschnitte der Teilmenge X mit den offenen Mengen von M (siehe Abbildung 1.1).

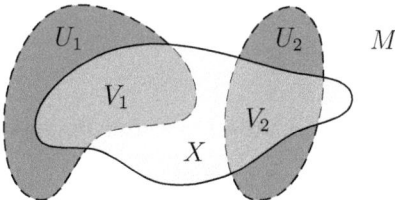

Abbildung 1.1.: Die offenen Mengen V_1, V_2 des topologischen Teilraums $(X, \mathcal{O}_X)$ sind Schnitte von X mit offenen Mengen U_1, U_2 des topologischen Raums $(M, \mathcal{O})$.

(e) NATÜRLICHE TOPOLOGIE DER REELLEN ZAHLEN.

Das wichtigste Beispiel eines topologischen Raums ist $M = \mathbb{R}^n$, ausgestattet mit der Topologie $\mathcal{O}_{\mathbb{R}^n}$, die durch die Norm

$$\|x\| := \sqrt{\sum_{k=1,\dots,n} (x_k)^2},$$

für $x = (x_1, \dots, x_n)$ definiert wird. Eine Teilmenge $U \subset \mathbb{R}^n$ ist genau dann offen (das heißt Element von $\mathcal{O}_{\mathbb{R}^n}$), wenn es für jeden Punkt $x_0 \in U$ ein $\epsilon > 0$ gibt, sodass

$$U(x_0, \epsilon) := \{x \in \mathbb{R}^n : \|x - x_0\| < \epsilon\} \subset U.$$

Wir bezeichnen $\mathcal{O}_{\mathbb{R}^n}$ als die *natürliche Topologie* oder auch als die *Standardtopologie* auf $\mathbb{R}^n$. Wenn wir von der natürlichen Topologie auf $\mathbb{R}^n$ ausgehen, so lassen wir oft den Zusatz $\mathcal{O}_{\mathbb{R}^n}$ weg und bezeichnen die $\mathcal{O}_{\mathbb{R}^n}$-offenen Mengen einfach als offen.

(f) ZURÜCKGEZOGENE TOPOLOGIE.

Gegeben sei ein topologischer Raum $(N, \mathcal{O}_N)$, eine Menge M und eine Abbildung $f : M \to N$. Mit Hilfe von f kann man die Topologie auf N auf M *zurückziehen*. Die zurückgezogene Topologie $\mathcal{O}_M$ auf M wird durch

$$\mathcal{O}_M := f^{-1}(\mathcal{O}_N) := \{U \subset M : U = f^{-1}(V) \text{ mit } V \in \mathcal{O}_N\}$$

definiert. Die Erfüllung der Axiome für eine Topologie wird wie folgt gezeigt:

- Da $f^{-1}(N) = M$ und $f^{-1}(\varnothing) = \varnothing$, ist **(T1)** erfüllt.
- Für $U_i = f^{-1}(V_i)$ mit $i = 1, 2$ gilt $U_1 \cap U_2 = f^{-1}(V_1 \cap V_2)$. Dies zeigt, dass **(T2)** erfüllt ist.

- Analog folgt (**T3**) aus $f^{-1}(\bigcup_{i \in I} V_i) = \bigcup_{i \in I} f^{-1}(V_i)$.

Im Abschnitt 1.2 werden wir eine sehr umfangreiche Klasse topologischer Räume kennenlernen, nämlich die der metrischen Räume.

1.1.a. Umgebungen, Rand, Abschluss und Inneres

Das Konzept des topologischen Raums ermöglicht eine qualitative Beschreibung von *Nähe*. Eine quantitative Beschreibung dieser Nähe ist jedoch im Allgemeinen nicht möglich, da dies zusätzliche Struktur erfordert, wie sie zum Beispiel in metrischen Räumen vorhanden ist (siehe Abschnitt 1.2).

In einem topologischen Raum $(M, \mathcal{O})$ kann man mathematisch beschreiben, ob eine bestimmte Aussage in der Nähe eines Punktes x erfüllt ist. Man sagt, die Aussage sei für alle Punkte *hinreichend nah an x* erfüllt, wenn es eine Umgebung U von x gibt, sodass die Aussage für alle $y \in U$ gilt. Eine Umgebung wird dabei wie folgt definiert:

1.1.3 Definition (Umgebung, Hausdorffraum)
$(M, \mathcal{O})$ sei ein topologischer Raum und $A \subset M$ sei beliebig.

(a) Eine *offene Umgebung* U von A ist eine offene Menge U mit $A \subset U$.

(b) Eine Menge $B \subset M$ mit $A \subset B$ heißt *Umgebung* von A, wenn es ein offenes U mit $A \subset U \subset B$ gibt. Ist U eine Umgebung der Menge $A = \{x\}$, so sagen wir auch, U ist eine Umgebung des Punktes x.

(c) Eine *punktierte Umgebung* des Punktes x ist eine Menge $\dot{U}$, sodass gilt: $x \notin \dot{U}$ und $U := \dot{U} \cup \{x\}$ ist Umgebung von x.

(d) Für $x \in M$ heißt

$$\mathcal{U}(x) := \{U \subset M : U \text{ ist bezüglich } \mathcal{O} \text{ eine Umgebung von } x\}$$

das *Umgebungssystem* von x.

(e) $(M, \mathcal{O})$ heißt HAUSDORFF-Raum, wenn es zu je zwei verschiedenen Punkten $x_1, x_2 \in M$ zwei offene Umgebungen U_1 um x_1 bzw. U_2 um x_2 mit $U_1 \cap U_2 = \varnothing$ gibt. Topologische Räume sind demnach genau dann HAUSDORFFSCH, wenn sich je zwei verschiedene Punkte topologisch trennen lassen.

1.1.4 Beispiel
(a) Die diskrete Topologie $\mathcal{O}_{\text{dis}} := \mathfrak{P}(M)$ ist HAUSDORFFSCH, da zu zwei verschiedenen Punkten $x_1, x_2 \in M$ die beiden Mengen $\{x_1\}, \{x_2\}$ disjunkte offene Umgebungen dieser Punkte sind.

(b) Im SIERPINSKI-Raum ($M = \{x_1, x_2\}, \mathcal{O} = \{\varnothing, \{x_1\}, \{x_1, x_2\}\}$) ist die Menge $\{x_1, x_2\}$ eine offene Umgebung der Menge $\{x_2\}$, jedoch ist $\{x_2\}$ keine Umgebung (weder offen noch sonst) von $\{x_2\}$, da es keine *kleinere* offene Menge gibt, die

$\{x_2\}$ enthält. Der Sierpinski-Raum ist nicht Hausdorffsch, da die einzige offene Umgebung von x_2 auch x_1 enthält.

Für spätere Zwecke notieren wir hier noch eine leicht einzusehende Eigenschaft offener Mengen.

1.1.5 Lemma
Eine nicht leere Teilmenge $U \subset M$ eines topologischen Raums ist genau dann offen, wenn sie eine Umgebung eines jeden Punktes $x \in U$ ist.

Beweis: Ist eine nicht leere Menge U offen, so ist sie insbesondere eine offene Umgebung ihrer Elemente. Sei nun umgekehrt eine nicht leere Menge U gegeben, welche eine Umgebung ihrer Elemente ist. Das bedeutet, dass wir zu jedem $x \in U$ eine offene Umgebung U_x von x finden können mit $U_x \subset U$. Dann folgt

$$U = \bigcup_{x \in U} \{x\} \subset \bigcup_{x \in U} U_x \subset \bigcup_{x \in U} U = U$$

und daher muss in der Inklusionskette überall Gleichheit gelten. Insbesondere folgt dann aus

$$U = \bigcup_{x \in U} U_x,$$

dass U als Vereinigung offener Mengen selbst offen ist. □

Die Qualität eines *Nähebegriffs* hängt maßgeblich von der Wahl der Topologie ab. Die diskrete Geometrie ist hierfür ungeeignet, da jede einpunktige Teilmenge $\{x\}$ dort eine Umgebung von x darstellt. In der diskreten Topologie wäre eine Aussage wie *„Die Eigenschaft gilt in der Nähe von x"* bedeutungslos, da sie lediglich aussagt, dass diese Eigenschaft bei x selbst erfüllt ist.

Auf der anderen Seite ist auch die indiskrete Topologie in diesem Zusammenhang nicht brauchbar, da dort nur eine einzige nichtleere Umgebung von x existiert, nämlich M. Daher ist es erforderlich, Topologien zu wählen, die feiner sind als die indiskrete Topologie, aber gröber als die diskrete Topologie.

Wir betrachten nun die Frage, ob eine sinnvolle Definition von Folgenkonvergenz in einem topologischen Raum möglich ist. Eine naheliegende Definition wäre: Eine Folge $(x_k)_{k \in \mathbb{N}} \subset M$ konvergiert gegen $x \in M$, wenn es zu jeder offenen Umgebung U von x eine natürliche Zahl $n_0 \in \mathbb{N}$ gibt, sodass $x_k \in U$ für alle $k \geq n_0$. In diesem Fall würde x als Grenzwert bezeichnet.

Eine sinnvolle Definition eines Grenzwerts setzt aber voraus, dass dieser eindeutig ist. Das Problem der obigen Definition besteht darin, dass die Eindeutigkeit in einem beliebigen topologischen Raum nicht garantiert werden kann. Es könnte beispielsweise zwei verschiedene Punkte x und $\tilde{x}$ geben, die beide dieselbe Eigenschaft besitzen. Das bedeutet, dass alle bis auf endlich viele Folgenglieder sowohl in jeder offenen Umgebung U von x als auch in jeder offenen Umgebung $\tilde{U}$ von $\tilde{x}$ liegen können, ohne dass dies einen Widerspruch darstellen muss, da die Schnittmenge $U \cap \tilde{U}$ möglicherweise für jede Wahl von U und $\tilde{U}$ nicht leer ist.

Um dies zu verhindern, ist es offensichtlich erforderlich, dass der topologische Raum M zusätzlich HAUSDORFFSCH ist.

1.1.6 Definition (Folgenkonvergenz)

M sei ein HAUSDORFF-Raum. Wir sagen eine Folge $(x_k)_{k \in \mathbb{N}} \subset M$ *konvergiert* gegen $x \in M$, falls es zu jeder offenen Umgebung U von x eine natürliche Zahl $n_0 \in \mathbb{N}$ gibt, sodass $x_k \in U$ für alle $k \geq n_0$. In diesem Fall heißt x der *Grenzwert* oder auch *Limes* der Folge und wir schreiben $x = \lim_{k \to \infty} x_k$.

1.1.7 Satz (Eindeutigkeit des Grenzwerts)

In einem HAUSDORFF-Raum M ist der Grenzwert einer konvergenten Folge $(x_k)_{k \in \mathbb{N}}$ eindeutig bestimmt.

BEWEIS: Es gelte $\lim_{k \to \infty} x_k = p$ und $\lim_{k \to \infty} x_k = q$. Sind U, V jeweils offene Umgebungen von p beziehungsweise q, so existieren $n_1, n_2 \in \mathbb{N}$ mit $x_k \in U$, für alle $k \geq n_1$ und $x_k \in V$, für alle $k \geq n_2$. Somit gilt $x_k \in U \cap V$, für alle $k \geq \max\{n_1, n_2\}$. Insbesondere ist $U \cap V \neq \varnothing$. Also existieren keine disjunkten offenen Umgebungen um p und q. Weil M ein HAUSDORFF-Raum ist, folgt daher $p = q$.   ⊛

1.1.8 Beispiel

In der diskreten Topologie $\mathcal{O}_{\text{dis}} := \mathfrak{P}(M)$, die nach Beispiel 1.1.4(a) HAUSDORRFSCH ist, konvergiert eine Folge $(x_k)_{k \in \mathbb{N}}$ genau dann gegen p wenn es $n \in \mathbb{N}$ mit $x_k = p$ für alle $k \geq n$ gibt, denn $\{p\}$ ist eine offene Umgebung um p.

Ist $S \subset M$ eine Teilmenge, so zerlegt S die Menge M in die Menge der Punkte, die zu S gehören und diejenigen, die in $M \setminus S$ liegen. In einem topologischen Raum ist es zudem möglich, diese Unterteilung noch zu verfeinern, indem man den Rand einer Teilmenge einführt.

1.1.9 Definition (Rand, Abschluss und Inneres)

$(M, \mathcal{O})$ sei ein topologischer Raum und $S \subset M$ eine Teilmenge. Ein Punkt $x \in M$ heißt *Randpunkt* der Menge S, wenn für jede offene Umgebung U von x gilt:

$$S \cap U \neq \varnothing \quad \text{und} \quad (M \setminus S) \cap U \neq \varnothing.$$

Die Menge aller Randpunkte von S wird mit ∂S bezeichnet und heißt der *Rand* von S. Ferner setzen wir

$$\overline{S} := S \cup \partial S, \quad S^\circ := S \setminus \partial S$$

und nennen $\overline{S}$ den *Abschluss* sowie S° das *Innere* der Menge S. Schließlich heißt $M \setminus \overline{S}$ das *Äußere* von S.

Ein Randpunkt einer Menge S muss somit nicht selbst zur Menge S gehören (siehe auch Abbildung 1.2).

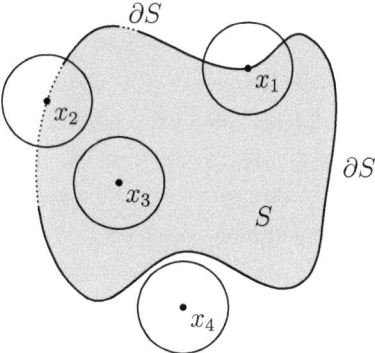

Abbildung 1.2.: Randpunkte einer Menge S können zu S wie auch zu $M \setminus S$ gehören. Hier gilt: $x_1, x_2 \in \partial S$, $x_1 \in S, x_2 \notin S$, $x_3 \in S^\circ$, $x_4 \in M \setminus \overline{S}$.

1.1.10 Bemerkung

Für eine offene Menge U ist $U \cap \partial U = \varnothing$, denn gäbe es $x \in U \cap \partial U$, so wäre U eine offene Umgebung von x und nach Definition der Randpunkte von U, müsste U dann auch Punkte enthalten, die nicht zu U gehören. Dies geht natürlich nicht. Hieraus folgt unmittelbar, dass für offene Mengen stets

$$U^\circ = U$$

erfüllt ist. Aus demselben Grund gilt bei abgeschlossenen Mengen A

$$\overline{A} = A.$$

Für eine beliebige Menge S betrachte man

$$S' := \bigcup_{\substack{U \subset S \\ \text{offen}}} U.$$

Dann ist $S' \subset S$ und S' ist offen. Ist $x \in S^\circ$, das heißt ist x kein Randpunkt von S, so existiert eine offene Umgebung U von x, die keinen Punkt von $M \setminus S$ enthält, das heißt U ist eine offene Umgebung von x mit $U \subset S$. Nach Definition von S' ist daher $x \in S'$ und wir haben $S^\circ \subset S'$. Ist umgekehrt $x \in S'$, so ist S' wegen $S' \subset S$ eine offene Umgebung von x, die keinen Punkt von $M \setminus S$ enthält, das heißt $x \in S \setminus \partial S = S^\circ$. Insgesamt folgt $S' = S^\circ$. Da S' offen ist, haben wir gezeigt:

(i) Das Innere S° jeder Teilmenge S ist offen.

(ii) Weil $\overline{S} = M \setminus S^\circ$, wissen wir auch:

   Der Abschluss $\overline{S}$ jeder Teilmenge S ist abgeschlossen (daher auch der Name).

(iii) Da der Schnitt von zwei abgeschlossenen Mengen wieder abgeschlossen ist, folgt wegen

$$\partial S = \overline{S} \cap \overline{M \setminus S}$$

noch: Der Rand ∂S jeder Teilmenge S ist abgeschlossen.

(iv) Weil das Innere jeder Menge offen ist, schließen wir hieraus:

S ist genau dann offen, wenn $\partial S \cap S = \varnothing$, das heißt genau dann, wenn $\partial S \subset M \setminus S$. Anders ausgedrückt: S ist offen genau dann, wenn $S = S^\circ$.

(v) S ist genau dann abgeschlossen, wenn $\partial S \subset S$, das heißt genau dann, wenn $S = \overline{S}$.

(vi) Demnach ist ebenfalls richtig:

$\partial S = \varnothing \Leftrightarrow S$ ist offen und abgeschlossen.

Gilt für zwei Mengen $S_1 \subset S_2$, so ist auch $S_1^\circ \subset S_2^\circ$ und $\overline{S_1} \subset \overline{S_2}$. Man muss jedoch aufpassen: Aus $S_1 \subset S_2$ folgt nicht $\partial S_1 \subset \partial S_2$, denn zum Beispiel ist $\mathbb{Q} \subset \mathbb{R}$, aber $\partial \mathbb{Q} = \mathbb{R}, \partial \mathbb{R} = \varnothing$.

Wie üblich bezeichne $\mathfrak{P}(M)$ die Potenzmenge von M. Wir betrachten die Abbildungen

$$\pi_I : \mathfrak{P}(M) \to \mathfrak{P}(M), \quad \pi_I(U) := \overline{U}^\circ,$$

$$\pi_A : \mathfrak{P}(M) \to \mathfrak{P}(M), \quad \pi_A(U) := \overline{U^\circ}.$$

Wegen $U \subset \overline{U}$ gilt zunächst die Inklusion $U^\circ \subset \overline{U}^\circ = \pi_I(U)$, also insbesondere für eine offene Menge U stets

$$U \subset \pi_I(U). \tag{1.1.1}$$

Analog folgt aus $U^\circ \subset U$ erst $\pi_A(U) = \overline{U^\circ} \subset \overline{U}$ und danach für abgeschlossenes U sogar die Inklusion

$$\pi_A(U) \subset U. \tag{1.1.2}$$

Obwohl bei einer Menge U der Abschluss $\overline{U}$ die disjunkte Vereinigung des Randes ∂U und des Inneren U° ist, gilt im Allgemeinen nicht $\partial \overline{U} = \partial U$. Tatsächlich können sämtliche Mengen

$$U, U^\circ, \pi_A(U), \pi_I(U^\circ), \partial U, \overline{U}, \pi_I(U), \pi_A(\overline{U})$$

voneinander verschieden sein, wie etwa Abbildung 1.3 verdeutlicht. Allerdings sind π_I und π_A *Projektionen*, das heißt es gilt

$$\pi_I^2 = \pi_I, \quad \pi_A^2 = \pi_A.$$

Dies sieht man so: $\pi_A(U)$ ist abgeschlossen, also folgt mit (1.1.2) $\pi_A^2(U) \subset \pi_A(U)$. Da U° offen ist, folgt mit (1.1.1) noch $U^\circ \subset \pi_I(U^\circ)$ und dann auch

$$\pi_A(U) = \overline{U^\circ} \subset \overline{\pi_I(U^\circ)} = \pi_A^2(U).$$

Zusammen ergibt dies $\pi_A^2(U) = \pi_A(U)$. Ähnlich zeigt man die Gleichheit $\pi_I^2 = \pi_I$.

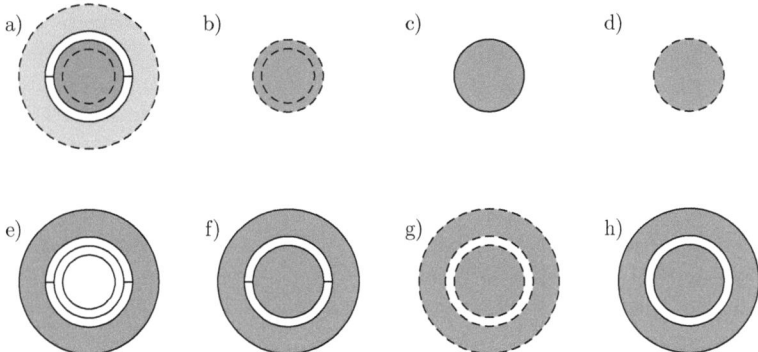

Abbildung 1.3.: Die hellgraue Farbe des Annulus in a) wurde gewählt, um darzu-
stellen, dass dort nur solche Punkte zu U gehören sollen, die in $\mathbb{Q}^2$
liegen. In der Abbildung deutet jeweils eine gestrichelte Linie an,
dass dieser Teil nicht zur Menge gehört. Dunkelgrau gefärbte Flächen sowie Punkte, die auf durchgezogenen Linien liegen, gehören
zur jeweiligen Menge. Die dargestellten Mengen sind verschieden:
a) U, b) U°, c) $\overline{U^\circ}$, d) $(\overline{U^\circ})^\circ$, e) ∂U, f) $\overline{U}$, g) $\overline{U}^\circ$, h) $\overline{\overline{U}^\circ}$.

1.1.b. Subbasis und Basis

1.1.11 Definition

$\mathcal{O}_1, \mathcal{O}_2$ seien zwei Topologien auf einer Menge M. Man nennt die Topologie $\mathcal{O}_1$
feiner als die Topologie $\mathcal{O}_2$ (bzw. die Topologie $\mathcal{O}_2$ *gröber* als die Topologie $\mathcal{O}_1$),
wenn $\mathcal{O}_2 \subset \mathcal{O}_1$, das heißt wenn jede bezüglich $\mathcal{O}_2$ offene Menge auch bezüglich $\mathcal{O}_1$
offen ist.

1.1.12 Beispiele

(a) Die diskrete Topologie ist jeweils die feinste und die indiskrete Topologie jeweils
die gröbste Topologie auf einer Menge M.

(b) Sind $\mathcal{O}_1, \mathcal{O}_2 \subset \mathfrak{P}(M)$ zwei Topologien auf M, so bildet auch $\mathcal{O}_1 \cap \mathcal{O}_2$ eine
Topologie auf M. Diese *Schnitttopologie* ist gröber als $\mathcal{O}_1$ und $\mathcal{O}_2$. Allgemeiner
gilt: Ist I eine beliebige Indexmenge und ist für jedes $i \in I$ eine Topologie $\mathcal{O}_i$
auf M gegeben, so legt auch $\bigcap_{i \in I} \mathcal{O}_i$ eine Topologie auf M fest, welche zudem
gröber als sämtliche $\mathcal{O}_i$ ist.

(c) Ist ein Paar $\mathcal{O}_1, \mathcal{O}_2$ von Topologien auf einer Menge M gegeben, so muss $\mathcal{O}_1$
weder feiner noch gröber als $\mathcal{O}_2$ sein. Zum Beispiel sind durch

$$\mathcal{O}_1 = \{\varnothing, \{p\}, \{p,q\}\}, \quad \mathcal{O}_2 = \{\varnothing, \{q\}, \{p,q\}\}$$

zwei verschiedene Topologien auf $M = \{p,q\}$ gegeben und es ist $\mathcal{O}_1 \cap \mathcal{O}_2 = \mathcal{O}_{\text{ind}}$.

Gibt man ein beliebiges System $\mathcal{S} \subset \mathfrak{P}(M)$ von Teilmengen einer Menge M vor, so existiert eine Topologie auf M, die $\mathcal{S}$ enthält, nämlich die diskrete Topologie $\mathcal{O}_{\mathrm{dis}} = \mathfrak{P}(M)$. In diesem Zusammenhang stellt sich nun die Frage, ob es eine gröbste Topologie mit dieser Eigenschaft gibt. Um dieser Frage nachzugehen, definieren wir den sogenannten *Hüllenoperator* $\mathcal{H} : \mathfrak{P}(\mathfrak{P}(M)) \to \mathfrak{P}(\mathfrak{P}(M))$ durch die Vorschrift

$$\mathcal{H}(\mathcal{S}) := \bigcap \{\mathcal{O} \subset \mathfrak{P}(M) : \mathcal{S} \subset \mathcal{O}, \mathcal{O} \text{ ist eine Topologie auf } M\}. \qquad (1.1.3)$$

Da die Menge auf der rechten Seite die diskrete Topologie $\mathcal{O}_{\mathrm{dis}}$ enthält, ist der Hüllenoperator wohldefiniert. Mit Beispiel 1.1.12(b) folgt außerdem, dass $\mathcal{H}(\mathcal{S})$ eine Topologie auf M erklärt. Wir nennen $\mathcal{H}(\mathcal{S})$ die *topologische Hülle* von $\mathcal{S}$. Der nächste Satz zeigt, dass $\mathcal{H}(\mathcal{S})$ die gröbste Topologie auf M ist, die $\mathcal{S}$ enthält.

1.1.13 Satz
Gegeben sei eine beliebige Teilmenge $\mathcal{S} \subset \mathfrak{P}(M)$ der Potenzmenge einer Menge M. Dann ist $\mathcal{E} := \mathcal{H}(\mathcal{S})$ die eindeutig bestimmte Topologie auf M mit den folgenden Eigenschaften:

(i) *$\mathcal{S} \subset \mathcal{E}$.*

(ii) *Für jede Topologie $\mathcal{O}$ auf M mit $\mathcal{S} \subset \mathcal{O}$ gilt auch $\mathcal{E} \subset \mathcal{O}$.*

Beweis: Nach Konstruktion von $\mathcal{H}$ ist durch $\mathcal{H}(\mathcal{S})$ eine Topologie auf M gegeben, die gröber ist als sämtliche Topologien $\mathcal{O}$, die $\mathcal{S}$ enthalten. Insbesondere ist auch $\mathcal{S} \subset \mathcal{H}(\mathcal{S})$. Die Eindeutigkeit folgt ebenso nach Konstruktion von $\mathcal{H}(\mathcal{S})$, denn ist $\tilde{\mathcal{E}}$ eine Topologie mit den gesuchten Eigenschaften, so ist nach Definition von $\mathcal{H}(\mathcal{S})$ zunächst $\mathcal{H}(\mathcal{S}) \subset \tilde{\mathcal{E}}$. Da andererseits nach Annahme für $\tilde{\mathcal{E}}$ auch die Eigenschaft (ii) gilt, folgt hieraus mit $\mathcal{O} = \mathcal{H}(\mathcal{S})$ die Inklusion $\tilde{\mathcal{E}} \subset \mathcal{H}(\mathcal{S})$. Somit ist $\tilde{\mathcal{E}} = \mathcal{H}(\mathcal{S})$. $\qquad \square$

1.1.14 Beispiel
Sei $M = \mathbb{R}$ und sei $\mathcal{A} := \{[a,b] : a, b \in \mathbb{R}, a < b\}$ die Menge der abgeschlossenen beschränkten Intervalle. Dann ist $\mathcal{H}(\mathcal{A}) = \mathcal{O}_{\mathrm{dis}}$, denn $\mathcal{H}(\mathcal{A})$ enthält wegen $[a,b] \cap [b,c] = \{b\}$ sämtliche einpunktigen Teilmengen von $\mathbb{R}$ und die Behauptung folgt mit der Bemerkung in Beispiel 1.1.2(a).

1.1.15 Bemerkung
Die topologische Hülle von $\mathcal{S}$ lässt sich auch explizit beschreiben. Für eine Teilmenge $U \subset M$ gilt:

$U \in \mathcal{H}(\mathcal{S}) \Leftrightarrow U$ ist die Vereinigung von (beliebig vielen) Mengen $V_i \subset M$, wobei sich jedes V_i als Durchschnitt endlich vieler Mengen aus $\mathcal{S}$ darstellen lässt[1].

Dass sich $\mathcal{H}(\mathcal{S})$ tatsächlich so charakterisieren lässt, folgt daraus, dass einerseits $\mathcal{H}(\mathcal{S})$ wenigstens diese Mengen enthalten muss, um die Axiome eines topologischen Raums zu erfüllen und dass andererseits das auf diese Weise definierte System von Teilmengen von M eine Topologie auf M ergibt, die $\mathcal{S}$ enthält.

---

[1] Wenn man definiert, dass der leere Durchschnitt die Grundmenge M ergibt.

1.1.16 Definition (Subbasis und Basis)

$(M, \mathcal{O})$ sei ein topologischer Raum.

(a) $\mathcal{S} \subset \mathfrak{P}(M)$ heißt *Subbasis* von $\mathcal{O}$, wenn $\mathcal{H}(\mathcal{S}) = \mathcal{O}$.

(b) Eine *Basis* von $(M, \mathcal{O})$ ist eine Menge $\mathcal{B}$ von offenen Teilmengen von M, sodass sich jede offene Menge U als Vereinigung von Mengen aus $\mathcal{B}$ darstellen lässt[2].

(c) Ein topologischer Raum $(M, \mathcal{O})$ erfüllt das *zweite Abzählbarkeitsaxiom*, falls es für ihn eine abzählbare Basis gibt, das heißt falls es eine abzählbare Teilmenge $\mathcal{B} \subset \mathfrak{P}(M)$ gibt, welche Basis ist.

Trivialerweise besitzt somit jeder topologische Raum auch wenigstens eine Basis, nämlich $\mathcal{B} = \mathfrak{P}(M)$.

1.1.17 Satz

(a) *Jede Basis $\mathcal{B}$ eines topologischen Raums $(M, \mathcal{O})$ ist auch eine Subbasis bezüglich dieser Topologie, das heißt es gilt $\mathcal{H}(\mathcal{B}) = \mathcal{O}$.*

(b) *Eine Subbasis $\mathcal{S}$ von $(M, \mathcal{O})$ ist eine Basis von $(M, \mathcal{O})$, wenn sie bezüglich der Schnittmengenbildung von endlich vielen Mengen abgeschlossen ist.*

Beweis:

(a) Für eine Basis $\mathcal{B}$ gilt $\mathcal{B} \subset \mathcal{O}$ und somit

$$\mathcal{H}(\mathcal{B}) \subset \mathcal{H}(\mathcal{O}) = \mathcal{O}.$$

Andererseits ist nach Definition einer Basis und nach Bemerkung 1.1.15 auch $\mathcal{O} \subset \mathcal{H}(\mathcal{B})$, also $\mathcal{H}(\mathcal{B}) = \mathcal{O}$, das heißt $\mathcal{B}$ ist eine Subbasis von $\mathcal{O}$.

(b) Es bleibt zu zeigen, dass eine Subbasis $\mathcal{S}$, die bezüglich der Schnittmengenbildung endlich vieler Mengen abgeschlossen ist, auch eine Basis ergibt.

Sei hierzu $U \in \mathcal{H}(\mathcal{S})$. Nach Bemerkung 1.1.15 existiert eine Familie $(V_i)_{i \in I}$ von Mengen, die sich jeweils als Schnitte von endlich vielen Mengen aus $\mathcal{S}$ darstellen lassen, sodass $U = \bigcup_{i \in I} V_i$. Da jedoch $\mathcal{S}$ abgeschlossen unter endlicher Schnittmengenbildung ist, gilt $V_i \in \mathcal{S}$ für alle $i \in I$. Nun sind die V_i wegen $V_i \in \mathcal{S} \subset \mathcal{H}(\mathcal{S})$ sämtlich offen, und folglich ist $\mathcal{S}$ sogar eine Basis.

$\square$

1.1.18 Beispiele

(a) Für die Standard-Topologie $\mathcal{O}_{\mathbb{R}^n}$ auf $\mathbb{R}^n$ können wir eine abzählbare Basis angeben. Wir betrachten dazu

$$\mathcal{B} := \{U(x, \epsilon) : x \in \mathbb{Q}^n, \epsilon \in \mathbb{Q}, \epsilon > 0\},$$

wobei

$$U(x, \epsilon) = \{y \in \mathbb{R}^n : \|x - y\| < \epsilon\}.$$

---

[2]Nach Vereinbarung ist die Vereinigung über die leere Menge wieder leer, das heißt $\bigcup_{i \in \varnothing} V_i = \varnothing$.

Weil abzählbare Vereinigungen abzählbarer Mengen wieder abzählbar sind, folgt die Abzählbarkeit von $\mathcal{B}$. Da es zu jedem Punkt $x_0 \in U$ einer offenen Menge $U \subset \mathbb{R}^n$ eine offene Kugel $U(x, \epsilon) \in \mathcal{B}$ mit $x_0 \in U(x, \epsilon) \subset U$ gibt, bildet $\mathcal{B}$ tatsächlich eine Basis. Der $\mathbb{R}^n$ erfüllt somit das zweite Abzählbarkeitsaxiom.

(b) Es sei $M = \{1, 2, 3\}$ und $\mathcal{S} = \{\{1, 2\}, \{1, 3\}\}$. Dies ergibt

$$\mathcal{H}(\mathcal{S}) = \{\varnothing, \{1\}, \{1, 2\}, \{1, 3\}, \{1, 2, 3\}\}.$$

$\mathcal{S}$ ist eine Subbasis von $(M, \mathcal{H}(\mathcal{S}))$ aber keine Basis dieser Topologie, da sich die offene Menge $\{1\}$ nicht als Vereinigung von Mengen aus $\mathcal{S}$ darstellen lässt.

(c) SORGENFREY-Topologie.

Das System $\mathcal{B} := \{[a, b) : a, b \in \mathbb{R}, a < b\}$ ist eine Basis der Topologie $\mathcal{H}(\mathcal{B})$, welche SORGENFREY-Topologie genannt wird.

Der Vollständigkeit halber erwähnen wir noch:

1.1.19 Definition (Umgebungsbasis)
Es sei $x \in M$ ein Punkt eines topologischen Raums $(M, \mathcal{O})$ und es sei $\mathcal{U}(x)$ das Umgebungssystem von x. Eine Teilmenge $\mathcal{B}(x) \subset \mathcal{U}(x)$ heißt *Umgebungsbasis* von x, wenn es zu jedem $U \in \mathcal{U}(x)$ ein $B \in \mathcal{B}(x)$ mit $B \subset U$ gibt.

1.1.c. Zusammenhangskomponenten

In einem topologischen Raum gibt es stets zwei Mengen, die sowohl offen als auch abgeschlossen sind. Dies sind die Mengen $\varnothing$ und M. Es müssen im Allgemeinen nicht die einzigen sein. Zum Beispiel betrachte man $M := U((-2, 0), 1) \cup U((2, 0), 1) \subset \mathbb{R}^2$ mit der Teilraumtopologie bezüglich $\mathbb{R}^2$. Die beiden Mengen $U((-2, 0), 1)$ und $U((2, 0), 1)$ sind dann in der Teilraumtopologie ebenfalls offen und abgeschlossen. Dies liegt daran, dass diese beiden Mengen nicht zusammenhängen. Eine präzise Definition hiervon ist die folgende.

1.1.20 Definition
(a) Ein topologischer Raum $(M, \mathcal{O})$ heißt *zusammenhängend*, falls für je zwei offene Mengen U_1, U_2 mit

$$U_1 \cap U_2 = \varnothing, \quad U_1 \cup U_2 = M$$

folgt, dass entweder $U_1 = M, U_2 = \varnothing$ oder $U_1 = \varnothing, U_2 = M$.

(b) Eine Teilmenge $V \subset M$ heißt *zusammenhängend*, wenn sie mit der Teilraumtopologie ein zusammenhängender topologischer Raum ist, das heißt wenn gilt: Sind $U_1, U_2 \in \mathcal{O}$ mit $V \subset U_1 \cup U_2$ und $V \cap U_1 \cap U_2 = \varnothing$, so folgt $V \subset U_1$ oder $V \subset U_2$.

(c) Eine zusammenhängende Teilmenge $V \subset M$ heißt *Zusammenhangskomponente* von M, wenn sie maximal ist, das heißt wenn es keine weitere zusammenhängende Teilmenge $\tilde{V} \subset M$ mit $V \subset \tilde{V}$, $\tilde{V} \neq V$ gibt.

1.1.21 Bemerkung

Ein topologischer Raum ist damit genau dann zusammenhängend, falls die einzigen Teilmengen von M, welche zugleich offen und abgeschlossen sind, die beiden Mengen $M, \varnothing$ sind.

Diese Tatsache macht man sich häufig in Beweisen zunutze. Ist $(M, \mathcal{O})$ ein zusammenhängender topologischer Raum und möchte man beweisen, dass eine bestimmte Aussage für alle $x \in M$ erfüllt ist, so kann man zunächst

$$A := \{x \in M : \text{die Aussage gilt für } x\}$$

definieren und danach beweisen, dass

(i) $A \neq \varnothing$.

(ii) A ist offen.

(iii) A ist abgeschlossen.

Hieraus folgt dann $A = M$.

1.1.22 Beispiele

(a) Enthält M mehr als einen Punkt x, so ist $(M, \mathcal{O}_{\text{dis}})$ nicht zusammenhängend, da $\{x\}, M \setminus \{x\}$ zwei offene, disjunkte und nichtleere Teilmengen mit $\{x\} \cup (M \setminus \{x\}) = M$ sind.

(b) $\mathbb{R}$ ist bezüglich der natürlichen Topologie $\mathcal{O}_{\mathbb{R}}$ zusammenhängend.

BEWEIS: Wir nehmen an, $\mathbb{R}$ wäre nicht zusammenhängend. Seien also U_1, U_2 zwei nicht leere, offene und disjunkte Mengen mit $U_1 \cup U_2 = \mathbb{R}$. Wir wählen $x_i \in U_i$, $i = 1, 2$ beliebig und ohne Einschränkung gelte $x_1 < x_2$. Sei

$$V := \{y \in U_1 : x_1 \leq y < x_2\}.$$

Da $x_1 \in V$, ist V nicht leer. Sei $\varrho := \sup V \leq x_2$. Wegen $U_1 \cap U_2 = \varnothing, U_1 \cup U_2 = \mathbb{R}$, gehört der Punkt ϱ dann zu genau einer der Mengen U_1, U_2. Wir nehmen eine Fallunterscheidung vor.

I. Wäre $\varrho \in U_1$ und $\varrho \notin U_2$, so wäre $\varrho < x_2$ und wir könnten wegen der Offenheit von U_1 ein $\epsilon > 0$ mit $(\varrho - \epsilon, \varrho + \epsilon) \subset U_1$ und $\varrho + \epsilon < x_2$ finden. Damit könnte ϱ aber nicht das Supremum der Menge V sein. Dieser Fall ist demnach nicht möglich.

II. Der andere Fall $\varrho \notin U_1$, $\varrho \in U_2$ ist aber auch nicht möglich, denn dann gäbe es wegen der Offenheit von U_2 ein $\epsilon > 0$ mit $(\varrho - \epsilon, \varrho + \epsilon) \subset U_2$ und da $U_1 \cap U_2 = \varnothing$, könnte ϱ wiederum nicht das Supremum der Menge V sein.

Der Widerspruch zeigt, dass $\mathbb{R}$ zusammenhängend ist. ✳

(c) Ist $I \subset \mathbb{R}$ ein beliebiges Intervall (offen, halboffen, abgeschlossen, beschränkt oder unbeschränkt), so zeigt man ähnlich wie in Teil (b), dass die Menge I, versehen mit der Relativtopologie, die sie von der natürlichen Topologie auf $\mathbb{R}$ erbt, ein zusammenhängender topologischer Raum ist. Umgekehrt ist die Vereinigung von zwei disjunkten offenen Intervallen $M = I_1 \cup I_2 \subset \mathbb{R}$ mit der Relativtopologie kein zusammenhängender topologischer Raum mehr (siehe Abbildung 1.4).

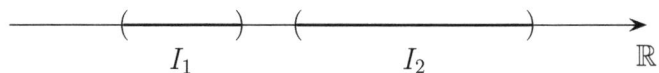

Abbildung 1.4.: Die Vereinigung von zwei disjunkten, offenen Intervallen $I_1, I_2 \subset \mathbb{R}$ ist mit der Relativtopologie bezüglich $\mathbb{R}$ kein zusammenhängender topologischer Raum. I_1, I_2 sind die beiden Zusammenhangskomponenten.

Wir möchten die Eigenschaften von Zusammenhangskomponenten besser verstehen. Zuerst beweisen wir den nachstehenden Satz.

1.1.23 Satz
V sei eine zusammenhängende Teilmenge eines topologischen Raums $(M, \mathcal{O})$. Ist A eine Menge mit $V \subset A \subset \overline{V}$, so ist A ebenfalls zusammenhängend. Insbesondere ist der Abschluss zusammenhängender Mengen wieder zusammenhängend.

Beweis: Sei $V \subset A \subset \overline{V}$. Wäre A nicht zusammenhängend, so gäbe es offene Menge $U_1, U_2 \in \mathcal{O}$ mit

$$(U_1 \cap A) \cup (U_2 \cap A) = A, \ (U_1 \cap A) \cap (U_2 \cap A) = \varnothing, \ U_1 \cap A, U_2 \cap A \neq \varnothing.$$

Wegen $V \subset A$ ist dann aber auch

$$(U_1 \cap V) \cup (U_2 \cap V) = V, \quad (U_1 \cap V) \cap (U_2 \cap V) = \varnothing.$$

Da beide Mengen $U_i \cap A$, $i = 1, 2$, nicht leer sind, wählen wir $a_i \in U_i \cap A$, $i = 1, 2$. Aus $A \subset \overline{V}$ folgt $a_1, a_2 \in \overline{V}$. Damit gilt also für jede offene Umgebung U von a_i ($i = 1$ oder $i = 2$), dass $U \cap V \neq \varnothing$ (denn entweder ist $a_i \in V$ oder $a_i \in \partial V$, in beiden Fällen ist der Schnitt nicht leer). Insbesondere ergibt sich für die beiden offenen Mengen U_1, U_2, dass $U_1 \cap V, U_2 \cap V \neq \varnothing$. Dies ist ein Widerspruch, da V zusammenhängend ist. $\qquad\square$

1.1.24 Korollar
Die Zusammenhangskomponenten eines topologischen Raums sind abgeschlossen.

Beweis: Ist V eine Zusammenhangskomponente, so ist $\overline{V}$ ebenfalls zusammenhängend mit $V \subset \overline{V}$. Weil V maximal ist, gilt $\overline{V} = V$.

$\square$

Eine Teilmenge einer zusammenhängenden Menge ist nicht notwendig wieder zusammenhängend, selbst dann nicht, wenn diese Teilmenge offen ist. Als Beispiel betrachte man die Vereinigung von zwei disjunkten offenen Bällen in $\mathbb{R}^n$. Ebenso ist die Vereinigung disjunkter zusammenhängender Mengen nicht unbedingt wieder zusammenhängend, sie kann es aber sein, wie das Beispiel der beiden disjunkten Intervalle $[0,1), [1,2)$ zeigt. Allerdings besagt der nächste Satz, dass die Vereinigung zusammenhängender Mengen sehr wohl zusammenhängend ist, wenn diese nicht disjunkt sind.

1.1.25 Satz
$(M, \mathcal{O})$ sei ein topologischer Raum und I eine Indexmenge. V_i, $i \in I$, seien zusammenhängende Teilmengen von M. Ist $\bigcap_{i \in I} V_i \neq \varnothing$, so ist $\bigcup_{i \in I} V_i$ zusammenhängend.

Beweis: Es seien $U_1, U_2 \in \mathcal{O}$ zwei offene Mengen mit

$$\bigcup_{i \in I} V_i \subset U_1 \cup U_2, \quad \left(\bigcup_{i \in I} V_i \right) \cap U_1 \cap U_2 = \varnothing.$$

Da $\bigcap_{i \in I} V_i \neq \varnothing$, können wir ein (beliebiges) $x \in \bigcap_{i \in I} V_i$ auswählen. Dieses x liegt in $U_1 \cup U_2$, denn

$$x \in \bigcap_{i \in I} V_i \subset \bigcup_{i \in I} V_i \subset U_1 \cup U_2.$$

Ohne Einschränkung sei $x \in U_1$. Für jedes $k \in I$ ist $V_k \subset \bigcup_{i \in I} V_i \subset U_1 \cup U_2$ und außerdem ist

$$V_k \cap U_1 \cap U_2 \subset \left(\bigcup_{i \in I} V_i \right) \cap U_1 \cap U_2 = \varnothing,$$

sodass, weil V_k zusammenhängend ist, entweder $V_k \subset U_1$ oder $V_k \subset U_2$ gilt. Da allerdings $x \in U_1 \cap V_k$ und weil $(V_k \cap U_1) \cap (V_k \cap U_2) = V_k \cap U_1 \cap U_2 = \varnothing$, muss somit $V_k \subset U_1$ erfüllt sein und zwar für jedes $k \in I$. Es folgt jetzt $\bigcup_{i \in I} V_i \subset U_1$. Das war zu zeigen.

$\square$

1.1.26 Definition (Zusammenhangskomponente von x)
Es sei x ein Punkt eines topologischen Raumes $(M, \mathcal{O})$. Wir setzen

$$\mathrm{Zsh}[x] := \bigcup_{V \in \mathcal{C}(M, x)} V,$$

wobei die Menge $\mathcal{C}(M, x)$ gegeben ist durch

$$\mathcal{C}(M, x) := \{ V : V \subset M \text{ ist zusammenhängend mit } x \in V \}.$$

$\mathrm{Zsh}[x]$ heißt *Zusammenhangskomponente des Punktes x*.

Das nächste Lemma drückt aus, dass die Mengen Zsh[x] in der Tat Zusammenhangskomponenten von M sind.

1.1.27 Lemma
Die Zusammenhangskomponente Zsh[x] *eines Punktes* $x \in M$ *ist nicht leer und bildet eine Zusammenhangskomponente von* M.

Beweis: Da $\{x\}$ selbst zusammenhängend ist, folgt Zsh[x] $\neq \varnothing$. Da jedes Element $V \in \mathcal{C}(M, x)$ den Punkt x enthält, folgt aus Satz 1.1.25, dass Zsh[x] zusammenhängend ist. Eine zusammenhängende Teilmenge V von M, die Zsh[x] enthält, enthält aber auch den Punkt x. Sie ist somit selbst Element von $\mathcal{C}(M, x)$ und folglich auch Teilmenge von Zsh[x]. Das bedeutet, dass Zsh[x] maximal ist und somit eine Zusammenhangskomponente von M ist.

$\square$

Im nächsten Satz zeigen wir, dass man topologische Räume stets in ihre Zusammenhangskomponenten zerlegen kann.

1.1.28 Satz
Die Zusammenhangskomponenten von $(M, \mathcal{O})$ *sind abgeschlossen. Jeder Punkt* x *von* M *liegt in genau einer Zusammenhangskomponente. Existieren nur endlich viele Zusammenhangskomponenten, so sind sie zusätzlich offen.*

Beweis: Da $x \in$ Zsh[x], liegt nach Lemma 1.1.27 jeder Punkt in einer Zusammenhangskomponente von M. Sind V_1, V_2 zwei verschiedene Zusammenhangskomponenten, so sind sie disjunkt, denn sonst wäre nach Satz 1.1.25 ihre Vereinigung eine zusammenhängende Teilmenge von M, die V_1, V_2 enthielte. Da sich aber wenigstens eine der Mengen V_1, V_2 von $V_1 \cup V_2$ unterscheidet, kann dies nicht sein. Die Abgeschlossenheit der Zusammenhangskomponenten wurde bereits in Korollar 1.1.24 nachgewiesen. Gibt es nur endlich viele verschiedene Zusammenhangskomponenten, so existieren $n \in \mathbb{N}$ und $x_1, \ldots, x_n \in M$ mit der Eigenschaft, dass sich M als disjunkte Vereinigung

$$M = \bigcup_{k=1,\ldots,n} \text{Zsh}[x_k]$$

schreiben lässt. Weil $M \setminus \text{Zsh}[x_i]$ offen ist und wegen $\text{Zsh}[x_k] = \bigcap_{i \neq k}(M \setminus \text{Zsh}[x_i])$, ist auch $\text{Zsh}[x_k]$ offen. $\square$

Wir bemerken an dieser Stelle, dass die Offenheit der Zusammenhangskomponenten nicht gelten muss, wenn es mehr als endlich viele von ihnen gibt. Als Beispiel betrachte man $\mathbb{Q} \subset \mathbb{R}$, versehen mit der Relativtopologie der reellen Zahlen. Ist $A \subset \mathbb{Q}$ eine Teilmenge mit mehr als einem Element, also etwa $x_1, x_2 \in A$ mit $x_1 < x_2$, so existiert eine irrationale Zahl r mit $x_1 < r < x_2$ und die Mengen $U_1 := A \cap (-\infty, r)$, $U_2 := A \cap (r, \infty)$ sind in der Relativtopologie offen, nicht leer, disjunkt und $A = U_1 \cup U_2$. Dies bedeutet, dass A nicht zusammenhängend sein kann.

Die Zusammenhangskomponente einer rationalen Zahl x in dieser Relativtopologie ist somit $\text{Zsh}[x] = \{x\}$, aber diese Menge ist nicht offen.

1.1.d. Kompaktheit

Wir kommen nun zu einem weiteren sehr wichtigen Begriff, der Kompaktheit topologischer Räume bzw. ihrer Teilmengen.

1.1.29 Definition
$(M, \mathcal{O})$ sei ein topologischer Raum.

(a) Eine *offene Überdeckung* der Teilmenge $K \subset M$ ist eine Familie $(U_i)_{i \in I}$ von offenen Teilmengen $U_i \subset M$ mit $K \subset \bigcup_{i \in I} U_i$. Dabei ist I eine beliebige Indexmenge.

(b) Eine Teilmenge $K \subset M$ heißt *überdeckungskompakt* oder auch nur einfach *kompakt*, falls jede offene Überdeckung eine endliche Teilüberdeckung besitzt, das heißt, wenn es zu jeder offenen Überdeckung $(U_i)_{i \in I}$ von K eine endliche Teilmenge $J \subset I$ gibt, sodass $K \subset \bigcup_{j \in J} U_j$.

(c) K heißt *relativ kompakt* in M, geschrieben $K \subset\subset M$, wenn der Abschluss $\overline{K}$ kompakt ist.

1.1.30 Satz
$(M, \mathcal{O})$ sei ein topologischer Raum und $K \subset M$ sei kompakt. Dann ist jede abgeschlossene Teilmenge $A \subset K$ ebenfalls kompakt.

Beweis: Das lässt sich leicht verifizieren. Ist $(U_i)_{i \in I}$ eine offene Überdeckung von A, so ist $(M \setminus A) \cup (U_i)_{i \in I}$ eine offene Überdeckung von K (sogar von M), denn weil A abgeschlossen ist, ist die Menge $M \setminus A$ offen. Weil K kompakt ist, existiert eine endliche Teilmenge $J \subset I$, sodass $K \subset (M \setminus A) \cup (U_j)_{j \in J}$. Weil $A \cap (M \setminus A) = \varnothing$ und $A \subset K$, gilt dann aber auch $A \subset (U_j)_{j \in J}$, sodass es eine endliche Teilüberdeckung von $(U_i)_{i \in I}$ gibt, die ganz A überdeckt. Das war zu zeigen. $\qquad\square$

1.2. Metrische Räume

Wir schließen hier einen eigenen Abschnitt für die metrischen Räume an, da diese topologischen Räume für uns besonders wichtig sind. In der Analysis untersucht man nicht selten Grenzprozesse und hierfür ist ein adäquater Konvergenzbegriff unverzichtbar. Für einen solchen Konvergenzbegriff müssen Abweichungen gemessen werden, zum Beispiel wie weit bei einer Abbildung $f : M \to N$ zwischen zwei Mengen M und N die Werte $f(x)$, $f(y)$ voneinander abweichen, wenn die Abweichung von x und y in M bekannt ist. Es gilt also, Abstände zwischen Punkten auf M bzw. auf N zu bestimmen und zu vergleichen. Ein adäquater Abstandsbegriff wird durch eine *Metrik* geliefert.

1.2.1 Definition (Metrischer Raum)

Ein *metrischer Raum* (M, d) ist ein Paar, bestehend aus einer Menge M und einer Abbildung $d : M \times M \to \mathbb{R}$, genannt *Metrik*, für die die folgenden Axiome gelten:

(M1) POSITIVE DEFINITHEIT

$$d(x, y) \geq 0, \quad \text{für alle } x, y \in M \text{ und } d(x, y) = 0 \Leftrightarrow x = y.$$

(M2) SYMMETRIE

$$d(x, y) = d(y, x), \quad \text{für alle } x, y \in M.$$

(M3) DREIECKSUNGLEICHUNG

$$d(x, y) \leq d(x, z) + d(z, y), \quad \text{für alle } x, y, z \in M.$$

In einem metrischen Raum ist es somit möglich, durch $d(x, y)$ in sinnvoller Weise einen *Abstand* zwischen beliebigen Punkten x, y zu bestimmen. Die Metrik erzeugt auf M eine natürliche Topologie $\mathcal{O}_d$, die man *Abstandstopologie* nennt. Hierbei ist das System $\mathcal{O}_d$ der offenen Mengen, auch *d-offen* genannt, wie folgt festgelegt: Zunächst definiert man für jedes $x \in M$ und jedes $\epsilon > 0$ einen *Ball*

$$U(x, \epsilon) := \{y \in M : d(x, y) < \epsilon\}.$$

Wegen $d(x, x) = 0$ ist $U(x, \epsilon) \neq \varnothing$. Ausgehend von diesen ϵ-Bällen sei dann

$$\mathcal{O}_d := \{U \subset M : \text{Für jedes } x \in U \text{ existiert } \epsilon > 0 \text{ mit } U(x, \epsilon) \subset U\}.$$

Es folgt leicht, dass die Axiome **(T1)** - **(T3)** eines topologischen Raums erfüllt sind:

- Zum einen liegt wegen $U(x, 1) \subset M$, für jedes $x \in M$, die Menge M selbst in $\mathcal{O}_d$. Die leere Menge ist nach Konstruktion von $\mathcal{O}_d$ ein Element des Systems.

- Sind $U_1, U_2 \in \mathcal{O}_d$ und $x \in U_1 \cap U_2$, so existieren $\epsilon_1, \epsilon_2 > 0$ mit $U(x, \epsilon_1) \subset U_1$ und $U(x, \epsilon_2) \subset U_2$. Somit ist $U(x, \epsilon) \subset U_1 \cap U_2$, wenn wir $\epsilon := \min\{\epsilon_1, \epsilon_2\}$ setzen.

- Die Stabilität des Mengensystems $\mathcal{O}_d$ unter beliebigen Vereinigungen ist letztlich ebenfalls klar. Damit ist alles gezeigt.

Es ist interessant, dass die Mengen $U(x, \epsilon)$ selbst offen sind, das heißt

$$U(x, \epsilon) \in \mathcal{O}_d, \text{ für alle } x \in M \text{ und alle } \epsilon > 0.$$

Dies folgt nämlich aus der Dreiecksungleichung. Sei $x' \in U(x, \epsilon)$ fest und $\epsilon' := \epsilon - d(x', x)$. Nach Definition von $U(x, \epsilon)$ ist $\epsilon' > 0$. Für ein beliebiges $y \in U(x', \epsilon')$ gilt jedoch

$$d(y, x) \leq d(y, x') + d(x', x) < \epsilon' + d(x', x) = \epsilon.$$

Somit haben wir $U(x', \epsilon') \subset U(x, \epsilon)$. Weil der Punkt x' beliebig war, folgt $U(x, \epsilon) \in \mathcal{O}_d$.

Aus diesem Grund nennt man $U(x, \epsilon)$ den *offenen Ball* um x mit Radius ϵ; analog heißt

$$B(x, \epsilon) := \{y \in M : d(x, y) \leq \epsilon\} = \overline{U(x, \epsilon)}$$

der *abgeschlossene Ball* oder manchmal die *abgeschlossene Kugel* um x mit Radius ϵ, denn $B(x, \epsilon)$ ist eine abgeschlossene Teilmenge, das heißt $M \setminus B(x, \epsilon)$ ist offen. Dies kann man ganz ähnlich einsehen. Sei $y \in U := M \setminus B(x, \epsilon)$. Weil $y \notin B(x, \epsilon)$, gilt $d(x, y) > \epsilon$. Wir wählen $\epsilon' := d(x, y) - \epsilon > 0$. Dann gilt wieder wegen der Dreiecksungleichung für alle $x' \in U(y, \epsilon')$ die Abschätzung

$$d(x', x) \geq d(x, y) - d(y, x') > d(x, y) - \epsilon' = \epsilon,$$

sodass $U(y, \epsilon') \subset U$. Dies zeigt die Offenheit von U und damit die Abgeschlossenheit von $B(x, \epsilon)$.

1.2.2 Beispiel
Wir geben noch einige einfache Beispiele für metrische Räume an.

(a) $\mathbb{R}^n$.

Das geläufigste Modell eines metrischen Raums ist $M = \mathbb{R}$ mit dem Betrag als Abstandsmetrik $d(x, y) := |x - y|$. Diese Metrik lässt sich leicht auf den

$$\mathbb{R}^n := \{(x_1, \ldots, x_n) : x_k \in \mathbb{R}, k = 1, \ldots, n\}$$

übertragen. Für $x = (x_1, \ldots, x_n), y = (y_1, \ldots, y_n) \in \mathbb{R}^n$ setzen wir

$$\|x\| := \sqrt{(x_1)^2 + \cdots + (x_n)^2}$$

und dann $d(x, y) = \|x - y\|$. Der Leser möge überprüfen, dass die Dreiecksungleichung tatsächlich erfüllt ist.

(b) NORMIERTE VEKTORRÄUME.

Ist $(V, \|\cdot\|)$ ein normierter Vektorraum (siehe (8, Definition 7.12)), so induziert die Norm eine Metrik auf V durch

$$d(x, y) := \|x - y\|.$$

Offensichtlich ist $d(x, y) = d(y, x)$ und $d(y, y) \geq 0$. Außerdem gilt $d(x, x) = 0 \Leftrightarrow x = 0$. Die Dreiecksungleichung für d folgt aus der Dreiecksungleichung für die Norm, denn

$$d(x, y) = \|x - y\| \leq \|x - z\| + \|z - y\| = d(x, z) + d(z, y).$$

Beispiel (a) ist ein Spezialfall hiervon, da der $\mathbb{R}^n$ mit der Abbildung $x \mapsto \|x\|$, $x \in \mathbb{R}^n$, zu einem normierten Vektorraum wird.

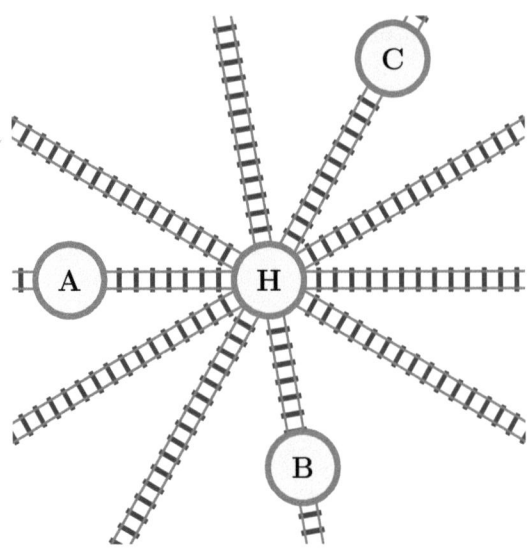

Abbildung 1.5.: Skizze zur Eisenbahnmetrik. Reisende von **A** nach **B** müssen in **H** umsteigen.

(c) EISENBAHNMETRIK.

Nicht jede Metrik stammt von einer Norm. In der *euklidischen Ebene* $M = \mathbb{E}^2$ sei ein Punkt **H** ausgezeichnet. $d(\mathbf{A}, \mathbf{B})$ bezeichne den üblichen *euklidischen Abstand* zweier Punkte $\mathbf{A}, \mathbf{B} \in \mathbb{E}^2$. Wir definieren

$$\delta(\mathbf{A}, \mathbf{B}) := \begin{cases} d(\mathbf{A}, \mathbf{B}) & \text{, falls } \mathbf{A}, \mathbf{B}, \mathbf{H} \text{ kollinear sind,} \\ d(\mathbf{A}, \mathbf{H}) + d(\mathbf{B}, \mathbf{H}) & \text{, sonst.} \end{cases}$$

δ gibt die Länge der Eisenbahnstrecke an, die ein Reisender von **A** nach **B** zurücklegt, wenn man voraussetzt, dass sämtliche Bahntrassen Geraden sind, die durch den Punkt **H** verlaufen und dass Reisende von **A** nach **B** in **H** (Hannover) umsteigen müssen, falls **A**, **B**, **H** nicht auf einer Geraden liegen. δ ist offensichtlich symmetrisch und positiv definit. Die Dreiecksungleichung für δ ergibt sich durch Fallunterscheidung aus derjenigen für d.

1.2.a. Konvergenz und Vollständigkeit

Die uns vertrauten Begriffe *Konvergenz*, *Häufungspunkt*, CAUCHY-*Folge* und *Vollständigkeit* bei den reellen Zahlen lassen sich nun problemlos auf Folgen in metrischen Räumen übertragen.

1.2.3 Definition

(M, d) sei ein metrischer Raum.

(a) Wir sagen eine Folge $(x_k)_{k \in \mathbb{N}} \subset M$ *konvergiert* gegen $x \in M$ und schreiben

$$\lim_{k \to \infty} x_k = x,$$

wenn

$$\lim_{k \to \infty} d(x_k, x) = 0.$$

(b) Ein Punkt $x \in M$ heißt *Häufungspunkt* einer Folge $(x_k)_{k \in \mathbb{N}}$, wenn es eine Teilfolge von $(x_k)_{k \in \mathbb{N}}$ gibt, die gegen x konvergiert.

(c) Wir sagen $(x_k)_{k \in \mathbb{N}} \subset M$ ist eine CAUCHY-Folge, wenn es zu jedem $\epsilon > 0$ ein $n_0 \in \mathbb{N}$ gibt, sodass

$$d(x_m, x_n) < \epsilon, \text{ für alle } m, n \geq n_0.$$

(d) Ist K eine beliebige Teilmenge eines metrischen Raums (M, d), so heißt K *vollständig*, wenn jede CAUCHY-Folge $(x_k)_{k \in \mathbb{N}} \subset K$ auch einen Grenzwert in K besitzt. Ist M selbst eine vollständige Menge, so heißt der metrische Raum vollständig.

1.2.4 Beispiel
Für den $\mathbb{R}^n$ mit Abstandsmetrik $d(x, y) = \|x - y\|$ gilt

$$\lim_{k \to \infty} x_k = x \quad \Leftrightarrow \quad \lim_{k \to \infty} x_{k,i} = x_i, \text{ für jedes } i = 1, \dots, n,$$

wobei $x_k = (x_{k,1}, \dots, x_{k,n})$, $x = (x_1, \dots, x_n)$. Weil jede CAUCHY-Folge in $\mathbb{R}$ konvergiert, wird daher auch der $\mathbb{R}^n$ mit der Abstandsmetrik d, welche durch die Norm gegeben ist, zu einem vollständigen metrischen Raum. Außerdem ist $\mathbb{R}^n$ mit dieser Topologie zusammenhängend.

Wir wissen bereits, dass eine Metrik d auf einer Menge M auch eine Topologie erzeugt. $U \subset M$ ist genau dann offen, wenn es zu jedem $x \in U$ ein $\epsilon > 0$ gibt, sodass $U(x, \epsilon) \subset U$. Wir hatten auch bereits gesehen, dass in einem metrischen Raum die Bälle $U(x, \epsilon)$ in dieser Topologie offen und die Bälle $B(x, \epsilon)$ in der Topologie abgeschlossen sind. Daher sind die Bezeichnungen *offen* bzw. *abgeschlossen* für solche Bälle tatsächlich gerechtfertigt.

1.2.5 Satz
(M, d) sei ein metrischer Raum. Dann ist eine Menge $A \subset M$ genau dann abgeschlossen, wenn jedes $x \in M$, welches Grenzwert einer Folge $(x_k)_{k \in \mathbb{N}} \subset A$ ist, selbst wieder in A liegt.

Beweis: Wir beweisen beide Richtungen separat.

$\Rightarrow$: Sei A abgeschlossen. Wir zeigen, dass kein $x \in M \setminus A$ Grenzwert einer Folge $(x_k)_{k \in \mathbb{N}} \subset A$ sein kann. Aus der Abgeschlossenheit von A folgt, dass die Menge

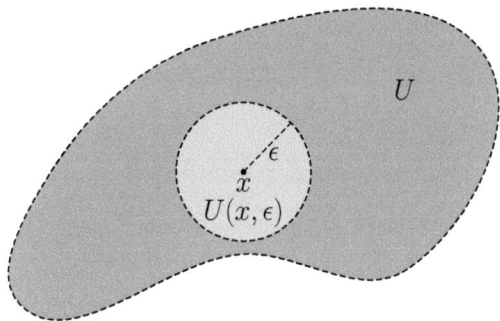

Abbildung 1.6.: Bei einer offenen Menge U existiert zu jedem $x \in U$ ein $\epsilon > 0$ mit $U(x, \epsilon) \subset U$.

$U := M \setminus A$ offen ist. Zu $x \in U$ gibt es daher ein $\epsilon > 0$, sodass $U(x, \epsilon) \subset U$. Ist nun $(x_k)_{k \in \mathbb{N}} \subset A$ eine Folge, so gilt

$$x_k \notin U(x, \epsilon), \text{ für alle } k \in \mathbb{N}$$

und $(x_k)_{k \in \mathbb{N}}$ kann daher nicht gegen x konvergieren.

$\Leftarrow$: Wäre A nicht abgeschlossen, das heißt $U := M \setminus A$ nicht offen, so gäbe es ein $x \in U$ mit der Eigenschaft, dass für kein $k \in \mathbb{N}$ die Inklusion $U(x, 1/k) \subset U$ gilt. Zu $k \in \mathbb{N}$ existiert dann also ein $x_k \in A \cap U(x, 1/k)$. Weil damit $d(x_k, x) < 1/k$, konvergiert die Folge $(x_k)_{k \in \mathbb{N}}$ gegen x. Nach Voraussetzung liegt der Grenzwert jedoch wieder in A. Dieser Widerspruch beweist die Behauptung.

Das war zu zeigen. □

1.2.6 Korollar
Jede endliche Teilmenge eines metrischen Raumes (M, d) ist abgeschlossen.

1.2.7 Definition
Zwei Metriken d_1, d_2 auf M heißen *äquivalent*, wenn eine Folge $(x_k)_{k \in \mathbb{N}} \subset M$ genau dann bezüglich d_1 gegen x konvergiert, wenn sie es bezüglich d_2 tut.

1.2.8 Bemerkung
(a) Man überzeugt sich leicht davon, dass hierdurch eine Äquivalenzrelation auf der Menge aller Metriken auf M erzeugt wird.

(b) Zwei Metriken d_1, d_2 auf M sind genau dann äquivalent, wenn es zu jedem offenen Ball $U(x, r)$ bezüglich der einen Metrik auch einen offene Ball $V(x, s)$ bezüglich der jeweils anderen Metrik gibt, mit $V(x, s) \subset U(x, r)$.

(c) Gibt es zwei positive Konstanten λ, μ, sodass

$$\lambda \cdot d_1(x, y) \leq d_2(x, y) \leq \mu \cdot d_1(x, y), \text{ für alle } x, y \in M, \tag{1.2.1}$$

so sind die Metriken äquivalent.

(d) Ist d_1 eine Metrik auf M, so wird durch

$$d_2(x,y) := \frac{d_1(x,y)}{1 + d_1(x,y)}$$

eine hierzu äquivalente Metrik definiert. Zu d_1, d_2 existieren aber im Allgemeinen keine Konstanten λ, μ wie in (1.2.1).

1.2.9 Lemma (Produktmetrik)

(M, d_M) *und* (N, d_N) *seien metrische Räume. Dann werden durch die folgenden Abbildungen Metriken auf $M \times N$ definiert.*

(a) $d_+\big((x_1, y_1), (x_2, y_2)\big) := d_M(x_1, x_2) + d_N(y_1, y_2),$

(b) $d\big((x_1, y_1), (x_2, y_2)\big) := \sqrt{d_M^2(x_1, x_2) + d_N^2(y_1, y_2)},$

(c) $d_{\max}\big((x_1, y_1), (x_2, y_2)\big) := \max\{d_M(x_1, x_2), d_N(y_1, y_2)\}.$

Die so definierten Metriken sind sämtlich äquivalent.

Die unter (b) aufgeführte Metrik (gelegentlich auch die unter (a) oder (c)) wird als *Produktmetrik* auf $M \times N$ bezeichnet.

Beweis:

(i) POSITIVE DEFINITHEIT UND SYMMETRIE.

   Diese beiden Eigenschaften sind für alle Abbildungen offensichtlich erfüllt.

(ii) DREIECKSUNGLEICHUNG.

   (a) Für die erste Abbildung schätzen wir ab:

$$d_+\big((x_1, y_1), (x_2, y_2)\big) = d_M(x_1, x_2) + d_N(y_1, y_2)$$
$$\leq d_M(x_1, x_3) + d_M(x_3, x_2) + d_N(y_1, y_3) + d_N(y_3, y_2)$$
$$= d_+\big((x_1, y_1), (x_3, y_3)\big) + d_+\big((x_3, y_3), (x_2, y_2)\big).$$

   (b) Zur Abkürzung setzen wir

$$x_{ij} := d_M(x_i, x_j), \, y_{ij} := d_N(y_i, y_j), \text{ für } i, j = 1, 2, 3.$$

   Weil die Dreiecksungleichung impliziert, dass $x_{12} \leq x_{13} + x_{32}$ und $y_{12} \leq y_{13} + y_{32}$, können wir wie folgt abschätzen:

$$
\begin{aligned}
x_{12}^2 + y_{12}^2 &\leq (x_{13} + x_{32})^2 + (y_{13} + y_{32})^2 \\
&\leq x_{13}^2 + y_{13}^2 + x_{32}^2 + y_{32}^2 + 2x_{13}x_{32} + 2y_{13}y_{32} \\
&\leq x_{13}^2 + y_{13}^2 + x_{32}^2 + y_{32}^2 \\
&\quad + 2\sqrt{x_{13}^2 + y_{13}^2}\sqrt{x_{32}^2 + y_{32}^2} \\
&= \left(\sqrt{x_{13}^2 + y_{13}^2} + \sqrt{x_{32}^2 + y_{32}^2}\right)^2,
\end{aligned}
$$

das heißt es gilt

$$\sqrt{x_{12}^2 + y_{12}^2} \leq \sqrt{x_{13}^2 + y_{13}^2} + \sqrt{x_{32}^2 + y_{32}^2}.$$

Das war gerade zu zeigen.

(c) Wir schätzen beide Argumente nach oben ab.

$$
\begin{aligned}
&d_{\max}\big((x_1, y_1), (x_2, y_2)\big) = \max\{d_M(x_1, x_2), d_N(y_1, y_2)\} \\
\leq\ & \max\{d_M(x_1, x_3) + d_M(x_3, x_2), d_N(y_1, y_3) + d_N(y_3, y_2)\} \\
\leq\ & \max\Big\{\max\{d_M(x_1, x_3), d_N(y_1, y_3)\} \\
& \qquad + \max\{d_M(x_3, x_2), d_N(y_3, y_2)\}, \\
& \qquad \max\{d_M(x_1, x_3), d_N(y_1, y_3)\} \\
& \qquad + \max\{d_M(x_3, x_2), d_N(y_3, y_2)\}\Big\} \\
=\ & \max\{d_M(x_1, x_3), d_N(y_1, y_3)\} \\
& \qquad + \max\{d_M(x_3, x_2), d_N(y_3, y_2)\} \\
=\ & d_{\max}\big((x_1, y_1), (x_3, y_3)\big) + d_{\max}\big((x_3, y_3), (x_2, y_2)\big).
\end{aligned}
$$

(iii) ÄQUIVALENZ.

Es gelten jeweils die folgenden Ungleichungen, aus denen sich die Äquivalenzen der Metriken ergeben.

$$
\begin{aligned}
d^2\big((x_1, y_1), (x_2, y_2)\big) &\leq d_+^2\big((x_1, y_1), (x_2, y_2)\big), \\
d_+^2\big((x_1, y_1), (x_2, y_2)\big) &\leq 2d^2\big((x_1, y_1), (x_2, y_2)\big), \\
d_{\max}^2\big((x_1, y_1), (x_2, y_2)\big) &\leq d^2\big((x_1, y_1), (x_2, y_2)\big), \\
d^2\big((x_1, y_1), (x_2, y_2)\big) &\leq 2d_{\max}^2\big((x_1, y_1), (x_2, y_2)\big).
\end{aligned}
$$

$\square$

1.2.b. Der Satz von Heine–Borel

1.2.10 Definition

(M, d) sei ein metrischer Raum und $K \subset M$ eine Teilmenge.

(a) Wir sagen K ist *folgenkompakt*, wenn jede Folge $(x_k)_{k \in \mathbb{N}} \subset K$ eine in K konvergente Teilfolge besitzt.

(b) K heißt *beschränkt*, wenn es ein $r > 0$ und ein $x \in K$ mit $K \subset U(x, r)$ gibt.

(c) K heißt *total beschränkt*, wenn es zu jedem $\epsilon > 0$ eine endliche Anzahl von Punkten $x_1, \ldots, x_n \in K$, $n = n(\epsilon) \in \mathbb{N}$, gibt mit

$$K \subset \bigcup_{i=1}^{n} U(x_i, \epsilon).$$

1.2.11 Satz (Heine–Borel)

(M, d) sei ein metrischer Raum, versehen mit seiner natürlichen Topologie. $K \subset M$ sei eine Teilmenge. Dann sind die folgenden Aussagen äquivalent.

(i) *K ist überdeckungskompakt.*

(ii) *K ist folgenkompakt.*

(iii) *K ist total beschränkt und vollständig.*

Beweis: Wir zeigen nacheinander (i)$\Rightarrow$(ii)$\Rightarrow$(iii)$\Rightarrow$(i).

(i)$\Rightarrow$(ii):

$(x_k)_{k \in \mathbb{N}} \subset K$ sei eine Folge. Wenn $(x_k)_{k \in \mathbb{N}}$ keine in K konvergente Teilfolge besitzt, so existiert zu jedem $x \in K$ ein $r = r(x) > 0$, sodass x_k nur noch für endliche viele $k \in \mathbb{N}$ in $U(x, r(x))$ enthalten ist. Da dann aber

$$K \subset \bigcup_{x \in K} U(x, r(x))$$

und K überdeckungskompakt ist, existiert eine endliche Teilmenge $E \subset K$ mit

$$K \subset \bigcup_{x \in E} U(x, r(x)).$$

Dies ist ein Widerspruch, da für wenigstens eine dieser endlich vielen Mengen $U(x, r(x))$ und für unendlich viele $k \in \mathbb{N}$ auch x_k in $U(x, r(x))$ liegen müsste, was nach Konstruktion der Mengen $U(x, r(x))$ aber gerade nicht der Fall ist.

(ii)$\Rightarrow$(iii):

Ist $(x_k)_{k \in \mathbb{N}} \subset K$ eine CAUCHY-Folge, so existiert wegen der Folgenkompaktheit von K eine in K konvergente Teilfolge. Aus der Dreiecksungleichung folgt ganz allgemein, dass CAUCHY-Folgen schon dann konvergent sind, wenn sie eine konvergente Teilfolge besitzen und der Grenzwert stimmt dann auch mit dem Grenzwert der konvergenten Teilfolge überein. Daher ist K vollständig. Wir nehmen an, K wäre nicht total beschränkt. Dann existiert ein $\epsilon > 0$, sodass für jedes $n \in \mathbb{N}$ und für jede endliche Auswahl $x_1, \ldots, x_n \in K$ die Menge K nicht in $\bigcup_{1 \le i \le n} U(x_i, \epsilon)$ enthalten ist. Wir führen dies zum Widerspruch. Sei $x_1 \in K$ beliebig. Induktiv definieren wir eine Folge $(x_k)_{k \in \mathbb{N}} \subset K$ mit $d(x_i, x_j) \ge \epsilon$ für alle $i \ne j \in \mathbb{N}$. Dies funktioniert, weil ja nach Annahme für jede Auswahl von n Punkten $x_1, \ldots, x_n \in K$ noch weitere Punkte $x \in K$ mit

$$x \notin \bigcup_{i=1}^{n} U(x_i, \epsilon)$$

existieren. Wir wählen dann für x_{n+1} einfach irgendeinen Punkt aus der Menge

$$K \setminus \left(\bigcup_{i=1}^{n} U(x_i, \epsilon) \right)$$

aus. Die auf diese Weise konstruierte Folge muss wegen der Folgenkompaktheit eine konvergente Teilfolge besitzen. Dies verträgt sich aber nicht mit der Ungleichung $d(x_i, x_j) \geq \epsilon$ für alle $i \neq j \in \mathbb{N}$. Der Widerspruch beweist, dass K doch total beschränkt sein muss.

(iii)$\Rightarrow$(i):

Angenommen, K wäre nicht überdeckungskompakt. Dann existiert eine offene Überdeckung $(U_\alpha)_{\alpha \in I}$ von K, welche keine endliche Teilüberdeckung besitzt. Sei $\eta > 0$. Weil K total beschränkt ist, existieren eine endliche Menge E und Punkte $\xi_i \in K, i \in E$ mit

$$K \subset \bigcup_{i \in E} B(\xi_i, \eta).$$

Dann gibt es wenigstens ein $i \in E$, sodass auch

$$K \cap B(\xi_i, \eta)$$

nicht durch endlich viele der U_α überdeckt wird, das heißt auch nicht überdeckungskompakt ist (denn natürlich ist $(U_\alpha)_{\alpha \in I}$ eine offene Überdeckung von $K \cap B(\xi_i, \eta)$). Auf diese Weise erhält man eine Folge $(x_n)_{n \in \mathbb{N}} \subset K$ mit der Eigenschaft, dass $K \cap B(x_n, 1/2^n)$ nicht durch endlich viele der U_α überdeckt wird und

$$K \cap B(x_{n+1}, 1/2^{n+1}) \subset K \cap B(x_n, 1/2^n).$$

Wegen dieser Inklusion gilt dann insbesondere

$$d(x_n, x_{n+1}) \leq \frac{1}{2^n}, \text{ für alle } n \in \mathbb{N}$$

und hieraus folgt, dass $(x_n)_{n \in \mathbb{N}}$ eine CAUCHY-Folge ist. Weil K vollständig ist, konvergiert diese gegen ein $x \in K$. Hierzu gibt es ein $\alpha_x \in I$ mit $x \in U_{\alpha_x}$. Da U_{α_x} offen ist, existiert ein $\epsilon > 0$, sodass

$$B(x, \epsilon) \subset U_{\alpha_x}.$$

Da $(x_n)_{n \in \mathbb{N}}$ gegen x konvergiert, existiert ein $n_0 \in \mathbb{N}$, sodass

$$d(x_n, x) < \frac{\epsilon}{2}, \text{ für alle } n \geq n_0.$$

Für $y \in B(x_n, 1/2^n)$ mit $n \geq n_0$ folgt aus der Dreiecksungleichung

$$d(y, x) \leq d(y, x_n) + d(x_n, x) \leq 1/2^n + \epsilon/2.$$

Wählen wir daher $n_1 \in \mathbb{N}$ so groß, dass $1/2^{n_1} < \frac{\epsilon}{2}$, so gilt für alle $n \geq \max\{n_0, n_1\}$ die Inklusion

$$B(x_n, 1/2^n) \cap K \subset B(x, \epsilon) \subset U_{\alpha_x}.$$

Dies ist ein Widerspruch zur Konstruktion der $B(x_n, 1/2^n)$. Daher muss K doch überdeckungskompakt sein.

Damit ist der Satz von HEINE–BOREL bewiesen. □

1.2.12 Korollar
Jeder kompakte metrische Raum ist vollständig.

1.2.13 Satz
Sei $\mathbb{R}^n$ mit der Standardmetrik versehen. Dann ist $K \subset \mathbb{R}^n$ genau dann kompakt, wenn K abgeschlossen und beschränkt ist.

Beweis:

$\Rightarrow$: K sei kompakt. Dann ist K vollständig und total beschränkt. Vollständige Mengen sind abgeschlossen und total beschränkte Mengen insbesondere beschränkt.

$\Leftarrow$: Sei $K \subset \mathbb{R}^n$ beschränkt und abgeschlossen. Dann existiert ein $r > 0$, sodass $K \subset B(0,r)$. Da K abgeschlossen ist, genügt es nach Lemma 1.1.30 zu zeigen, dass $B(0,r)$ kompakt ist. Sei $(x_k)_{k\in\mathbb{N}} \subset B(0,r)$ eine Folge. Schreiben wir $x_k = (x_{k,1}, \ldots, x_{k,n}), k \in \mathbb{N}$, so erhalten wir wegen

$$\|x_k\|^2 = \sum_{i=1}^{n}(x_{k,i})^2 \leq r^2$$

insgesamt n beschränkte Folgen in $\mathbb{R}$.

Nach dem Satz von BOLZANO-WEIERSTRASS existiert eine Teilfolge $(y_k)_{k\in\mathbb{N}}$ von $(x_k)_{k\in\mathbb{N}}$, sodass $(y_{k,1})_{k\in\mathbb{N}}$, das heißt die erste Komponente von $(y_k)_{k\in\mathbb{N}}$, konvergiert. Nach Auswahl einer weiteren Teilfolge $(z_k)_{k\in\mathbb{N}}$ von $(y_k)_{k\in\mathbb{N}}$ erhält man dann eine Teilfolge, bei der die ersten beiden Koordinatenfolgen $(z_{k,1})_{k\in\mathbb{N}}, (z_{k,2})_{k\in\mathbb{N}}$ konvergieren.

Iterativ konstruieren wir eine Teilfolge $(\tilde{x}_k)_{k\in\mathbb{N}}$ von $(x_k)_{k\in\mathbb{N}}$, bei der sämtliche Koordinatenfolgen in $\mathbb{R}$ konvergieren. Da eine Folge $(\tilde{x}_k)_{k\in\mathbb{N}} \subset \mathbb{R}^n$ genau dann bezüglich $\|\cdot\|$ konvergiert, wenn die Koordinatenfolgen $(\tilde{x}_{k,i})_{k\in\mathbb{N}}$ für jedes $i = 1, \ldots, n$ in $\mathbb{R}$ konvergieren, ist $(\tilde{x}_k)_{k\in\mathbb{N}}$ somit eine konvergente Teilfolge von $(x_k)_{k\in\mathbb{N}}$. Ferner ist $\|\tilde{x}_k\|^2 \leq r^2$ für alle $k \in \mathbb{N}$ und daher folgt mit den Grenzwertsätzen

$$\|\lim_{k\to\infty}\tilde{x}_k\|^2 = \lim_{k\to\infty}\|\tilde{x}_k\|^2 \leq r^2.$$

Dies impliziert $\lim_{k\to\infty}\tilde{x}_k \in B(0,r)$ und daher ist $B(0,r)$ kompakt.

Das war zu zeigen. □

Aufgaben

Topologische Räume

Aufgabe 1.1

(a) M sei eine nicht leere Menge und gegeben seien Teilmengen

$$\varnothing = U_1 \subset U_2 \subset \cdots \subset U_n = M.$$

Man zeige, dass durch $\mathcal{O} := \{U_1, \ldots, U_n\}$ eine Topologie auf M festgelegt wird. Ist der topologische Raum $(M, \mathcal{O})$ zusammenhängend oder HAUSDORFFSCH?

(b) Man untersuche, ob die folgenden Mengensysteme Topologien auf $\mathbb{R}$ erzeugen und ob diese abzählbare Basen besitzen.

$$\mathcal{O}_1 := \{(-\infty, a) : a \in \mathbb{R}\} \cup \{\varnothing, \mathbb{R}\},$$
$$\mathcal{O}_2 := \{(-\infty, a] : a \in \mathbb{R}\} \cup \{\varnothing, \mathbb{R}\},$$
$$\mathcal{O}_3 := \{U \subset \mathbb{R} : U \text{ ist die Vereinigung von Mengen aus } \mathcal{O}_2\}.$$

(c) Ist die kofinite Topologie HAUSDORFFSCH?

Aufgabe 1.2

Gegeben sei eine nicht leere Menge M. Wir definieren ein System von Teilmengen $\mathcal{O}$ von M durch

$$\mathcal{O} := \{\varnothing\} \cup \{U : M \setminus U \text{ ist abzählbar}\}.$$

(a) Man weise nach, dass $\mathcal{O}$ eine Topologie auf M definiert. Diese Topologie heißt *koabzählbare Topologie*.

(b) Man zeige, dass für abzählbare Mengen M die koabzählbare Topologie mit der diskreten Topologie auf M übereinstimmt.

(c) Man weise nach, dass für überabzählbare Mengen M die koabzählbare Topologie nicht HAUSDORFFSCH ist.

(d) Sei M überabzählbar. Man weise nach, dass $(x_n)_{n \in \mathbb{N}} \subset M$ bezüglich der koabzählbaren Topologie genau dann konvergiert, wenn die Folge ab einem n_0 konstant ist. Insbesondere ist der Grenzwert konvergenter Folgen eindeutig bestimmt.

Aufgabe 1.3

Ein topologischer Raum $(M, \mathcal{O})$ heißt LINDELÖF-Raum, wenn jede offene Überdeckung eine höchstens abzählbare Teilüberdeckung besitzt. Man zeige den folgenden Satz:

(Satz von LINDELÖF). Besitzt $(M, \mathcal{O})$ eine abzählbare Basis, so ist M ein LINDELÖF-Raum.

Aufgabe 1.4

Zwei Teilmengen $S_1, S_2 \subset M$ eines topologischen Raums $(M, \mathcal{O})$ heißen *getrennt*, wenn $S_1 \cap \overline{S_2} = \varnothing = \overline{S_1} \cap S_2$. Man zeige: Die Vereinigung von zwei nicht leeren getrennten Mengen ist nicht zusammenhängend.

Metrische Räume

Aufgabe 1.5

(a) (M, d) sei ein metrischer Raum und gegeben sei eine Folge $(K_n)_{n \in \mathbb{N}}$ kompakter, nicht leerer Teilmengen von M mit $K_{n+1} \subset K_n$ für alle $n \in \mathbb{N}$. Man zeige, dass der Durchschnitt $D := \bigcap_{n \in \mathbb{N}} K_n$ ebenfalls nicht leer ist.

(b) Für eine nicht leere Teilmenge $U \subset M$ eines metrischen Raums (M, d) definiere man den DURCHMESSER oder auch DIAMETER von U als

$$\text{diam}(U) := \sup_{x,y \in U} d(x, y) \le \infty.$$

Cantorscher Durchschnittssatz

$(A_n)_{n \in \mathbb{N}}$ sei eine Folge abgeschlossener, nicht leerer Teilmengen eines vollständigen metrischen Raums (M, d). Es gelte

$$A_{n+1} \subset A_n. \text{ für alle } n \in \mathbb{N} \text{ und } \lim_{n \to \infty} \text{diam}(A_n) = 0.$$

Dann existiert $x \in M$ mit $D = \bigcap_{n \in \mathbb{N}} A_n = \{x\}$.

Aufgabe 1.6
(M, d) sei ein vollständiger metrischer Raum und $A \subset M$ sei eine nicht leere Teilmenge. $x \in M$ heißt *Häufungspunkt* der Menge A, wenn für jedes $\epsilon > 0$ der Schnitt $A \cap (U(x, \epsilon) \setminus \{x\})$ nicht leer ist. $H(A)$ sei die Menge aller Häufungspunkte von A. Man zeige für $\varnothing \neq A, B \subset M$:

$$H(A \cup B) = H(A) \cup H(B), \quad A^\circ \cup B^\circ \subset (A \cup B)^\circ, \quad \overline{A \cap B} \subset \overline{A} \cap \overline{B}.$$

Für die letzten beiden Inklusionen weise man nach, dass im Allgemeinen keine Gleichheit gilt.

Aufgabe 1.7
(a) Auf der Menge $C([0, 1])$ der stetigen Funktionen $f : [0, 1] \to \mathbb{R}$ betrachten wir die durch die Supremumsnorm

$$\|f\|_\infty := \|f\|_{[0,1]} := \sup\{|f(x)| : x \in [0, 1]\}$$

definierte Metrik $d_\infty(f, g) := \|f - g\|_\infty$. $A \subset C([0, 1])$ sei die Teilmenge aller Funktionen, die auf dem Intervall $[0, 1]$ wenigstens eine Nullstelle besitzen. Man zeige, dass A eine vollständige Teilmenge von $(C([0, 1]), d_\infty)$ ist.

(b) Wir definieren die folgende Funktionenfolge $(f_n)_{n \in \mathbb{N}^*}$ in der Menge $F_b([0, 1])$ der auf dem Intervall $[0, 1]$ beschränkten Funktionen:

$$f_n := \begin{cases} 1 & , x = 0, \\ 0 & , 0 < x \le \frac{1}{n}, \\ x & , \frac{1}{n} < x \le 1. \end{cases}$$

Man zeige, dass $(f_n)_{n \in \mathbb{N}^*}$ eine CAUCHY-Folge in $(F_b([0, 1]), d_\infty)$ ist, dass jedes f_n eine Nullstelle auf $[0, 1]$ besitzt, dass aber f_n gleichmäßig gegen eine Funktion $f \in F_b([0, 1])$ konvergiert, die nirgends verschwindet.

Aufgabe 1.8
Man zeige, dass durch $d(m, n) := \left| \frac{1}{m} - \frac{1}{n} \right|$ auf $\mathbb{N}^*$ eine Metrik definiert wird und ermittle die offenen Bälle $U(1, 1)$ und $U(1, 1/2)$ mit $U(x, r) := \{n \in \mathbb{N}^* : d(x, n) < r\}$.

Aufgabe 1.9
Gegeben sei ein metrischer Raum (M, d). Wir definieren $d^* : M \times M \to \mathbb{R}$ durch

$$d^*(x, y) := \min\{1, d(x, y)\}.$$

Man zeige, dass d^* eine Metrik auf M definiert und dass eine Teilmenge $U \subset M$ genau dann d-offen ist, wenn sie d^*-offen ist.

Aufgabe 1.10
(Satz von BAIRE). $(A_k)_{k \in \mathbb{N}}$ sei eine Folge abgeschlossener Mengen in einem vollständigen metrischen Raum (M, d) derart, dass ihre Vereinigung A eine offene Kugel enthält. Man zeige, dass dann auch mindestens ein A_k eine offene Kugel enthält.

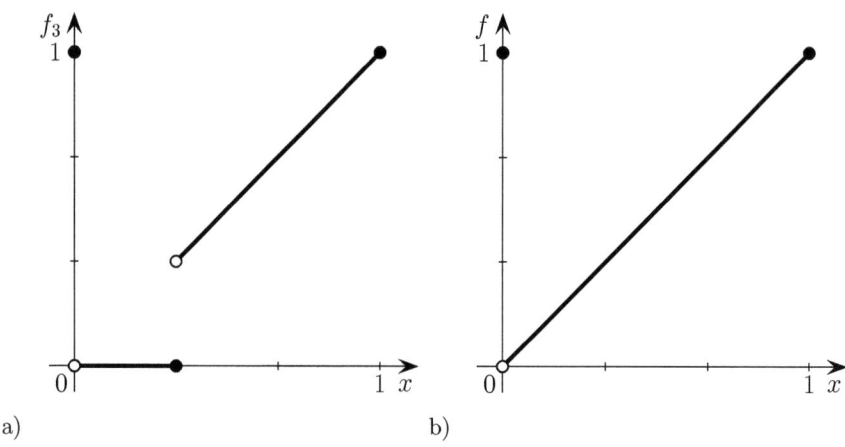

a)   b)

Abbildung 1.7.: a) Darstellung der Funktion f_3 aus Aufgabe 1.7(b). b) Die Folge $(f_n)_{n\in\mathbb{N}^*}$ aus Aufgabe 1.7(b) konvergiert gleichmäßig gegen die Funktion f. Diese ist an der Stelle $x = 0$ unstetig und besitzt keine Nullstelle.

Lösungen ausgewählter Aufgaben

Lösung zu Aufgabe 1.1:

(a) Sei M eine nicht leere Menge und $U_1, \ldots, U_n$ seien Teilmengen mit

$$\varnothing = U_1 \subset U_2 \subset \cdots \subset U_n = M.$$

Man definiere $\mathcal{O} := \{U_1, U_2, \ldots, U_n\}$. Wir zeigen, dass $\mathcal{O}$ eine Topologie auf M bildet.

BEWEIS:

- ($\mathcal{O}$ **enthält** M **und** $\varnothing$): Nach Voraussetzung ist $U_1 = \varnothing$ und $U_n = M$, somit gehören M und $\varnothing$ zu $\mathcal{O}$.

- ($\cup$-**Stabilität**): Da die Teilmengen in $\mathcal{O}$ geordnet sind, ist jede Vereinigung von Elementen in $\mathcal{O}$ wieder ein Element von $\mathcal{O}$, weil $\mathcal{O}$ eine Kette von Teilmengen ist. Das gilt besonders für die Vereinigungen der Form $\bigcup_{i \in I} U_i$ mit $U_i \in \mathcal{O}$.

- (**endliche** $\cap$-**Stabilität**): Für zwei Elemente U_i und U_j aus $\mathcal{O}$ gilt $U_i \cap U_j = U_{\min(i,j)}$. Da dies wiederum eine Menge aus $\mathcal{O}$ ist, sind auch die Schnittmengen in $\mathcal{O}$ enthalten.

Da alle Bedingungen erfüllt sind, ist $\mathcal{O}$ eine Topologie auf M.   ✱

Zusammenhang und Hausdorff-Eigenschaft:

- **Zusammenhängend**: Der Raum $(M, \mathcal{O})$ ist zusammenhängend, da es keine Möglichkeit gibt, M in zwei nicht-leere, offene, disjunkte Teilmengen zu zerlegen.

- **Hausdorffsch**: Der Raum ist nicht HAUSDORFFSCH, da keine zwei verschiedenen Punkte durch disjunkte offene Mengen getrennt werden können.

(b) Untersuche, ob die folgenden Mengensysteme Topologien auf $\mathbb{R}$ erzeugen und ob diese abzählbare Basen besitzen.

a) **Mengensystem $\mathcal{O}_1$:**
$$\mathcal{O}_1 := \{(-\infty, a) : a \in \mathbb{R}\} \cup \{\varnothing, \mathbb{R}\}$$
Dieses System definiert eine Topologie auf $\mathbb{R}$. Eine abzählbare Basis besteht aus den Intervallen $(-\infty, a)$ mit $a \in \mathbb{Q}$.

b) **Mengensystem $\mathcal{O}_2$:**
$$\mathcal{O}_2 := \{(-\infty, a] : a \in \mathbb{R}\} \cup \{\varnothing, \mathbb{R}\}$$
Dieses System definiert keine Topologie auf $\mathbb{R}$, denn es ist nicht $\cup$-stabil. Zum Beispiel gilt
$$(-\infty, 0) = \bigcup_{n \in \mathbb{N}} (-\infty, -1/n],$$
aber die Menge $(-\infty, 0)$ gehört nicht zu $\mathcal{O}_2$.

c) **Mengensystem $\mathcal{O}_3$:**
$$\mathcal{O}_3 := \{U \subset \mathbb{R} : U \text{ ist die Vereinigung von Mengen aus } \mathcal{O}_2\}$$
Offensichtlich gilt $\mathcal{O}_3 = \mathcal{O}_1 \cup \mathcal{O}_2$. Insbesondere sind nun alle Eigenschaften eines topologischen Raums erfüllt. Die Topologie $\mathcal{O}_3$ besitzt keine abzählbare Basis. Sei nämlich $\mathcal{B}$ eine Basis von $(\mathbb{R}, \mathcal{O}_3)$ und sei $a \in \mathbb{R}$. Dann gibt es ein System $\mathcal{C} \subset \mathcal{B}$ mit $\bigcup_{U \in \mathcal{C}} U = (-\infty, a]$. Für jedes $U \in \mathcal{C}$ ist $U \subset (-\infty, a]$ und es gibt ein $U_a \in \mathcal{C}$ mit $a \in U_a$. Da U_a ein nach unten unbeschränktes Intervall ist, folgt $U_a = (-\infty, a]$. Demnach ist $\{(-\infty, a] : a \in \mathbb{R}\} \subset \mathcal{B}$. Weil $\mathbb{R}$ überabzählbar ist, muss es auch $\mathcal{B}$ sein.

(c) **Kofinite Topologie:** Die kofinite Topologie auf einer Menge X ist die Topologie, bei der die offenen Mengen entweder die leere Menge oder die Komplementmengen endlicher Mengen sind.

Wir behaupten, dass die kofinite Topologie auf M genau dann HAUSDORFFSCH ist, wenn M endlich ist.

BEWEIS:

(i) M sei endlich. Da in diesem Fall das Komplement jeder Teilmenge wieder endlich ist, sind alle Teilmengen offen, das heißt die kofinite Topologie stimmt in diesem Fall mit der diskreten Topologie überein und diese ist HAUSDORFFSCH.

(ii) M sei unendlich. Da eine nicht leere offene Teilmenge das Komplement einer endlichen Menge ist, ist jede nicht leere offene Menge somit selbst unendlich. Sind daher zwei nicht leere, offene Mengen U, V gegeben, so kann nicht $U \cap V = \varnothing$ gelten, denn sonst wäre V im Komplement von U enthalten und da dies endlich ist, wäre auch V endlich. Wir haben aber gerade gesehen, dass nicht leere offene Mengen unendlich sind. Damit ist die HAUSDORFF-Eigenschaft verletzt.

Lösung zu Aufgabe 1.3:

(i) Angenommen, der topologische Raum $(M, \mathcal{O})$ hat eine abzählbare Basis. Das bedeutet, es existiert eine abzählbare Menge $\mathcal{B} = \{B_1, B_2, B_3, \dots\}$ von offenen Mengen, sodass jede offene Menge in M als Vereinigung von Mengen aus $\mathcal{B}$ dargestellt werden kann.

(ii) Sei $(U_\alpha)_{\alpha \in A}$ eine offene Überdeckung von M. Das bedeutet, dass $M = \bigcup_{\alpha \in A} U_\alpha$ und jedes U_α ist eine offene Menge.

(iii) Wir möchten eine abzählbare Teilmenge $A' \subset A$ finden, sodass $(U_\alpha)_{\alpha \in A'}$ immer noch M überdeckt, also mit $M = \bigcup_{\alpha \in A'} U_\alpha$.

(iv) Wir definieren das System

$$\mathcal{T} := \{B \in \mathcal{B} : \text{Es existiert ein } \alpha \text{ mit } B \subset U_\alpha\}$$

und behaupten, dass

$$\bigcup_{B \in \mathcal{T}} B = M.$$

BEWEIS: Sei $x \in M$ beliebig. Da $(U_\alpha)_{\alpha \in A}$ eine Überdeckung von M ist, gibt es mindestens einen Index $\alpha \in A$ mit $x \in U_\alpha$. Zu dieser offenen Menge U_α gibt es eine Teilmenge $\mathcal{C} \subset \mathcal{B}$, sodass $U_\alpha = \bigcup_{B \in \mathcal{C}} B$. Insbesondere gilt für jedes $B \in \mathcal{C}$, dass $B \subset U_\alpha$.

Da x in U_α liegt, gibt es mindestens ein $n_x \in \mathbb{N}$, sodass $B_{n_x} \in \mathcal{C}$ und $x \in B_{n_x} \subset U_\alpha$ gilt. Das bedeutet, dass $B_{n_x} \in \mathcal{T}$.

Für jedes $x \in M$ existiert also ein Element $B_{n_x} \in \mathcal{T}$ mit $x \in B_{n_x}$. Das zeigt, dass $M = \bigcup_{B \in \mathcal{T}} B$ gilt.

(v) Da $\mathcal{B} = \{B_1, B_2, B_3, \dots\}$ abzählbar ist, können wir die Teilmenge $\mathcal{T}$ auch als abzählbare Menge ausdrücken, etwa $\mathcal{T} = \{B_{n_1}, B_{n_2}, B_{n_3}, \dots\}$, wobei B_{n_k} für jedes $k \in \mathbb{N}$ aus $\mathcal{B}$ ausgewählt wurde.

Zu jedem $k \in \mathbb{N}$ existiert dann nach Definition von $\mathcal{T}$ ein $\alpha_k \in A$ mit $B_{n_k} \subset U_{\alpha_k}$. Es folgt

$$M \supset \bigcup_{k \in \mathbb{N}} U_{\alpha_k} \supset \bigcup_{k \in \mathbb{N}} B_{n_k} = \bigcup_{B \in \mathcal{T}} B = M,$$

also

$$M = \bigcup_{k \in \mathbb{N}} U_{\alpha_k}.$$

Damit haben wir eine abzählbare Teilüberdeckung von $(U_\alpha)_{\alpha \in A}$ gefunden und gezeigt, dass $(M, \mathcal{O})$ ein LINDELÖF-Raum ist.

$$\circledast$$

Lösung zu Aufgabe 1.5:

(a) Da jede Menge K_n nicht leer ist, existiert für jedes $n \in \mathbb{N}$ ein Element $x_n \in K_n$. Da zudem $K_{n+1} \subset K_n$ für alle $n \in \mathbb{N}$, ist die Folge $(x_n)_{n \in \mathbb{N}}$ in K_1 enthalten.

Da K_1 kompakt ist, besitzt die Folge $(x_n)_{n \in \mathbb{N}}$ eine konvergente Teilfolge, deren Grenzwert x in K_1 liegt. Ohne Einschränkung können wir daher annehmen, dass die gesamte Folge $(x_n)_{n \in \mathbb{N}}$ gegen ein $x \in K_1$ konvergiert.

Für jedes $n \in \mathbb{N}$ gilt, dass $x_n \in K_n$. Da $K_n \subset K_1$, ist auch jede Teilfolge $(x_k)_{k \geq n}$ in K_n. Da K_n kompakt und damit abgeschlossen ist, liegt der Grenzwert x ebenfalls in K_n für jedes $n \in \mathbb{N}$. Daher liegt x in $D = \bigcap_{n \in \mathbb{N}} K_n$.

Das zeigt, dass der Durchschnitt D der kompakten Mengen nicht leer ist. Man beachte, dass wir im Beweis keine Vollständigkeit des metrischen Raums (M, d) benötigen.

(b) Wie in Teil (a) wählen wir zunächst eine Folge $(x_n)_{n\in\mathbb{N}}$ mit $x_n \in A_n$ für alle $n \in \mathbb{N}$. Zu $\epsilon > 0$ existiert wegen $\lim_{n\to\infty} \operatorname{diam}(A_n) = 0$ ein $n_0 \in \mathbb{N}$, sodass $\operatorname{diam}(A_{n_0}) < \epsilon$. Aufgrund der Schachtelung $A_{n+1} \subset A_n$ für alle n gilt dann $x_n \in A_{n_0}$ für alle $n \geq n_0$ und damit nach Wahl von n_0 auch

$$d(x_n, x_m) \leq \sup_{x,y\in A_{n_0}} d(x,y) = \operatorname{diam}(A_{n_0}) < \epsilon, \text{ für alle } m, n \geq n_0.$$

Dies zeigt, dass die Folge eine CAUCHY-Folge in M ist. Weil wir den metrischen Raum (M, d) als vollständig vorausgesetzt haben, konvergiert $(x_n)_{n\in\mathbb{N}}$ gegen ein $x \in M$. Nun ist jedoch $(x_k)_{k\geq n} \subset A_n$ für alle $n \in \mathbb{N}$ und A_n ist abgeschlossen, sodass der Grenzwert x dieser Folge wieder zu A_n gehört. Dies zeigt $x \in D = \bigcap_{n\in\mathbb{N}} A_n$. Sind $x, y \in D$, so folgt wegen $d(x,y) \leq \operatorname{diam}(A_n) \xrightarrow{n\to\infty} 0$ die Gleichheit $x = y$, also $D = \{x\}$.

Lösung zu Aufgabe 1.7:

(a) Weil stetige Funktionen auf kompakten Intervallen beschränkt sind, folgt zunächst aus Satz 9.3.3 im ersten Band zur Analysis, dass $(C([0,1]), d_\infty)$ ein BANACH-Raum ist; siehe (8, Satz 9.3.3). Es existiert also ein $f \in C([0,1])$ mit $\|f_n - f\|_\infty \to 0$. Nach Voraussetzung gibt es zu jedem $n \in \mathbb{N}$ ein $x_n \in [0,1]$ mit $f_n(x_n) = 0$. Weil dann $(x_n)_{n\in\mathbb{N}}$ eine Folge in einer kompakten Menge ist, existiert hiervon eine Teilfolge $(x_{n_k})_{k\in\mathbb{N}}$, die gegen ein $x^* \in [0,1]$ konvergiert. Aus der Stetigkeit der Grenzfunktion f und weil gleichmäßige Konvergenz insbesondere punktweise Konvergenz impliziert, folgt nun

$$f(x^*) = f\left(\lim_{k\to\infty} x_{n_k}\right) = \lim_{k\to\infty}$$

(b) Wir betrachten die Funktionenfolge $(f_n)_{n\in\mathbb{N}^*}$ gegeben durch

$$f_n(x) := \begin{cases} 1, & x = 0, \\ 0, & 0 < x \leq \frac{1}{n}, \\ x, & \frac{1}{n} < x \leq 1. \end{cases}$$

und zeigen die geforderten Eigenschaften.

1. (f_n) ist eine Cauchy-Folge in $(F_b([0,1]), d_\infty)$:

Die Supremumsnorm ist definiert als

$$d_\infty(f_n, f_m) = \sup_{x\in[0,1]} |f_n(x) - f_m(x)|.$$

Für $n > m$ betrachten wir

$$|f_n(x) - f_m(x)| = \begin{cases} 0, & x = 0, \\ 0, & x \leq \frac{1}{n}, \\ x, & \frac{1}{n} < x \leq \frac{1}{m}, \\ 0, & x > \frac{1}{m}. \end{cases}$$

Das Maximum dieses Ausdrucks wird für $x = \frac{1}{m}$ angenommen, also ist

$$d_\infty(f_n, f_m) = \frac{1}{m},$$

was gegen 0 geht für $m, n \to \infty$. Damit ist (f_n) eine Cauchy-Folge in $(F_b([0,1]), d_\infty)$.

2. Jede Funktion f_n besitzt eine Nullstelle:

Für jede natürliche Zahl n ist $x = \frac{1}{n}$ eine Nullstelle von f_n, da $f_n(\frac{1}{n}) = 0$.

3. Gleichmäßige Konvergenz von (f_n) gegen f:

Definiere die punktweise Grenzfunktion:

$$f(x) = \lim_{n \to \infty} f_n(x) = \begin{cases} 1, & x = 0, \\ x, & x > 0. \end{cases}$$

Für alle $x \in [0,1]$ gilt $|f_n(x) - f(x)| \le \frac{1}{n}$, also gilt

$$\sup_{x \in [0,1]} |f_n(x) - f(x)| = \frac{1}{n} \to 0.$$

Daher konvergiert f_n auch gleichmäßig gegen f in $F_b([0,1])$.

4. f besitzt keine Nullstelle auf $[0,1]$:

Da $f(0) = 1$ und $f(x) = x > 0$ für $x > 0$, besitzt f keine Nullstelle auf $[0,1]$.

Lösung zu Aufgabe 1.9:

Gegeben sei ein metrischer Raum (M, d) und es sei $d^* : M \times M \to \mathbb{R}$ definiert durch

$$d^*(x,y) := \min\{1, d(x,y)\}.$$

Wir zeigen, dass d^* eine Metrik auf M definiert und dass eine Teilmenge $U \subset M$ genau dann d-offen ist, wenn sie d^*-offen ist.

BEWEIS:

Nachweis, dass d^* eine Metrik ist:

Die positive Definitheit und die Symmetrie von d^* sind klar. Um die Gültigkeit der Dreiecksungleichung für d^* nachzuweisen, verwenden wir die Dreiecksungleichung für d und erhalten die beiden Ungleichungen

$$d^*(x,y) = \min\{1, d(x,y)\} \le d(x,y) \le d(x,z) + d(z,y)$$

und

$$d^*(x,y) = \min\{1, d(x,y)\} \le 1.$$

Gilt $d(x,z), d(z,y) \le 1$, so schließen wir mit der ersten Ungleichung

$$d^*(x,y) \le d(x,z) + d(z,y) = d^*(x,z) + d^*(z,y).$$

Ist hingegen $d^*(x,z) > 1$, so verwenden wir die zweite Ungleichung und erhalten

$$d^*(x,y) \le 1 = d^*(x,z) \le d^*(x,z) + d^*(z,y).$$

Analog verfahren wir im Fall $d^*(z,y) > 1$.

Äquivalenz der durch d und d^* erzeugten Topologien:

Für $x_0 \in M$ und $r > 0$ setzen wir

$$U(x_0, r) := \{y \in M : d(x_0, y) < r\}, \quad U^*(x_0, r) := \{y \in M : d^*(x_0, y) < r\}.$$

Ist $y \in U(x_0, \epsilon)$, $\epsilon \in (0,1)$, so folgt $d^*(x_0, y) = \min\{1, d(x_0, y)\} = d(x_0, y)$ und damit

$$U^*(x_0, \epsilon) = U(x_0, \epsilon), \quad \text{für alle } x_0 \in M, \epsilon \in (0,1).$$

Mehr braucht man nicht zu zeigen.   ⊛

1. Topologische und metrische Räume

2. Stetigkeit

In diesem Kapitel werden wir den Begriff der Stetigkeit für eine breite Klasse von Abbildungen $f : M \to N$ einführen. Insbesondere werden wir zeigen, dass sich ein sinnvoller Stetigkeitsbegriff sogar für Abbildungen zwischen topologischen Räumen formulieren lässt.

2.1. Stetige Abbildungen

2.1.a. Abbildungen zwischen metrischen Räumen

Wir beginnen zunächst mit Abbildungen zwischen metrischen Räumen, da wir in metrischen Räumen die Abstände von Punkten durch die jeweiligen Metriken messen können. Die folgende Definition ist daher eine sehr natürliche Erweiterung des Stetigkeitsbegriffs für reelle Funktionen.

2.1.1 Definition (Stetigkeit von Abbildungen zwischen metrischen Räumen)
(M, d_M), (N, d_N) seien metrische Räume und $f : M \to N$ sei eine Abbildung.

(a) f heißt *stetig* in $x_0 \in M$, wenn in x_0 das (ϵ, δ)-Kriterium gilt, das heißt:

Zu jedem $\epsilon > 0$ existiert ein $\delta > 0$, sodass $d_N(f(x), f(x_0)) < \epsilon$, für alle x mit $d_M(x, x_0) < \delta$.

f heißt stetig in $A \subset M$, wenn f in jedem $x \in A$ stetig ist.

(b) Entsprechend heißt f auf M *gleichmäßig stetig*, wenn gilt:

Zu jedem $\epsilon > 0$ existiert ein $\delta > 0$, sodass $d_N(f(x), f(y)) < \epsilon$, für alle x, y mit $d_M(x, y) < \delta$.

(c) Für $0 < \alpha < 1$ heißt f auf M α-HÖLDER-stetig, wenn es eine Konstante $L \geq 0$ gibt, sodass

$$d_N(f(x), f(y)) \leq L \cdot (d_M(x, y))^\alpha \,, \text{ für alle } x, y \in M.$$

Gilt dieselbe Aussage für $\alpha = 1$, so nennen wir f LIPSCHITZ-stetig und die Konstante L heißt in diesem Fall LIPSCHITZ-Konstante.

2.1.2 Bemerkung
(a) Eine Funktion $f : M \to N$ ist also genau dann im Punkt $x_0 \in M$ stetig, wenn

$$\lim_{x \to x_0} f(x) = f(x_0),$$

wobei diese Aussage bedeutet, dass $\lim_{n \to \infty} d_N(f(\xi_n), f(x_0)) = 0$, für alle Folgen $(\xi_n)_{n \in \mathbb{N}} \subset M$ mit $\lim_{n \to \infty} d_M(\xi_n, x_0) = 0$.

(b) Sowohl α-HÖLDER-stetige, LIPSCHITZ-stetige als auch gleichmäßig stetige Funktionen sind stetig. Die Umkehrung gilt jedoch nicht zwangsläufig.

Der $\mathbb{R}^n$ ist mit der Metrik

$$d(x,y) = \|x - y\|, \quad \|x\|^2 = \sum_{k=1}^{n} x_k^2, \quad x = (x_1, \dots, x_n) \in \mathbb{R}^n$$

ein metrischer Raum. Lässt sich in diesem metrischen Raum möglichst einfach feststellen, ob eine Funktion $f : \mathbb{R}^n \to \mathbb{R}$ in einem Punkt $x_0 \in \mathbb{R}^n$ stetig ist? Auskunft hierüber gibt der nächste Satz.

2.1.3 Satz
(L, d_L), (M, d_M) und (N, d_N) seien metrische Räume.

(a) *$f : L \to M$ sei stetig in $x_0 \in L$ und $g : M \to N$ sei stetig in $y_0 := f(x_0) \in M$. Dann ist auch die Verkettung $g \circ f : L \to N$ stetig in x_0.*

(b) *Ist $f : M \to \mathbb{R}$ eine in $x_0 \in M$ und $g : N \to \mathbb{R}$ eine in $y_0 \in N$ stetige Funktion, so sind die Funktionen*

$$f + g : M \times N \to \mathbb{R}, \quad (f + g)(x, y) := f(x) + g(y),$$
$$f - g : M \times N \to \mathbb{R}, \quad (f - g)(x, y) := f(x) - g(y),$$
$$f \cdot g : M \times N \to \mathbb{R}, \quad (f \cdot g)(x, y) := f(x) \cdot g(y)$$

und, sofern $g(y_0) \neq 0$, auch die Funktion

$$\frac{f}{g} : M \times (N \setminus \{g = 0\}) \to \mathbb{R}, \quad \left(\frac{f}{g}\right)(x, y) := \frac{f(x)}{g(y)}$$

bezüglich der Produktmetrik auf $M \times N$ stetig in (x_0, y_0).

Beweis: Das folgt direkt aus den Grenzwertsätzen für reelle Folgen. $\qquad\square$

2.1.4 Beispiel
Die Funktion

$$f : \mathbb{R}^2 \to \mathbb{R}, \quad f(x, y) := \arctan |xy|$$

ist auf ganz $\mathbb{R}^2$ stetig. Da nämlich $g(x) = |x|$ eine überall stetige Funktion ist, folgt aus Teil (b) in Satz 2.1.3, dass zunächst die Funktion

$$h : \mathbb{R}^2 \to \mathbb{R}, \quad h(x, y) = g(x) \cdot g(y) = |xy|$$

überall stetig ist. Nach Teil (a) in Satz 2.1.3 gilt dies dann aber auch für f, denn f ist wegen

$$f(x, y) = \arctan(h(x, y))$$

eine Verkettung stetiger Funktionen.

2.1.5 Satz (Stetigkeitskriterium)

Für eine Abbildung $f : M \to N$ zwischen metrischen Räumen (M, d_M), (N, d_N) sind die folgenden Aussagen äquivalent:

(i) *f ist stetig.*

(ii) *Die Urbilder d_N-offener Mengen sind d_M-offen.*

(iii) *Die Urbilder d_N-abgeschlossener Mengen sind d_M-abgeschlossen.*

Beweis: Wir zeigen zuerst die Äquivalenz der ersten beiden Aussagen.

(i)$\Rightarrow$(ii): f sei stetig, $\Omega \subset N$ sei d_N-offen. Ohne Einschränkung können wir $\Omega \neq \varnothing$ und $f^{-1}(\Omega) \neq \varnothing$ annehmen. Wir wählen ein beliebiges $x_0 \in f^{-1}(\Omega)$, das heißt ein $x_0 \in M$ mit $f(x_0) \in \Omega$. Da Ω d_N-offen ist, existiert ein $\epsilon > 0$ mit $U(f(x_0), \epsilon) \subset \Omega$. Weil f stetig ist, existiert ein $\delta > 0$, sodass

$$d_N(f(x), f(x_0)) < \epsilon, \text{ für alle } x \in M \text{ mit } d_M(x, x_0) < \delta,$$

also $f(U(x_0, \delta)) \subset U(f(x_0), \epsilon)$. Weil außerdem $U(f(x_0), \epsilon) \subset \Omega$, folgt aus

$$f(U(x_0, \delta)) \subset U(f(x_0), \epsilon) \subset \Omega,$$

dass $U(x_0, \delta) \subset f^{-1}(\Omega)$. Da x_0 beliebig gewählt war und $U(x_0, \delta)$ eine d_M-offene Menge ist, beweist das die d_M-Offenheit von $f^{-1}(\Omega)$.

(ii)$\Rightarrow$(i): Es seien $x_0 \in M$, $\epsilon > 0$. Da $U(f(x_0), \epsilon)$ d_N-offen ist, gilt nach Voraussetzung, dass $f^{-1}(U(f(x_0), \epsilon))$ d_M-offen ist, insbesondere existiert ein $\delta > 0$ mit

$$U(x_0, \delta) \subset f^{-1}(U(f(x_0), \epsilon)).$$

Damit ist auch $f(U(x_0, \delta)) \subset U(f(x_0), \epsilon)$, das heißt für alle $x \in M$ mit $d_M(x, x_0) < \delta$ ist

$$d_N(f(x), f(x_0)) < \epsilon.$$

Also ist das (ϵ, δ)-Kriterium erfüllt und f ist stetig.

(ii)$\Leftrightarrow$(iii): Dies folgt unmittelbar aus $f^{-1}(N \setminus \Omega) = M \setminus f^{-1}(\Omega)$ und der analogen Aussage für die offenen Mengen.

Damit ist alles bewiesen. $\qquad\qquad\square$

2.1.6 Bemerkung

Wie die Beispiele der reellen Funktionen $f(x) = 1$ und $g(x) = \arctan x$ zeigen, impliziert die Stetigkeit einer Funktion weder, dass die Bilder offener Mengen offen sind noch dass die Bilder abgeschlossener Mengen abgeschlossen sein müssen. Im ersten Fall ist das Bild der offenen Menge $\mathbb{R}$ nicht offen und im zweiten Fall ist das Bild der abgeschlossenen Menge $\mathbb{R}$ das offene Intervall $(-\pi/2, \pi/2)$, also nicht abgeschlossen.

2.1.b. Abbildungen zwischen topologischen Räumen

Aufgrund der in Satz 2.1.5 gegebenen äquivalenten Charakterisierung stetiger Abbildungen zwischen metrischen Räumen, können wir den Begriff der Stetigkeit nun auf die allgemeinere Klasse der Abbildungen zwischen topologischen Räumen ausweiten.

2.1.7 Definition
$(M, \mathscr{O}_M)$ und $(N, \mathscr{O}_N)$ seien zwei topologische Räume. Dann nennen wir eine Abbildung $f : M \to N$ *stetig*, wenn die Urbilder von in N offenen Mengen offen in M sind, das heißt wenn gilt:

$$f^{-1}(\Omega) \in \mathscr{O}_M, \text{ für alle } \Omega \in \mathscr{O}_N.$$

Ist $f : M \to N$ bijektiv und sind sowohl f als auch die Inverse $f^{-1} : N \to M$ stetig, so nennen wir f einen *Homöomorphismus* und die topologischen Räume *homöomorph*.

2.1.8 Beispiel
Für $r > 0$ ist $U(x_0, r) \subset \mathbb{R}^n$ homöomorph zu $\mathbb{R}^n$. Ein Homöomorphismus ist zum Beispiel durch

$$f : U(x_0, r) \to \mathbb{R}^n, \quad f(x) := \ln\left(\frac{r}{r - \|x - x_0\|}\right) x$$

gegeben

2.1.9 Definition
Eine Abbildung $f : M \to N$ zwischen den topologischen Räumen $(M, \mathscr{O}_M)$ und $(N, \mathscr{O}_N)$ heißt *offen*, wenn die Bilder $\mathcal{O}_M$-offener Mengen $\mathcal{O}_N$-offen sind.

2.1.10 Beispiel
Jeder Homöomorphismus ist offen.

Als Nächstes definieren wir die punktweise Stetigkeit von Abbildungen zwischen beliebigen topologischen Räumen.

2.1.11 Definition
Eine Abbildung $f : M \to N$ zwischen den topologischen Räumen $(M, \mathscr{O}_M)$ und $(N, \mathscr{O}_N)$ heißt *stetig* in $x_0 \in M$, wenn für jede offene Umgebung V von $f(x_0)$ die Urbildmenge $f^{-1}(V)$ eine Umgebung von x_0 ist.

Hierbei ist es wichtig zu betonen, dass die Urbildmenge $f^{-1}(V)$ nicht notwendig selbst offen ist. Zum Beispiel ist die Funktion

$$f : \mathbb{R} \to \mathbb{R}, \quad f(x) := \begin{cases} x & , x \neq 1 \\ 0 & , x = 1 \end{cases}$$

an der Stelle $x_0 = 0$ stetig. Für jedes $0 < \epsilon < 1$ ist aber zum Beispiel die Urbild-
menge der offenen Umgebung $V = (-\epsilon, \epsilon)$ von $0 = f(x_0)$ die Menge $f^{-1}((-\epsilon, \epsilon)) = (-\epsilon, \epsilon) \cup \{1\}$ und diese Menge ist nicht offen, aber eine Umgebung von $x_0 = 0$.

Ist eine Abbildung $f : M \to N$ zwischen topologischen Räumen hingegen in jedem
Punkt stetig, so liefert Definition 2.1.11 keinen anderen Stetigkeitsbegriff als Definition 2.1.7, denn in diesem Fall sind Urbilder $f^{-1}(V)$ offener Mengen V nach Lemma
1.1.5 stets offen, weil sie Umgebungen eines jeden Urbildpunktes $x \in f^{-1}(V)$ sind.

Eine äquivalente Charakterisierung der punktweisen Stetigkeit durch Folgenkonvergenz ist im Allgemeinen nicht möglich - schon alleine deshalb, weil sich Folgenkonvergenz nicht in allen topologischen Räumen sinnvoll definieren lässt. Zwar haben
wir in Definition 1.1.6 die Folgenkonvergenz in HAUSDORFF-Räumen eingeführt,
doch selbst in diesem Fall gilt für eine Abbildung $f : M \to N$ zwischen HAUS-
DORFF-Räumen im Allgemeinen nicht, dass sie genau dann im Sinne von Definition
2.1.11 in $\xi \in M$ stetig ist, wenn

$$\lim_{x \to \xi} f(x) = f(\xi), \text{ für alle Folgen } (x_n)_{n \in \mathbb{N}} \subset M \text{ mit } \lim_{n \to \infty} x_n = \xi.$$

Allerdings gilt eine der beiden Implikationen.

2.1.12 Lemma
*$(M, \mathcal{O}_M)$ und $(N, \mathcal{O}_N)$ seien HAUSDORFF-Räume und $f : M \to N$ sei in $\xi \in M$
stetig. Dann folgt*

$$\lim_{x \to \xi} f(x) = f(\xi), \text{ für alle Folgen } (x_n)_{n \in \mathbb{N}} \subset M \text{ mit } \lim_{n \to \infty} x_n = \xi.$$

Beweis: Es sei $(x_n)_{n \in \mathbb{N}} \subset M$ eine beliebige Folge mit $\lim_{n \to \infty} x_n = \xi$. Wir müssen
zeigen, dass es zu jeder offenen Umgebung V von $f(\xi)$ ein $n_0 \in \mathbb{N}$ gibt, sodass
$f(x_n) \in V$ für alle $n \geq n_0$.

Weil f in ξ stetig ist, enthält $f^{-1}(V)$ eine offene Umgebung U von ξ. Da die Folge
$(x_n)_{n \in \mathbb{N}}$ gegen ξ konvergiert, existiert ein $n_0 \in \mathbb{N}$, sodass $x_n \in U$ für alle $n \geq n_0$.
Wegen $f(U) \subset V$ liegen dann aber auch sämtliche Bilder $f(x_n)$ in V, wenn $n \geq n_0$.
Das war gerade zu zeigen. $\qquad\square$

Die Umkehrung dieser Aussage - also dass aus der Folgenkonvergenz die Stetigkeit
folgt – lässt sich nicht generell zeigen, da hierfür die Existenz bestimmter Mengensysteme erforderlich wäre, die sich in allgemeinen HAUSDORFF-Räumen nicht
immer herleiten lassen. Tatsächlich weist die Folgenkonvergenz in topologischen
Räumen einige Schwächen auf, weshalb sie häufig durch andere Konzepte ersetzt
wird, insbesondere durch *Filter* und *Netze*.

Für unsere Zwecke ist die Folgenkonvergenz jedoch meist völlig ausreichend, da wir
nahezu ausschließlich Abbildungen betrachten, die auf metrischen Räumen definiert
sind. Metrische Räume sind insbesondere stets HAUSDORFFSCH. In diesem Rahmen
können wir den folgenden Satz beweisen, der eine leichte Verallgemeinerung der
entsprechenden Aussage für Abbildungen zwischen metrischen Räumen darstellt.

2.1.13 Satz

(M, d) sei metrischer Raum und $(N, \mathcal{O}_N)$ sei ein HAUSDORFF-*Raum. Dann sind für eine Abbildung $f : M \to N$ die folgenden Aussagen äquivalent.*

(i) *f ist im Sinne von Definition 2.1.11 stetig in $\xi \in M$.*

(ii) *Es ist $\lim_{n \to \infty} f(x_n) = f(\xi)$ für Folgen $(x_n)_{n \in \mathbb{N}} \subset M$ mit $\lim_{n \to \infty} x_n = \xi$.*

Beweis:

(i)$\Rightarrow$(ii): Weil metrische Räume HAUSDORFFSCH sind, folgt das aus Lemma 2.1.12.

(ii)$\Rightarrow$(i): Es sei V eine beliebige offene Umgebung von $f(\xi)$. Wir müssen zeigen, dass $f^{-1}(V)$ eine offene Umgebung U von ξ enthält. Wir behaupten, dass es ein $\epsilon > 0$ mit $U(\xi, \epsilon) \subset f^{-1}(V)$ gibt. Angenommen, solch ein ϵ existiert nicht. Dann existiert zu jedem $n \in \mathbb{N}^*$ ein $x_n \in U(\xi, 1/n)$ mit $f(x_n) \notin V$. Weil somit nach Konstruktion die Folge $(x_n)_{n \in \mathbb{N}^*}$ gegen ξ konvergiert, muss nach Voraussetzung nun auch $\lim_{n \to \infty} f(x_n) = f(\xi)$ gelten. Das ist aber unmöglich, da $f(x_n) \notin V$ für alle n. Dieser Widerspruch beweist, dass $f^{-1}(V)$ eine offene Kugel $U(\xi, \epsilon)$ enthalten muss.

Das war zu zeigen. $\qquad\qquad\qquad\qquad\qquad\qquad\qquad\qquad\qquad\qquad\qquad\square$

2.1.c. Stetige Abbildungen auf kompakten Mengen

Wir haben bereits festgestellt, dass im Allgemeinen die Bilder offener Mengen unter stetigen Abbildungen nicht unbedingt offen sein müssen. Ebenso sind die Bilder abgeschlossener Mengen nicht zwangsläufig abgeschlossen. Nun werden wir zeigen, dass die Bilder kompakter Mengen unter stetigen Abbildungen jedoch stets kompakt sind.

2.1.14 Satz

$f : M \to N$ sei eine stetige Abbildung zwischen topologischen Räumen $(M, \mathcal{O}_M)$ und $(N, \mathcal{O}_N)$. Dann sind die Bilder kompakter Mengen wieder kompakt.

Beweis: $K \subset M$ sei kompakt. Wir zeigen, dass $f(K)$ ebenfalls kompakt ist. Sei hierzu $(V_i)_{i \in I}$ eine beliebige Überdeckung von $f(K)$ durch $\mathcal{O}_N$-offene Mengen V_i. Weil f stetig ist, sind die Mengen $U_i := f^{-1}(V_i)$ offen bezüglich der Topologie $\mathcal{O}_M$. Außerdem folgt aus

$$f^{-1}\left(\bigcup_{i \in I} V_i\right) = \bigcup_{i \in I} f^{-1}(V_i),$$

dass $K \subset \bigcup_{i \in I} U_i$, das heißt $(U_i)_{i \in I}$ ist eine offene Überdeckung von K. Weil K kompakt ist, existiert eine endliche Teilmenge $J \subset I$ mit $K \subset \bigcup_{j \in J} U_j$. Daraus ergibt sich nun wiederum

$$f(K) \subset f\left(\bigcup_{j \in J} U_j\right) \subset \bigcup_{j \in J} f(U_j) \subset \bigcup_{j \in J} V_j.$$

Man beachte, dass im Allgemeinen nicht $f(f^{-1}(V)) = V$ gilt, sodass in der obigen Inklusionskette an der letzten Stelle auch im Allgemeinen kein Gleichheitszeichen gesetzt werden darf. Nichtsdestotrotz wird die Menge $f(K)$ durch endlich viele offene Mengen V_j überdeckt. Da die Überdeckung $(V_i)_{i \in I}$ beliebig war, folgt die Kompaktheit von $f(K)$. $\qquad\square$

2.1.15 Satz

$(M, \mathcal{O})$ sei ein topologischer Raum und $f : M \to \mathbb{R}$ sei stetig. Dann ist f auf jeder kompakten Teilmenge $K \subset M$ beschränkt und nimmt dort das Supremum und Infimum an.

Beweis: Da das Bild kompakter Mengen K unter stetigen Abbildungen nach Satz 2.1.14 wieder kompakt ist und kompakte Teilmengen in $\mathbb{R}$ beschränkt und abgeschlossen sind (Satz 1.2.11), ist f auf K beschränkt. Wir setzen

$$\lambda := \inf_{x \in K} f(x), \quad \mu := \sup_{x \in K} f(x).$$

Zu λ existiert nach Definition des Infimums eine Folge $(x_n)_{n \in \mathbb{N}} \subset K$ mit

$$\lim_{n \to \infty} f(x_n) = \lambda.$$

Weil $(f(x_n))_{n \in \mathbb{N}} \subset f(K)$ und weil $f(K) \subset \mathbb{R}$ wegen der Kompaktheit auch abgeschlossen ist, folgt $\lambda \in f(K)$. Insbesondere existiert ein $x \in K$ mit $f(x) = \lambda$. Für μ kann man analog vorgehen. $\qquad\square$

2.1.16 Satz

$f : M \to N$ sei eine stetige Abbildung zwischen metrischen Räumen (M, d_M) und (N, d_N). Dann ist f auf jeder kompakten Teilmenge von M gleichmäßig stetig.

Beweis: Sei $K \subset M$ kompakt. Angenommen, f wäre nicht gleichmäßig stetig auf K. Dann gäbe es ein $\epsilon > 0$, sodass für alle $n \in \mathbb{N}$ Punkte $x_n, x_n' \in K$ mit

$$d_M(x_n, x_n') < \frac{1}{n} \quad \text{und} \quad d_N(f(x_n), f(x_n')) \geq \epsilon$$

existierten. Da K kompakt ist, gibt es eine Teilfolge $(x_{n_k})_{k \in \mathbb{N}}$, die gegen ein $x \in K$ konvergiert. Wegen

$$d_M(x_{n_k}, x_{n_k}') < \frac{1}{n_k}$$

gilt ebenfalls

$$\lim_{k \to \infty} x_{n_k}' = x.$$

Die Stetigkeit von f und die Dreiecksungleichung implizieren

$$\lim_{k \to \infty} d_N(f(x_{n_k}), f(x_{n_k}'))$$
$$\leq \lim_{k \to \infty} d_N(f(x_{n_k}), f(x)) + \lim_{k \to \infty} d_N(f(x), f(x_{n_k}')) = 0.$$

Dies ist ein Widerspruch zu $d(f(x_{n_k}), f(x'_{n_k})) \geq \epsilon$. Folglich ist f doch gleichmäßig stetig. $\qquad\square$

2.1.17 Definition
(M, d) sei ein metrischer Raum und $(N, \mathcal{O})$ ein topologischer Raum. Eine Abbildung $f : M \to N$ heißt *kompakt*, wenn f beschränkte Teilmengen $A \subset M$ stets auf relativ kompakte Teilmengen in N abbildet.

2.1.18 Satz
Für eine Abbildung $f : M \to N$ zwischen metrischen Räumen (M, d_M), (N, d_N) sind die folgenden Aussagen äquivalent.

(i) *f ist kompakt.*

(ii) *f bildet die offenen Kugeln $U(x, r) \subset M$ auf relativ kompakte Teilmengen in N ab.*

(iii) *Jede beschränkte Folge $(x_n)_{n \in \mathbb{N}} \subset M$ besitzt eine Teilfolge $(x_{n_k})_{k \in \mathbb{N}}$, für die $(f(x_{n_k}))_{k \in \mathbb{N}}$ konvergiert.*

Beweis: Wir zeigen (i)$\Rightarrow$(ii)$\Rightarrow$(iii)$\Rightarrow$(i).

(i)$\Rightarrow$(ii): Dies ist trivial, da die offenen Kugeln $U(x, r)$ beschränkt sind.

(ii)$\Rightarrow$(iii): Sei $(x_n)_{n \in \mathbb{N}} \subset M$ eine beschränkte Folge. Dann existieren $x \in M$, $r > 0$ mit $x_n \in U(x, r)$ für alle $n \in \mathbb{N}$. Nach Voraussetzung ist

$$K := \overline{f(U(x, r))}$$

eine kompakte Teilmenge von N. $(f(x_n))_{n \in \mathbb{N}} \subset K$ besitzt daher eine konvergente Teilfolge $(f(x_{n_k}))_{k \in \mathbb{N}}$ und $(x_{n_k})_{k \in \mathbb{N}}$ ist die gesuchte Teilfolge von $(x_n)_{n \in \mathbb{N}}$.

(iii)$\Rightarrow$(i): Es sei $A \subset M$ beschränkt. Wir setzen

$$K := \overline{f(A)}$$

und behaupten, dass K kompakt ist. Hierzu genügt der Nachweis, dass jede Folge $(y_n)_{n \in \mathbb{N}} \subset K$ eine konvergente Teilfolge besitzt. Sei also $(y_n)_{n \in \mathbb{N}} \subset K$ gegeben. Weil K der Abschluss der Menge $f(A)$ ist, existiert zu jedem $n \geq 1$ ein $x_n \in A$ mit

$$d_N(f(x_n), y_n) < \frac{1}{n}.$$

Da $(x_n)_{n \in \mathbb{N}} \subset A$ und weil A beschränkt ist, folgt die Beschränktheit der Folge $(x_n)_{n \in \mathbb{N}}$. Nach Voraussetzung existiert eine Teilfolge $(x_{n_k})_{k \in \mathbb{N}}$, für die $(f(x_{n_k})_{k \in \mathbb{N}}$ konvergiert, also

$$\lim_{k \to \infty} f(x_{n_k}) = y$$

mit einem $y \in K$. Aus der Dreiecksungleichung folgt

$$
\begin{aligned}
d_N(y_{n_k}, y) &\leq d_N(y_{n_k}, f(x_{n_k})) + d_N(f(x_{n_k}), y) \\
&< \frac{1}{n_k} + d_N(f(x_{n_k}), y).
\end{aligned}
$$

Da die rechte Seite für $k \to \infty$ gegen Null strebt, folgt die Konvergenz der Teilfolge $(y_{n_k})_{k \in \mathbb{N}}$ gegen y. Die Existenz einer solchen Teilfolge war zu zeigen.

Damit ist alles bewiesen. $\qquad\qquad\qquad\qquad\qquad\qquad\qquad\qquad\qquad\qquad$ $\square$

2.2. Fixpunktsätze

2.2.1 Satz (Fixpunktsatz)
(M, d) *sei ein vollständiger metrischer Raum und $f : M \to M$ sei eine Kontraktion, das heißt es gelte*

$$
d(f(x), f(y)) \leq \lambda d(x, y), \text{ für alle } x, y \in M \text{ mit einem } \lambda < 1.
$$

Dann existiert genau ein Fixpunkt von f, also genau ein $x \in M$ mit $f(x) = x$.

Beweis: Die Eindeutigkeit ist leicht. Sind nämlich $x, y \in M$ zwei Fixpunkte, so ist

$$
d(x, y) = d(f(x), f(y)) \leq \lambda d(x, y),
$$

also $(1 - \lambda)d(x, y) \leq 0$. Da $\lambda < 1$, folgt $d(x, y) = 0$ und somit $x = y$.

Es fehlt noch der Existenzbeweis. Sei $x_0 \in M$ beliebig und für $n \in \mathbb{N}$ definieren wir iterativ $x_{n+1} := f(x_n)$. Wir behaupten, dass die Folge $(x_n)_{n \in \mathbb{N}}$ eine CAUCHY-Folge ist. Zunächst folgt nämlich aus der Dreiecksungleichung für alle $n > m > 0$

$$
\begin{aligned}
d(x_n, x_m) &\leq \sum_{i=0}^{n-m-1} d(x_{n-i}, x_{n-i-1}) \\
&= \sum_{i=0}^{n-m-1} d(f(x_{n-i-1}), f(x_{n-i-2})) \\
&\leq \lambda \sum_{i=0}^{n-m-1} d(x_{n-i-1}, x_{n-i-2}).
\end{aligned}
$$

Iterativ erhält man

$$
\begin{aligned}
d(x_n, x_m) &\leq \sum_{k=m}^{n-1} \lambda^k d(x_1, x_0) = \lambda^m \sum_{k=0}^{n-m-1} \lambda^k d(x_1, x_0) \\
&\leq \frac{\lambda^m}{1 - \lambda} d(x_1, x_0),
\end{aligned}
$$

denn $\lambda < 1$ und

$$\sum_{k=0}^{n-m-1} \lambda^k \leq \sum_{k=0}^{\infty} \lambda^k = \frac{1}{1-\lambda}.$$

Wegen $\lambda < 1$ existiert ein $n_0 \in \mathbb{N}$ mit

$$\frac{\lambda^m}{1-\lambda} d(x_1, x_0) < \epsilon, \text{ für alle } m \geq n_0.$$

Somit gilt für alle $n \geq m \geq n_0$ die Ungleichung

$$d(x_n, x_m) \leq \frac{\lambda^m}{1-\lambda} d(x_1, x_0) < \epsilon$$

und dies zeigt, dass $(x_n)_{n \in \mathbb{N}}$ tatsächlich eine CAUCHY-Folge ist. Weil M nach Voraussetzung ein vollständiger metrischer Raum ist, konvergiert $(x_n)_{n \in \mathbb{N}}$ gegen ein $x \in M$. Aus der Stetigkeit[1] von f und aus $x_{n+1} = f(x_n)$ ergibt sich die Gleichung

$$x = \lim_{n \to \infty} x_{n+1} = \lim_{n \to \infty} f(x_n) = f(\lim_{n \to \infty} x_n) = f(x).$$

Daher ist x der gesuchte Fixpunkt. $\qquad\qquad\qquad\qquad\qquad\qquad\qquad\qquad\square$

2.2.2 Korollar (Banachscher Fixpunktsatz)

Ist $(V, \|\cdot\|)$ ein BANACH-Raum und $T : V \to V$ eine kontrahierende Abbildung, das heißt

$$\|T(x) - T(y)\| \leq \lambda\|x - y\|, \text{ für alle } x, y \in V$$

mit einer Konstanten $0 \leq \lambda < 1$, so existiert genau ein Fixpunkt von T.

Beweis: Da BANACH-Räume vollständige metrische Räume sind, ist dies lediglich ein Spezialfall des Fixpunktsatzes 2.2.1. $\qquad\qquad\qquad\qquad\qquad\qquad\square$

Wir möchten noch eine spezielle Variante des BANACHSCHEN Fixpunktsatzes für eine stetige Familie von Abbildungen beweisen, welche wir später im Beweis des Satzes über implizite Funktionen benötigen werden.

2.2.3 Satz

V, V_0 seien BANACH-Räume, $\Omega \subset V_0$ sei eine offene und $A \subset V$ eine abgeschlossene Teilmenge. Ferner sei für jedes $x \in \Omega$ eine Abbildung $T_x : A \to A$ gegeben, sodass mit einem $0 \leq \lambda < 1$

$$\|T_x(y_1) - T_x(y_2)\| \leq \lambda\|y_1 - y_2\|, \quad \text{ für alle } y_1, y_2 \in A.$$

T_x sei stetig in x und λ hänge nicht von x ab. Dann existiert für jedes $x \in \Omega$ genau ein $y(x) \in A$ mit

$$T_x(y(x)) = y(x)$$

und y ist stetig in x.

---

[1] Die Abbildung f ist wegen $d(f(x), f(y)) \leq \lambda d(x, y)$ sogar LIPSCHITZ-stetig.

Beweis: $y_0 : \Omega \to A$ sei eine beliebige stetige Funktion und rekursiv definieren wir die Funktionen

$$y_{n+1} : \Omega \to A, \quad y_{n+1}(x) := T_x(y_n(x)).$$

Weil T_x in x stetig ist, sind die Funktionen $y_n : \Omega \to A$ ebenfalls stetig. Dann ist

$$
\begin{aligned}
y_n(x) &= \sum_{k=1}^{n} (y_k(x) - y_{k-1}(x)) + y_0(x) \\
&= \sum_{k=1}^{n} \left(T_x^{k-1}(y_1(x)) - T_x^{k-1}(y_0(x)) \right) + y_0(x).
\end{aligned}
$$

Wegen

$$
\left\| \sum_{k=1}^{n} \left(T_x^{k-1}(y_1(x)) - T_x^{k-1}(y_0(x)) \right) \right\| \le \sum_{k=1}^{n} \lambda^{k-1} \|y_1(x) - y_0(x)\|
$$

$$
\le \frac{\|y_1(x) - y_0(x)\|}{1 - \lambda},
$$

konvergiert die Folge $(y_n)_{n \in \mathbb{N}}$ absolut und gleichmäßig auf Ω und die Grenzfunktion

$$y(x) := \lim_{n \to \infty} y_n(x)$$

ist daher auch stetig. Da A abgeschlossen ist, gilt ebenfalls $y(x) \in A$, das heißt es ist $y : \Omega \to A$. Aus $y_{n+1}(x) = T_x(y_n(x))$ und aus der Stetigkeit von T_x (bei festem x) folgt wie im BANACHSCHEN Fixpunktsatz

$$y(x) = T_x(y(x)), \quad \text{für alle } x \in \Omega.$$

Das war zu zeigen. $\qquad\qquad\qquad\qquad\qquad\qquad\qquad\qquad\qquad\qquad\qquad\qquad\qquad \square$

2.3. Lineare Abbildungen

2.3.1 Definition
Eine Abbildung $L : V \to W$ zwischen reellen Vektorräumen V und W heißt $\mathbb{R}$-*linear* oder auch $\mathbb{R}$-*linearer Operator*, wenn

$$L(\lambda v) = \lambda L(v), \quad \text{für alle } \lambda \in \mathbb{R} \text{ und für alle } v \in V$$

sowie

$$L(v + w) = L(v) + L(w), \quad \text{für alle } v, w \in V.$$

2.3.2 Beispiel
Es seien $k \ge 1$, $[a, b] \subset \mathbb{R}$ und $V := C^k([a, b])$, $W := C^{k-1}([a, b])$. Die Abbildung

$$D : C^k([a, b]) \to C^{k-1}([a, b]), \quad D(f) := f'$$

ist eine $\mathbb{R}$-lineare Abbildung zwischen BANACH-Räumen.

2.3.a. Beschränkte lineare Operatoren

Es seien V und W endlich-dimensionale Vektorräume mit $\dim(V) = n$, $\dim(W) = m$. Sind

$$\{e_1, \ldots, e_n\} \quad \text{bzw.} \quad \{e_1', \ldots, e_m'\}$$

jeweils Basen von V bzw. W, so lässt sich bekanntlich jede $\mathbb{R}$-lineare Abbildung $L : V \to W$ bezüglich dieser Basen durch eine $m \times n$-Matrix

$$A = (a_{ij})_{\substack{1 \le i \le m \\ 1 \le j \le n}}$$

mit reellen Koeffizienten a_{ij} darstellen. Da die Matrix nur aus endlich vielen Konstanten besteht, folgt aus den Grenzwertsätzen sofort die Stetigkeit von L. Das bedeutet, dass lineare Abbildungen zwischen endlich-dimensionalen Vektorräumen automatisch stetig sind. Wir fragen uns, ob dies auch für lineare Abbildungen zwischen normierten Vektorräumen unendlicher Dimension zutrifft. Hierzu benötigen wir die folgende Definition.

2.3.3 Definition
$L : V \to W$ sei eine lineare Abbildung zwischen normierten Vektorräumen $(V, \|\cdot\|_V)$, $(W, \|\cdot\|_W)$. Die *Operatornorm* von L ist

$$\|L\|_{\mathrm{op}} := \sup_{\|v\|_V = 1} \|L(v)\|_W = \sup_{v \in V \setminus \{0\}} \frac{\|L(v)\|_W}{\|v\|_V}.$$

Ist $\|L\|_{\mathrm{op}} < \infty$, so nennen wir den linearen Operator L *beschränkt*. Den Raum der beschränkten linearen Operatoren $L : V \to W$ bezeichnen wir mit $B(V, W)$.

2.3.4 Bemerkung
(a) Weil $\|L\|_{\mathrm{op}}$ nicht unbedingt endlich ist, bildet die Operatornorm keine echte Norm. Wir werden etwas weiter unten sehen, dass die Operatornorm allerdings zu einer Norm auf dem Raum der stetigen linearen Operatoren $L : V \to W$ wird.

(b) Sind $L : U \to V$ und $K : V \to W$ jeweils lineare Operatoren, so ist die Verkettung $K \circ L : U \to W$ ebenfalls ein linearer Operator und weil für $u \ne 0$ mit $L(u) \ne 0$ auch

$$\frac{\|(K \circ L)(u)\|_W}{\|u\|_U} = \frac{\|K(L(u))\|_W}{\|L(u)\|_V} \cdot \frac{\|L(u)\|_V}{\|u\|_U},$$

ist die Operatornorm *submultiplikativ*, das heißt es gilt

$$\|K \circ L\|_{\mathrm{op}} \le \|K\|_{\mathrm{op}} \cdot \|L\|_{\mathrm{op}}.$$

2.3.5 Satz
$(V, \|\cdot\|_V)$ und $(W, \|\cdot\|_W)$ *seien normierte Vektorräume, $L : V \to W$ sei linear. Dann sind die folgenden Aussagen äquivalent:*

(i) *L ist ein beschränkter Operator.*

(ii) *L ist stetig.*

(iii) *L ist* LIPSCHITZ-*stetig.*

Beweis: Wir zeigen (i)⇒(iii)⇒(ii)⇒(i).

(i)⇒(iii): Sei L ein beschränkter linearer Operator. Dann gilt für alle $v_1, v_2 \in V, v_1 \neq v_2$

$$\frac{\|L(v_1) - L(v_2)\|_W}{\|v_1 - v_2\|_V} = \frac{\|L(v_1 - v_2)\|_W}{\|v_1 - v_2\|_V} \leq \|L\|_{\mathrm{op}} < \infty.$$

Daher ist L LIPSCHITZ-stetig mit LIPSCHITZ-Konstante $\|L\|_{\mathrm{op}}$.

(iii)⇒(ii): Trivial

(ii)⇒(i): Ist L stetig, so ist L insbesondere in $0 \in V$ stetig und es existiert ein $\delta > 0$ mit

$$\|L(v')\|_W \leq 1, \text{ für alle } v' \in V \text{ mit } \|v'\|_V < \delta.$$

Wir definieren $c := 2/\delta$. Dann gilt für alle $v \in V$ mit $\|v\|_V = 1$ die Abschätzung

$$\|L(v)\|_W = \left\| cL\left(\frac{v}{c}\right) \right\|_W = c\left\| L\left(\frac{v}{c}\right) \right\|_W \leq c,$$

denn $\|v/c\|_V = \delta/2$. Also ist L beschränkt.

$\square$

2.3.6 Beispiel
Für $k \geq 1$ ist der Differentialoperator $D : C^k([a,b]) \to C^{k-1}([a,b])$ stetig, denn es gilt für alle $f \neq 0$

$$\frac{\|Df\|_{C^{k-1}([a,b])}}{\|f\|_{C^k([a,b])}} = \frac{\|f'\|_{C^{k-1}([a,b])}}{\|f\|_{C^k([a,b])}} = \frac{\|f\|_{C^k([a,b])} - \|f\|_{C^0([a,b])}}{\|f\|_{C^k([a,b])}} < 1,$$

also auch

$$\|D\|_{\mathrm{op}} = \sup_{f \in C^k([a,b]) \setminus \{0\}} \frac{\|Df\|_{C^{k-1}([a,b])}}{\|f\|_{C^k([a,b])}} \leq 1 < \infty.$$

2.3.7 Satz
$(V, \|\cdot\|_V)$ *sei normierter Vektorraum und* $(W, \|\cdot\|_W)$ *ein* BANACH-*Raum. Dann ist* $(B(V,W), \|\cdot\|_{\mathrm{op}})$, *versehen mit der natürlichen Vektorraumstruktur, ebenfalls ein* BANACH-*Raum.*

Beweis: Es sei $(L_n)_{n\in\mathbb{N}} \subset B(V,W)$ eine CAUCHY-Folge. Zu $\epsilon > 0$ existiert also ein $n_0 \in \mathbb{N}$, sodass für alle $m, n \geq n_0$ die Abschätzung gilt:

$$\|L_m - L_n\|_{\mathrm{op}} = \sup_{\|v\|_V = 1} \|L_m(v) - L_n(v)\|_W < \epsilon. \qquad (*)$$

Somit ist insbesondere für jedes feste $v \in V$

$$\|L_m(v) - L_n(v)\|_W \leq \epsilon \|v\|_V,$$

sodass die Folge $(L_n(v))_{n\in\mathbb{N}}$ eine CAUCHY-Folge im BANACH-Raum W ist und damit gegen ein $w_v \in W$ konvergiert. Wir definieren die Abbildung

$$L : V \to W, \quad L(v) := w_v.$$

Die Linearität von L folgt unmittelbar aus der Linearität der Abbildungen L_n und aus den Grenzwertsätzen für Folgen, so ist für alle $v_1, v_2 \in V$

$$\begin{aligned}
L(v_1 + v_2) &= w_{v_1+v_2} = \lim_{n\to\infty} L_n(v_1 + v_2) \\
&= \lim_{n\to\infty} (L_n(v_1) + L_n(v_2)) \\
&= \lim_{n\to\infty} L_n(v_1) + \lim_{n\to\infty} L_n(v_2) \\
&= w_{v_1} + w_{v_2} = L(v_1) + L(v_2).
\end{aligned}$$

Ähnlich lässt sich

$$L(\lambda v) = \lambda L(v), \text{ für alle } \lambda \in \mathbb{R} \text{ und für alle } v \in V$$

nachweisen. Bildet man nun in $(*)$ den Grenzübergang $m \to \infty$, so erhält man

$$\|L(v) - L_n(v)\|_W \leq \epsilon, \text{ für alle } n \geq n_0 \text{ und } v \in V \text{ mit } \|v\|_V = 1. \qquad (**)$$

Insbesondere ergibt sich aus der Dreiecksungleichung

$$\begin{aligned}
\|L\|_{\mathrm{op}} &= \sup_{\|v\|_V = 1} \|L(v)\|_W \\
&\leq \sup_{\|v\|_V = 1} (\|L(v) - L_{n_0}(v)\|_W + \|L_{n_0}(v)\|_W) \\
&\leq \epsilon + \|L_{n_0}\|_{\mathrm{op}} < \infty.
\end{aligned}$$

Damit ist $L \in B(V, W)$. Aus $(**)$ folgt schließlich noch

$$\lim_{n\to\infty} \|L_n - L\|_{\mathrm{op}} = 0.$$

Die CAUCHY-Folge $(L_n)_{n\in\mathbb{N}} \subset B(V, W)$ besitzt also bezüglich der Operatornorm den Grenzwert $L \in B(V, W)$ und folglich ist $B(V, W)$ vollständig. $\qquad \square$

2.3.8 Definition
Ein reeller Vektorraum H, versehen mit einem Skalarprodukt

$$\langle \cdot, \cdot \rangle : H \times H \to \mathbb{R},$$

sodass $(H, \| \cdot \|)$ mit der Norm $\|v\| := \sqrt{\langle v, v \rangle}$ zu einem BANACH-Raum wird, heißt HILBERT-Raum. Unter dem *Dualraum* H^* von H verstehen wir den Vektorraum der stetigen Linearformen auf H.

Nach Satz 2.3.5 ist eine Linearform $L : H \to \mathbb{R}$ genau dann stetig, wenn ihre Operatornorm beschränkt ist. Daher ist ebenfalls

$$H^* = \{L : H \to \mathbb{R} : L \text{ ist linear mit } \|L\|_{\mathrm{op}} < \infty\}.$$

Ist $v \in H$ ein beliebiger Vektor, so definiert

$$L_v : H \to \mathbb{R}, \quad L_v(w) := \langle v, w \rangle$$

eine stetige Linearform mit $\|L_v\|_{\mathrm{op}} = \|v\|$. Umgekehrt gilt immer der RIESZSCHE Darstellungssatz (siehe zum Beispiel (10)):

2.3.9 Satz (Riesz)
$(H, \langle \cdot, \cdot \rangle)$ sei ein HILBERT-Raum. Dann existiert zu jedem $L \in H^*$ genau ein $v \in H$ mit $\langle v, w \rangle = L(w)$, für alle $w \in H$. Insbesondere ist die Abbildung

$$\Phi : H \to H^*, \quad v \mapsto L_v := \langle v, \cdot \rangle$$

ein Isomorphismus. Wir nennen L_v die zu v duale Linearform.

Aufgaben

Stetige Abbildungen

Aufgabe 2.1
Auf $M := \{1, 2, 3\}$ betrachte man die Topologie $\mathcal{O} := \{\varnothing, \{1\}, \{1, 2\}, M\}$ und bestimme sämtliche stetigen Abbildungen $f : M \to M$ zu dieser Topologie.

Aufgabe 2.2
$f, g : M \to N$ seien zwei stetige Abbildungen zwischen topologischen Räumen $(M, \mathcal{O}_M)$ und $(N, \mathcal{O}_N)$.

(a) Man zeige, dass die Menge $\{x \in M : f(x) = g(x)\}$ abgeschlossen ist, falls $(M, \mathcal{O}_M)$ HAUSDORFFSCH ist.

(b) Man gebe ein Beispiel dafür an, dass in (a) auf die HAUSDORFF-Eigenschaft nicht verzichtet werden kann.

Aufgabe 2.3
Man zeige die folgenden Aussagen.

(a) Ist (M, d) ein metrischer Raum und ist $M \times M$ mit der Produktmetrik versehen, so ist die Metrik $d : M \times M \to M$ eine stetige Abbildung.

(b) Ist $K \subset \mathbb{R}^n$ eine nicht leere Menge mit der Eigenschaft, dass jede stetige Funktion $f : K \to \mathbb{R}$ beschränkt ist, so ist K kompakt.

Aufgabe 2.4

(a) Die Funktion $f : \mathbb{R}^2 \to \mathbb{R}$ sei definiert durch

$$f(x,y) := \begin{cases} \dfrac{xy^2}{x^2+y^4} & \text{, für } (x,y) \neq (0,0), \\ 0 & \text{, für } (x,y) = (0,0). \end{cases}$$

Man zeige, dass f auf $\mathbb{R}^2 \setminus \{(0,0)\}$ stetig ist, dass die Einschränkung von f auf jede beliebige Gerade durch $(0,0)$ stetig ist, aber dass f im Nullpunkt nicht stetig ist.

(b) Die Funktion $f : \mathbb{R}^2 \setminus \{(0,0)\} \to \mathbb{R}$ sei definiert durch

$$f(x,y) := xy \frac{x^2 - y^2}{x^2 + y^2}.$$

Man zeige, dass sich f stetig in den Nullpunkt $(0,0)$ fortsetzen lässt.

Fixpunktsätze

Aufgabe 2.5

Es sei $(V, \|\cdot\|)$ ein BANACH-Raum und $f : V \to V$ sei eine Kontraktion mit der Kontraktionskonstanten $\lambda < 1$. Man zeige, dass die Gleichung $x - f(x) = y$ für jedes $y \in V$ genau eine Lösung $x =: g(y)$ besitzt. Man weise nach, dass die so definierte Funktion $g : V \to V$ LIPSCHITZ-stetig ist und dass die LIPSCHITZ-Konstante $L = \frac{1}{1-\lambda}$ beträgt.

Aufgabe 2.6

Es sei A die Menge aller Funktionen $f \in C^0([0,1])$ mit $1 \leq f(t) \leq t+1$ für alle $t \in [0,1]$. Man zeige, dass die nichtlineare Integralgleichung

$$f(t) - \left(\int\limits_0^t \frac{f(\tau)}{2} d\tau \right)^2 = 1, \text{ für alle } t \in [0,1]$$

eine Lösung in $C^0([0,1])$ besitzt, indem man das Problem in ein Fixpunktproblem für eine Abbildung $F : A \to A$ überführt.

Aufgabe 2.7

(a) (M,d) sei ein vollständiger metrischer Raum. Zu einer Abbildung $f : M \to M$ existiere ein $n \in \mathbb{N}$, sodass $f^n : M \to M$ eine Kontraktion ist, das heißt es gelte

$$d(f^n(x), f^n(y)) \leq \lambda d(x,y) \text{ für alle } x,y \in M$$

mit einer Konstanten $\lambda < 1$, wobei f^n die n-fache Verkettung von f mit sich selbst bezeichne. Man zeige, dass f dann einen eindeutig bestimmten Fixpunkt besitzt.

(b) Man betrachte den BANACH-Raum $V := C^0([0,1])$ mit der Supremumsnorm $\|f\|_\infty := \max_{x \in [0,1]} |f(x)|$. Gegeben sei der Operator

$$T : V \to V, \quad (Tf)(x) := 2 - x + \int\limits_0^x f(t)dt.$$

Man zeige, dass T^2 kontrahierend ist, nicht aber T selbst. Man ermittle anschließend den eindeutig bestimmten Fixpunkt f_0 des Operators, das heißt die Funktion $f_0 \in C^0([0,1])$ mit

$$f_0(x) = 2 - x + \int\limits_0^x f_0(t)dt.$$

Lineare Abbildungen

Aufgabe 2.8
(HEISENBERG-Relation). $(V, \|\cdot\|)$ sei ein normierter reeller Vektorraum. Man zeige $ST - TS \neq \mathrm{Id}_V$, für jede Wahl $S, T : V \to V$ von stetigen linearen Abbildungen.

Aufgabe 2.9
Man betrachte die lineare Abbildung $T : C^\infty([0, 1]) \to C^\infty([0, 1])$ mit $T(f) = f'$ und zeige, dass T bezüglich der Supremumsnorm unstetig ist.

Aufgabe 2.10
(a) $L : \mathbb{R}^2 \to \mathbb{R}^2$ sei die lineare Abbildung $L(x, y) := (2x - y, x + 3y)$. Auf $\mathbb{R}^2$ verwende man die Norm $\|(x, y)\| := \max\{|x|, |y|\}$ und bestimme hierzu die Operatornorm $\|L\|_{\mathrm{op}}$ von L.

(b) Wir wählen ein φ in dem BANACH-Raum $(C^0([0, 1]), \|\cdot\|_\infty)$ und definieren den linearen Operator $L : C^0([0, 1]) \to \mathbb{R}$ durch

$$L(f) := \int_0^1 \varphi(x) f(x) dx.$$

Man weise die Stetigkeit von L nach und berechne hierzu $\|L\|_{\mathrm{op}}$.

(c) Sei eine lineare Abbildung $L : C^0([0, 1]) \to \mathbb{R}$ durch die Vorschrift $L(f) := f(0)$ definiert. Man untersuche, ob L bezüglich der durch

$$\|f\| := \int_0^1 |f(t)| dt$$

gegebenen Norm auf $C^0([0, 1])$ stetig ist.

Lösungen ausgewählter Aufgaben

Lösung zu Aufgabe 2.1:

Wir betrachten die Menge $M = \{1, 2, 3\}$ mit der Topologie

$$\mathcal{O} = \{\varnothing, \{1\}, \{1, 2\}, M\}.$$

Eine Abbildung $f : M \to M$ ist genau dann stetig, wenn das Urbild jeder offenen Menge in M wieder eine offene Menge ist, das heißt für alle $U \in \mathcal{O}$ gilt $f^{-1}(U) \in \mathcal{O}$.

Bestimmung der möglichen stetigen Abbildungen

Jede Funktion $f : M \to M$ kann mit dem Tripel $(f(1), f(2), f(3))$ identifiziert werden. Wir unterscheiden drei Fälle.

(1) Es gelte $f(3) = 1$. Das Tripel $(f(1), f(2), 1)$ repräsentiert genau dann eine stetige Abbildung, wenn $f^{-1}(\{1\}) = M$, denn M ist die einzige offene Menge, die 3 enthält. Somit ist f in diesem Fall konstant und $(1, 1, 1)$ ist das einzige stetige f mit $f(1) = 3$.

(2) Es gelte $f(3) = 2$. Weil jetzt $3 \in f^{-1}(\{1, 2\})$, ist wegen der Stetigkeit von f zwingend $f^{-1}(\{1, 2\}) = M$, sodass $f(\{1, 2\}) \subset \{1, 2\}$. Von den vier verbleibenden Abbildungen $(1, 1, 2), (1, 2, 2), (2, 1, 2), (2, 2, 2)$ ist lediglich $(2, 1, 2)$ unstetig.

(3) Es sei $f(3) = 3$. Für die insgesamt 9 Abbildungen mit dieser Eigenschaft gilt:

$$
\begin{array}{lll}
(1,1,3): \quad \text{stetig} & (1,2,3): \quad \text{stetig} & (1,3,3): \quad \text{stetig} \\
(2,1,3): \quad \text{unstetig} & (2,2,3): \quad \text{stetig} & (2,3,3): \quad \text{stetig} \\
(3,1,3): \quad \text{unstetig} & (3,2,3): \quad \text{unstetig} & (3,3,3): \quad \text{stetig}
\end{array}
$$

Damit sind von den insgesamt 27 Abbildungen genau die 10 Abbildungen

$$(1,1,1), (1,1,2), (1,2,2), (2,2,2), (1,1,3), (1,2,3), (1,3,3), (2,3,3), (3,3,3)$$

stetig.

Lösung zu Aufgabe 2.3:

(a) Eine Folge $(x_n, y_n)_{n \in \mathbb{N}} \subset M \times M$ konvergiert genau dann in der Produktmetrik gegen $(x, y) \in M \times M$, wenn $d(x_n, x) \to 0$ und $d(y_n, y) \to 0$. Behauptet wird, dass unter dieser Voraussetzung auch

$$|d(x_n, y_n) - d(x, y)| \to 0.$$

Dies folgt aus der Dreiecksungleichung, denn

$$d(x_n, y_n) \leq d(x_n, x) + d(x, y) + d(y, y_n)$$

und

$$d(x, y) \leq d(x, x_n) + d(x_n, y_n) + d(y_n, y),$$

sodass auch

$$|d(x_n, y_n) - d(x, y)| \leq d(x_n, x) + d(y_n, y) \to 0.$$

(b) Eine Teilmenge $K \subset \mathbb{R}^n$ ist genau dann kompakt, wenn sie abgeschlossen und beschränkt ist. Da nach Voraussetzung jede stetige Funktion $f : K \to \mathbb{R}$ auf K beschränkt ist, gilt dies insbesondere für die stetige Funktion $f(x) = \|x\|$, also

$$\sup_{x \in K} |f(x)| = \sup_{x \in K} \|x\| < \infty$$

was gleichbedeutend mit der Beschränktheit von K ist. Es bleibt noch, die Abgeschlossenheit von K nachzuweisen. Hierzu wählen wir eine beliebige Folge $(x_n)_{n \in \mathbb{N}} \subset K$, die gegen ein $y \in \mathbb{R}^n$ konvergiert. Wir behaupten, dass $y \in K$. Wäre dies nicht der Fall, so wäre die Funktion

$$f(x) := \frac{1}{\|x - y\|}$$

auf K definiert und dort stetig, also nach Voraussetzung auch auf K beschränkt. Weil aber $\|x_n - y\| \to 0$, ist dies ein Widerspruch. Daher muss y zu K gehören und K ist abgeschlossen. Damit ist alles gezeigt.

Lösung zu Aufgabe 2.5:

Ziel ist es, zu zeigen, dass die Gleichung

$$x - f(x) = y$$

für jedes $y \in V$ eine eindeutig bestimmte Lösung $x = g(y)$ besitzt.

Dies ist äquivalent dazu, dass die Abbildung

$$T(x) := f(x) + y$$

einen eindeutigen Fixpunkt besitzt, das heißt $T(x) = x$. Wir zeigen dies mit dem BANACH-SCHEN Fixpunktsatz.

Da f eine Kontraktion mit Konstante $\lambda < 1$ ist, gilt

$$\|T(x_1) - T(x_2)\| = \|f(x_1) + y - (f(x_2) + y)\| = \|f(x_1) - f(x_2)\| \leq \lambda\|x_1 - x_2\|.$$

Also ist T ebenfalls eine Kontraktion mit derselben Kontraktionskonstanten λ.

Da $(V, \|\cdot\|)$ ein BANACH-Raum ist und T eine Kontraktion, besitzt T genau einen Fixpunkt $x \in V$, also

$$T(x) = x \quad \Leftrightarrow \quad f(x) + y = x \quad \Leftrightarrow \quad x - f(x) = y.$$

Somit existiert für jedes $y \in V$ genau ein $x \in V$ mit $x - f(x) = y$. Definiere

$$g(y) := x.$$

Seien $y_1, y_2 \in V$ und $x_1 := g(y_1)$, $x_2 := g(y_2)$ die jeweiligen eindeutigen Lösungen, also

$$x_1 - f(x_1) = y_1, \quad x_2 - f(x_2) = y_2.$$

Dann ist

$$\begin{aligned}
\|g(y_1) - g(y_2)\| = \|x_1 - x_2\| &= \|y_1 - y_2 + (f(x_1) - f(x_2))\| \\
&\leq \|y_1 - y_2\| + \|f(x_1) - f(x_2)\| \\
&\leq \|y_1 - y_2\| + \lambda\|x_1 - x_2\| \\
&= \|y_1 - y_2\| + \lambda\|g(y_1) - g(y_2)\|.
\end{aligned}$$

Daraus folgt

$$(1 - \lambda)\|g(y_1) - g(y_2)\| \leq \|y_1 - y_2\| \quad \Rightarrow \quad \|g(y_1) - g(y_2)\| \leq \frac{1}{1 - \lambda}\|y_1 - y_2\|.$$

Das zeigt: g ist LIPSCHITZ-stetig mit LIPSCHITZ-Konstante $L = \frac{1}{1-\lambda}$.

Lösung zu Aufgabe 2.7:

(a) Da

$$d(f^n(x), f^n(y)) \leq \lambda d(x, y) \quad \text{für alle } x, y \in M$$

mit einer Konstanten $\lambda < 1$, ist f^n eine Kontraktion und besitzt nach dem Fixpunktsatz genau einen Fixpunkt $x \in M$, das heißt es existiert genau ein $x \in M$ mit

$$f^n(x) = x.$$

Für dieses x gilt dann aber

$$f^n(f(x)) = f(f^n(x)) = f(x),$$

sodass auch $f(x)$ ein Fixpunt von f^n ist. Da dieser eindeutig war, folgt $f(x) = x$. Also ist x sogar schon Fixpunkt von f. Da umgekehrt jeder Fixpunkt von f auch Fixpunkt von f^n ist und weil der Fixpunkt von f^n eindeutig war, muss jetzt der Fixpunkt von f ebenfalls eindeutig sein.

(b) Wir betrachten den BANACH-Raum $V := C^0([0, 1])$ mit der Supremumsnorm $\|f\|_\infty := \max_{x \in [0,1]} |f(x)|$ und den Operator

$$T : V \to V, \quad (Tf)(x) := 2 - x + \int_0^x f(t)dt.$$

Es gilt

$$\|Tf_1 - Tf_2\|_\infty = \max_{x \in [0,1]} \left| \int_0^x (f_1(t) - f_2(t)) dt \right|.$$

Hieraus folgt jedenfalls mit der Dreiecksungleichung sofort

$$\|Tf_1 - Tf_2\|_\infty \leq \|f_1 - f_2\|_\infty,$$

jedoch gilt sogar Gleichheit, wenn $f_1 - f_2$ konstant ist. Daher ist T nur eine schwache Kontraktion, ein $\lambda < 1$ mit $\|Tf_1 - Tf_2\|_\infty \leq \lambda \|f_1 - f_2\|_\infty$ existiert nicht.

Wir berechnen $T^2 f$. Aus der Definition von T ergibt sich

$$(T^2 f)(x) = 2 - x + \int_0^x \left(2 - t + \int_0^t f(s) ds \right) dt$$

$$= 2 + x - \frac{x^2}{2} + \int_0^x \int_0^t f(s) ds \, dt,$$

also

$$\|T^2 f_1 - T^2 f_2\|_\infty = \max_{x \in [0,1]} \left| \int_0^x \int_0^t (f_1(s) - f_2(s)) ds \, dt \right|$$

$$\leq \max_{x \in [0,1]} \int_0^x \int_0^t \|f_1 - f_2\|_\infty ds \, dt$$

$$= \max_{x \in [0,1]} \left(\frac{x^2}{2} \|f_1 - f_2\|_\infty \right) \leq \frac{1}{2} \|f_1 - f_2\|_\infty,$$

sodass T^2 eine Kontraktion mit Kontraktionskonstante $\lambda = \frac{1}{2}$ ist. Aus Teil (a) folgt damit die Existenz eines eindeutig bestimmten Fixpunkts f von T.

Lösung zu Aufgabe 2.9:

Es genügt, eine Folge $(f_n)_{n \in \mathbb{N}} \subset C^\infty([0,1])$ mit $\|f_n\|_\infty = 1$ und $\|f_n'\|_\infty \to \infty$ zu finden. Hierzu wähle man beispielsweise die Folge mit $f_n = \sin(2\pi n x)$. Dann ist $f_n \in C^\infty([0,1])$,

$$\|f_n\|_\infty = \sup_{x \in [0,1]} |\sin(2\pi n x)| = 1$$

und

$$\|f_n'\|_\infty = \sup_{x \in [0,1]} |2\pi n \cos(2\pi n x)| = 2\pi n \to \infty.$$

3. Differenzierbare Abbildungen

In diesem Kapitel behandeln wir zunächst differenzierbare Abbildungen zwischen endlich-dimensionalen reellen Vektorräumen und im Anschluss allgemeiner die Differenzierbarkeit von Abbildungen zwischen BANACH-Räumen.

3.1. Differenzierbare Kurven

Wir erinnern an die folgende Definition. Eine Funktion $f : U \to \mathbb{R}$ mit $U \subset \mathbb{R}$ ist genau dann in $x_0 \in U$ differenzierbar, wenn der Grenzwert

$$\lim_{x \to x_0} \frac{f(x) - f(x_0)}{x - x_0}$$

existiert. Dieser wird dann mit $f'(x_0)$ bezeichnet und die Ableitung von f an der Stelle x_0 genannt. f ist somit genau dann an der Stelle x_0 differenzierbar, wenn es eine Konstante $a \in \mathbb{R}$ mit

$$\lim_{x \to x_0} \frac{|f(x) - f(x_0) - a(x - x_0)|}{|x - x_0|} = 0 \tag{3.1.1}$$

gibt. In diesem Fall ist a die Ableitung, das heißt $a = f'(x_0)$. Gleichung (3.1.1) kann man daher auch folgendermaßen interpretieren: Die Funktion f lässt sich an der Stelle x_0 durch die affin lineare Funktion

$$x \mapsto f(x_0) + a(x - x_0)$$

approximieren, es gilt nämlich in diesem Fall

$$f(x) = f(x_0) + a(x - x_0) + \varrho(x)$$

mit einer *Restfunktion* $\varrho : U \to \mathbb{R}$, welche

$$\lim_{x \to x_0} \frac{\varrho(x)}{x - x_0} = 0$$

erfüllt.

Wir möchten nun dieses Konzept auf Abbildungen $f : \mathbb{R}^n \to \mathbb{R}^m$ und allgemeiner auf Abbildungen $f : V \to W$ zwischen reellen Vektorräumen V, W übertragen. Wir beginnen mit dem einfachsten Fall, nämlich der Differenzierbarkeit von *Kurven* in $\mathbb{R}^m$.

3.1.1 Definition
Gegeben sei ein topologischer Raum $(M, \mathcal{O})$ und ein Intervall $I \subset \mathbb{R}$. Eine *Kurve* in M ist jede stetige Abbildung $c : I \to M$. Ist $I = [0, 1]$ das Einheitsintervall, so bezeichnet man c auch als *Weg*. Die *Spur* von c ist die Bildmenge $c(I)$. Eine Kurve heißt *geschlossen*, wenn $I = [a, b]$, $a, b \in \mathbb{R}$, und $c(a) = c(b)$.

3.1.2 Beispiel
Für uns sind zunächst nur die Kurven $c : I \to M$ relevant, bei denen der topologische Raum $(M, \mathcal{O})$ jeweils durch $\mathbb{R}^m$ mit seiner Standardtopologie gegeben ist.

(a) Eine Kurve $c : I \to \mathbb{R}^2$ heißt *ebene Kurve*. Beispiele hierfür sind der Kreis mit Radius $r > 0$,

$$c : [0, 2\pi] \to \mathbb{R}^2, \quad c(s) := (r \cos s, r \sin s)$$

sowie die Parametrisierung c des Graphen Γ_u einer stetigen Funktion $u : I \to \mathbb{R}$, gegeben durch

$$c : I \to \mathbb{R}^2, \quad c(s) := (s, u(s)).$$

(b) Entsprechend nennt man Kurven $c : I \to \mathbb{R}^3$ *Raumkurven*. Die *Helix* mit Radius $r > 0$ und *Ganghöhe* $\delta > 0$ ist zum Beispiel die Raumkurve c mit

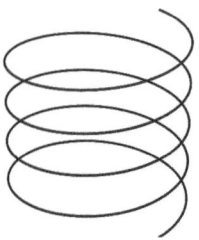

Abbildung 3.1.: Eine Helix.

$$c : \mathbb{R} \to \mathbb{R}^3, \quad c(s) := \left(r \cos s, r \sin s, \frac{\delta s}{2\pi} \right).$$

Für eine Kurve $c : I \to \mathbb{R}^m$ kann man auch den Differenzenquotienten

$$\frac{c(s) - c(s_0)}{s - s_0}, \quad s, s_0 \in I, \ s \neq s_0$$

definieren. Es liegt daher nahe, die Ableitung von c an der Stelle s_0 in Analogie zur Differenzierbarkeit reeller Funktionen als den Grenzwert des Differenzenquotienten für $s \to s_0$ zu betrachten.

3.1.3 Definition
Gegeben seien ein Intervall $I \subset \mathbb{R}$ und eine Kurve $c : I \to \mathbb{R}^m$.

(a) Die Kurve c heißt an der Stelle $s_0 \in I$ *differenzierbar*, wenn der Grenzwert

$$c'(s_0) := \lim_{s \to s_0} \frac{c(s) - c(s_0)}{s - s_0}$$

existiert. In diesem Fall nennen wir $c'(s_0)$ die Ableitung von c an der Stelle s_0.

(b) c heißt *stetig differenzierbar*, wenn c in jedem $s \in I$ differenzierbar ist und die Abbildung $c' : I \to \mathbb{R}^m$ wieder stetig ist.

(c) Eine stetig differenzierbare Kurve c heißt *regulär parametrisiert*, falls $c'(s) \neq 0$, für alle $s \in I$.

(d) Ist $c'(s_0) \neq 0$, so nennen wir die Gerade

$$g : \mathbb{R} \to \mathbb{R}^m, \quad g(t) := c(s_0) + tc'(c_0)$$

die *Tangente* von c durch $c(s_0)$.

Bemerkung: Es existieren noch weitere Schreibweisen für die Ableitung einer Kurve. Zum Beispiel schreibt man häufig $\dot{c}(t_0)$, wenn zum Ausdruck gebracht werden soll, dass der Kurvenparameter ein Zeitparameter ist. Ebenso werden oft die Bezeichnungen

$$\frac{\partial c}{\partial s}(s_0), \quad \frac{dc}{ds}(s_0), \quad \frac{\partial c}{\partial s}\bigg|_{s=s_0}$$

verwendet.

Ist $\{e_1, \ldots, e_m\}$ eine Basis des $\mathbb{R}^m$, so kann man bekanntlich jeden Vektor $x \in \mathbb{R}^m$ als Linearkombination

$$x = \sum_{j=1}^m x_j e_j$$

mit eindeutig bestimmten reellen Koeffizienten $x_1, \ldots, x_m$ schreiben. Wir nennen diese Koeffizienten die *Koordinaten* von x bezüglich der Basis $e_1, \ldots, e_m$. Wählt man die Standardbasis

$$\begin{aligned}
e_1 &= (1, 0, 0, \ldots, 0), \\
e_2 &= (0, 1, 0, \ldots, 0), \\
&\vdots \\
e_m &= (0, 0, 0, \ldots, 1),
\end{aligned}$$

so nennen wir die zugehörigen Koordinaten *kartesische Koordinaten*.

Der *Koordinatenvektor* von x schreibt sich dann wahlweise in Zeilen- oder Spaltenform, das heißt

$$x = (x_1, \ldots, x_m) \quad \text{oder} \quad x = \begin{pmatrix} x_1 \\ \vdots \\ x_m \end{pmatrix},$$

je nachdem, wie man ihn schreiben möchte.

Um die Differenzierbarkeit einer Kurve $c : I \to \mathbb{R}^m$ zu untersuchen, ist nun der folgende Satz besonders hilfreich.

3.1.4 Satz

Die Kurve $c : I \to \mathbb{R}^m$ sei durch ihre kartesischen Koordinatenfunktionen dargestellt, das heißt für alle $s \in I$ gelte

$$c(s) = \big(x_1(s), \ldots, x_m(s)\big), \quad \text{mit Funktionen} \quad x_1, \ldots, x_m : I \to \mathbb{R}.$$

Dann ist c genau dann an der Stelle $s_0 \in I$ differenzierbar, wenn sämtliche Funktionen $x_1, \ldots, x_m$ dort ebenfalls differenzierbar sind und in diesem Fall gilt

$$c'(s_0) = \big(x_1'(s_0), \ldots, x_m'(s_0)\big).$$

Beweis: Es sei $d(x, y) := \|x - y\|$ die Standardmetrik des $\mathbb{R}^m$, das heißt

$$\|x - y\| = \sqrt{(x_1 - y_1)^2 + \cdots + (x_m - y_m)^2},$$

für $x = (x_1, \ldots, x_m), y = (y_1, \ldots, y_m) \in \mathbb{R}^m$. Damit ist die Aussage ein Spezialfall von Beispiel 1.2.4, denn für $s \to s_0$ konvergiert der Differenzenquotient von c genau dann, wenn dies für die entsprechenden Differenzenquotienten der Koordinatenfunktionen gilt.

$\square$

Falls die Ableitung von c an der Stelle s_0 existiert, so ist $c'(s_0)$ selbst wieder ein Vektor in $\mathbb{R}^m$.

3.1.5 Beispiel

(a) Es sei $[0, T] \subset \mathbb{R}$ ein Zeitintervall. Die Position eines Teilchens im Anschauungsraum $\mathbb{R}^3$ zur Zeit $t \in [0, T]$ sei bestimmt durch die *Bahnkurve* $c(t) = \big(x(t), y(t), z(t)\big)$. Ist c differenzierbar, so gibt

$$v(t_0) := \dot{c}(t_0) := \lim_{t \to t_0} \frac{c(t) - c(t_0)}{t - t_0} = \big(\dot{x}(t_0), \dot{y}(t_0), \dot{z}(t_0)\big)$$

den *Geschwindigkeitsvektor* des Teilchens zum Zeitpunkt $t_0 \in [0, T]$ wieder. Besitzt das Teilchen die Masse m, so ist seine *kinetische Energie* $E_{\text{kin}}(t_0)$ zum Zeitpunkt t_0 durch $E_{\text{kin}}(t_0) = \frac{1}{2} m \|v(t_0)\|^2$ gegeben. Die Länge des Geschwindigkeitsvektors, also die Größe $\|v(t_0)\|$, nennt man die *skalare Geschwindigkeit* zum Zeitpunkt t_0.

Betrachten wir beispielsweise die *Helix* mit *Radius* $r > 0$ und *Ganghöhe* δ, gegeben durch

$$c(t) = \left(r \cos t, r \sin t, \frac{\delta t}{2\pi} \right),$$

so gilt

$$v(t) = \dot{c}(t) = \left(-r\sin t, r\cos t, \frac{\delta}{2\pi}\right), \quad \|\dot{c}(t)\| = \sqrt{r^2 + \frac{\delta^2}{4\pi^2}}.$$

Insbesondere ist hier die skalare Geschwindigkeit konstant.

(b) Die *logarithmische Spirale* (siehe Abbildung 3.2) ist die Kurve

$$c : \mathbb{R} \to \mathbb{R}^2, \quad c(\phi) = ae^{-k\phi}(\cos\phi, \sin\phi),$$

wobei $a, k > 0$ beliebige Konstanten sind. Es ist

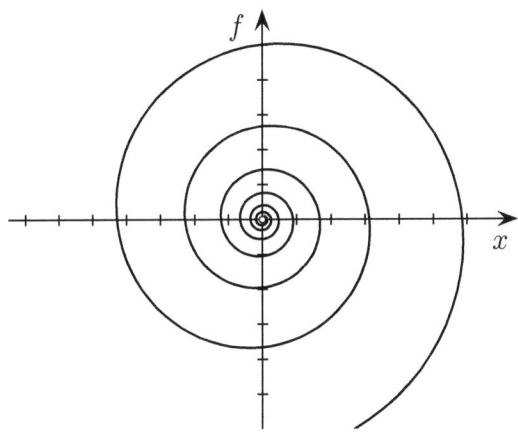

Abbildung 3.2.: Eine logarithmische Spirale.

$$c'(\phi) = ae^{-k\phi}(-k\cos\phi - \sin\phi, -k\sin\phi + \cos\phi).$$

Daraus folgt dann noch

$$\|c'(\phi)\| = a\sqrt{k^2 + 1} \cdot e^{-k\phi}.$$

3.1.6 Satz (Mittelwertungleichung)
Sei $c : [a, b] \to \mathbb{R}^m$ eine Kurve, die in (a, b) differenzierbar ist und für die gilt, dass $\|c'(s)\| \leq M$ für alle $s \in (a, b)$ und ein $M \in \mathbb{R}$. Dann folgt für alle $s, t \in [a, b]$ die Ungleichung

$$\|c(s) - c(t)\| \leq M \cdot |s - t|. \tag{3.1.2}$$

Beweis: Es sei $\epsilon > 0$ und

$$A := \{\xi \in [a, b] : \|c(s) - c(a)\| \leq (M + \epsilon)(s - a), \text{ für alle } s \in [a, \xi]\}.$$

Wir behaupten, dass $A = [a, b]$. Da $a \in A$, ist A nicht leer. Sei $L := \sup A$. Weil c stetig ist, folgt $L \in A$ und wegen $\epsilon > 0$ und der Voraussetzung für c ist $L > a$. Wäre $L < b$, so würde wegen der Differenzierbarkeit von c in L ein $\delta > 0$ mit $L + \delta < b$ und

$$\|c(s) - c(L) - c'(L)(s - L)\| \leq \epsilon(s - L), \quad \text{für alle } s \in [L, L + \delta)$$

existieren. Dann wäre auch für alle $s \in [L, L + \delta)$

$$
\begin{aligned}
\|c(s) - c(a)\| &\leq \|c(s) - c(L)\| + \|c(L) - c(a)\| \\
&\leq \|c(s) - c(L) - c'(L)(s - L)\| + \|c'(L)(s - L)\| \\
&\quad + \|c(L) - c(a)\| \\
&\leq \epsilon(s - L) + M(s - L) + (M + \epsilon)(L - a) \\
&= (M + \epsilon)(s - a),
\end{aligned}
$$

wobei wir $L \in A$ ausgenutzt haben. Diese Ungleichung steht jedoch in Widerspruch zur Definition von L. Daher gilt $L = b$. Für $\epsilon \to 0$ erhalten wir hieraus die Ungleichung

$$\|c(b) - c(a)\| \leq M(b - a).$$

Sind allgemeiner $s, t \in [a, b]$, $s < t$, so betrachten wir c auf dem Intervall $[s, t]$ und erhalten analog

$$\|c(s) - c(t)\| \leq M(t - s).$$

Das war zu zeigen. $\qquad\qquad\qquad\qquad\qquad\qquad\qquad\qquad\qquad\qquad\qquad\qquad\square$

3.1.7 Korollar

$g : [a, b] \to \mathbb{R}^m$ sei in (a, b) differenzierbar. Dann gilt für alle $x, y, z \in (a, b)$ die Abschätzung

$$\|g(y) - g(x) - g'(z)(y - x)\| \leq |y - x| \sup_{t \in [0,1]} \|g'(x + t(y - x)) - g'(z)\|. \quad (3.1.3)$$

Beweis: Wir definieren die Kurve

$$c : [0, 1] \to \mathbb{R}^m, \quad c(t) := g(x + t(y - x)) - (x + t(y - x))g'(z).$$

Dann ist c nach der Kettenregel auf $[0, 1]$ differenzierbar mit

$$\dot{c}(t) = \big(g'(x + t(y - x)) - g'(z)\big)(y - x).$$

Aus der Mittelwertungleichung erhält man daher die Abschätzung

$$\|c(1) - c(0)\| \leq \sup_{t \in [0,1]} \|\dot{c}(t)\|.$$

Nun ist aber

$$c(0) = g(x) - xg'(z), \quad c(1) = g(y) - yg'(z).$$

Setzt man dies in die letzte Ungleichung ein, so ergibt sich unmittelbar die Behauptung.

$$\square$$

3.2. Partielle Differenzierbarkeit

Als nächstes werden wir die Differenzierbarkeit von reellen Funktionen studieren, die von mehreren Veränderlichen abhängen.

3.2.1 Definition

$f : \Omega \to \mathbb{R}$ sei eine Funktion auf einer nicht leeren, offenen Teilmenge $\Omega \subset \mathbb{R}^n$. f besitzt an der Stelle $x_0 \in \Omega$ die *i-te partielle Ableitung* $\frac{\partial f}{\partial x_i}(x_0)$, $i \in \{1, \ldots, n\}$, falls der Grenzwert

$$\frac{\partial f}{\partial x_i}(x_0) := \lim_{h \to 0} \frac{f(x_0 + he_i) - f(x_0)}{h}$$

existiert. Dabei ist e_i der i-te Vektor der Standardbasis $\{e_1, \ldots, e_n\}$ des $\mathbb{R}^n$.

Bemerkung: Die Funktion $h \mapsto f(x_0 + he_i)$ ist eine Funktion einer reellen Veränderlichen und ist für $h \in \mathbb{R}$ erklärt, wenn $x_0 + he_i \in \Omega$ gilt. Da Ω offen ist, kann man insbesondere davon ausgehen, dass diese Funktion in einer Umgebung von $0 \in \mathbb{R}$ definiert ist. Beim Bilden der i-ten partiellen Ableitung von f an der Stelle x_0 werden alle Koordinaten bis auf die i-te *eingefroren*, und es wird nach der i-ten Koordinate differenziert. Die i-ten partiellen Ableitungen von f kann man daher auch als Ableitungen von f in Richtung der i-ten Koordinaten verstehen.

3.2.2 Beispiel

Wir geben ein paar einfache Beispiele an, die verdeutlichen, wie einfach sich die partiellen Ableitungen bestimmen lassen. Es sind dort lediglich die üblichen Ableitungsregeln zu beachten.

(a) $f : \mathbb{R}^2 \to \mathbb{R}$, $f(x,y) := x^2 \sin y$. Hier gilt

$$\frac{\partial f}{\partial x}(x,y) = 2x \sin y, \quad \frac{\partial f}{\partial y}(x,y) = x^2 \cos y.$$

(b) $f : \mathbb{R}^2 \to \mathbb{R}$, $f(x,y) = x + \arctan(xy)$. In diesem Fall sind

$$\frac{\partial f}{\partial x}(x,y) = 1 + \frac{y}{1 + x^2 y^2}, \quad \frac{\partial f}{\partial y}(x,y) = \frac{x}{1 + x^2 y^2}.$$

Das Konzept der partiellen Ableitung lässt sich nun noch erweitern, indem man auch Ableitungen in beliebige Richtungen zulässt. Ist etwa $v = \sum_{i=1}^{n} v_i e_i$ ein beliebiger Vektor, so sei die *Richtungsableitung* von f an der Stelle x_0 in Richtung von v der Grenzwert

$$D_v f|_{x_0} := \lim_{h \to 0} \frac{f(x_0 + hv) - f(x_0)}{h},$$

sofern er existiert. Falls f partiell differenzierbar ist, so gilt damit

$$D_{e_i} f|_{x_0} = \frac{\partial f}{\partial x_i}(x_0).$$

Man schreibt deswegen meist einfach $D_i f|_{x_0}$ statt $D_{e_i} f|_{x_0}$.

Falls alle partiellen Ableitungen $D_i f|_{x_0}$ von f an der Stelle x_0 existieren, so impliziert dies im Allgemeinen noch keinesfalls, dass sämtliche Richtungsableitungen $D_v f|_{x_0}$ existieren und man darf auch nicht einfach

$$D_v f|_{x_0} = \sum_{i=1}^{n} v_i D_i f|_{x_0}$$

schließen. Wir geben hierzu ein Beispiel an.

3.2.3 Beispiel

$f : \mathbb{R}^2 \to \mathbb{R}$, $f(x,y) := \sqrt{|xy|}$. Die Funktion (siehe Abbildung 3.3 für eine Darstellung des Graphen) ist an der Stelle $(0,0)$ partiell differenzierbar, denn für $x = 0$ bzw. $y = 0$ verschwindet die Funktion identisch und daher gilt ebenfalls

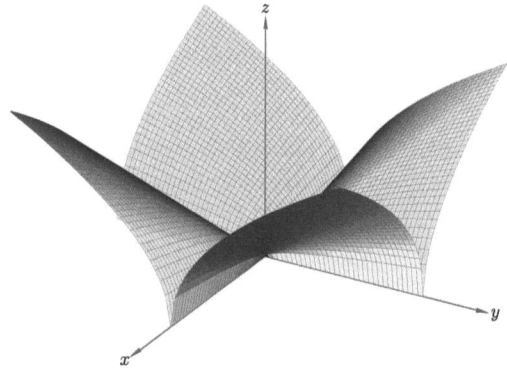

Abbildung 3.3.: Der Graph der Funktion $z(x,y) = \sqrt{|xy|}$.

$$\frac{\partial f}{\partial x}(0,0) = \lim_{h \to 0} \frac{f(h,0) - f(0,0)}{h} = 0 \,, \quad \frac{\partial f}{\partial y}(0,0) = 0.$$

Allerdings ist zum Beispiel für $v = e_1 + e_2 = (1,1)$

$$\frac{f(hv) - f(0,0)}{h} = \frac{f(h,h)}{h} = \mathrm{sign}(h),$$

sodass $D_v f|_{(0,0)}$ für $v = e_1 + e_2$ gar nicht existiert.

Die partiellen Ableitungen lassen sich problemlos für Abbildungen $f : \Omega \to \mathbb{R}^m$ auf offenen Teilmengen $\Omega \subset \mathbb{R}^n$ erklären. f lässt sich nämlich in der Form

$$f = (f_1, \ldots, f_m)$$

mit reellen *Koordinatenfunktionen* $f_i : \Omega \to \mathbb{R}$, $i = 1, \ldots, m$, schreiben.

3.2.4 Definition

$\Omega \subset \mathbb{R}^n$ sei offen und nicht leer. Eine Abbildung

$$f = (f_1, \ldots, f_m) : \Omega \to \mathbb{R}^m$$

mit reellen Koordinatenfunktionen $f_i : \Omega \to \mathbb{R}$, $i = 1, \ldots, m$, heißt in $x_0 \in \Omega$ in Richtung der j-ten Koordinate x_j, $j = 1, \ldots, n$, *partiell differenzierbar*, wenn sämtliche partiellen Ableitungen

$$f_{i,j}(x_0) := \frac{\partial f_i}{\partial x_j}(x_0), \quad i = 1, \ldots, m$$

existieren. Ist f in x_0 für jede Koordinate x_j partiell differenzierbar, so nennen wir die $(m \times n)$-Matrix

$$\mathrm{Jac}_f(x_0) := \begin{pmatrix} f_{1,1}(x_0) & \cdots & f_{1,n}(x_0) \\ \vdots & \ddots & \vdots \\ f_{m,1}(x_0) & \cdots & f_{m,n}(x_0) \end{pmatrix}$$

die JACOBI-Matrix von f in x_0.

3.2.5 Beispiel

Wir betrachten die Abbildung $f : \mathbb{R}^2 \to \mathbb{R}^3$ mit

$$f(x, y) := (\cos x \cos y, \cos x \sin y, \sin x).$$

Die Funktion ist überall nach x und y partiell differenzierbar und die JACOBI-Matrix lautet

$$\mathrm{Jac}_f(x, y) = \begin{pmatrix} -\sin x \cos y & -\cos x \sin y \\ -\sin x \sin y & \cos x \cos y \\ \cos x & 0 \end{pmatrix}.$$

Ähnlich wie bei Funktionen lassen sich die partiellen Ableitungen von Abbildungen als Spezialfälle von Richtungsableitungen auffassen. Sei $v \in \mathbb{R}^n$ ein beliebiger Vektor. Die *Richtungsableitung* $D_v f|_{x_0}$ von $f = (f_1, \ldots, f_m) : \Omega \to \mathbb{R}^m$ in $x_0 \in \Omega$ in Richtung von v wird durch den Grenzwert

$$D_v f|_{x_0} := \lim_{h \to 0} \frac{f(x_0 + hv) - f(x_0)}{h}$$

definiert, sofern dieser existiert. In diesem Fall gilt

$$D_v f|_{x_0} = \big(D_v f_1|_{x_0}, \ldots, D_v f_m|_{x_0}\big).$$

Nun stellt sich die Frage, unter welchen Bedingungen die Existenz der partiellen Ableitungen $D_i f|_{x_0}$ für $i = 1, \ldots, n$ auf die Existenz aller Richtungsableitungen $D_v f|_{x_0}$ für $v \in \mathbb{R}^n$ schließen lässt. Zudem interessiert uns, ob für $v = \sum_{i=1}^n v_i e_i$ dann die folgende Gleichung erfüllt ist:

$$D_v f|_{x_0} = \sum_{i=1}^n v_i D_i f|_{x_0}. \tag{3.2.1}$$

3.2.6 Satz

Sei $\Omega \subset \mathbb{R}^n$ offen und nicht leer, und sei $f : \Omega \to \mathbb{R}^m$ in Ω stetig partiell differenzierbar. Das bedeutet, dass f in ganz Ω nach jeder Koordinate $x_1, \ldots, x_n$ partiell differenzierbar ist und die JACOBI-Matrix $\mathrm{Jac}_f(x)$ stetig von x abhängt. Unter diesen Bedingungen existieren in jedem Punkt $x_0 \in \Omega$ alle Richtungsableitungen $D_v f(x_0)$ für $v \in \mathbb{R}^n$, und es gilt die Gleichung (3.2.1).

Beweis: Wir unterteilen den Beweis in zwei Schritte. Der erste Teil wird später zeigen, dass sich die Aussage des Satzes sogar noch verschärfen lässt.

(i) Es sei $x \in \Omega$ fest gewählt. Wir zeigen, dass es zu jedem $\epsilon > 0$ ein $\delta > 0$ gibt, sodass für alle $v = \sum_{i=1}^{n} v_i e_i \in \mathbb{R}^n$ mit $\|v\| < \delta$ die Abschätzung

$$\left\| f(x+v) - f(x) - \sum_{i=1}^{n} v_i D_i f|_x \right\| \leq \epsilon \cdot \|v\| \qquad (*)$$

erfüllt ist. Da sich diese Ungleichung leicht per Induktion über n zeigen lässt, wenn man den Fall $n = 2$ bewiesen hat (für $n = 1$ ist nichts zu zeigen), werden wir hier nur diesen Fall behandeln und überlassen die Verallgemeinerung dem Leser als Übung. Seien also $n = 2$, $x = (x_1, x_2)$ und $v = v_1 e_1 + v_2 e_2$.

Weil f nach der ersten Variablen partiell differenzierbar ist, existiert zu $\epsilon > 0$ ein $\delta_1 > 0$, sodass

$$\|f(x_1 + v_1, x_2) - f(x_1, x_2) - v_1 D_1 f|_{(x_1,x_2)}\| \leq |v_1| \frac{\epsilon}{4}, \qquad (1)$$

für alle $v_1 \in \mathbb{R}$ mit $|v_1| < \delta_1$.

Da $D_2 f|_x$ stetig von x abhängt, existiert $\delta_2 > 0$, sodass

$$\|D_2 f|_{(x_1+v_1, x_2+v_2)} - D_2 f|_{(x_1,x_2)}\| \leq \frac{\epsilon}{4}, \qquad (2)$$

für alle $v_1, v_2 \in \mathbb{R}$ mit $|v_1|, |v_2| < \delta_2$. Insbesondere ergibt sich daraus noch

$$\|v_2 D_2 f|_{(x_1+v_1, x_2)} - v_2 D_2 f|_{(x_1,x_2)}\| \leq |v_2| \frac{\epsilon}{4}, \qquad (3)$$

für alle $v_1, v_2 \in \mathbb{R}$ mit $|v_1|, |v_2| < \delta_2$. Wir benutzen nun Korollar 3.1.7 für die Funktion $g(x) := f(x_1 + v_1, x)$ und erhalten (für $x := z := x_2, y := x_2 + v_2$) die Abschätzung

$$\|f(x_1 + v_1, x_2 + v_2) - f(x_1 + v_1, x_2) - v_2 D_2 f|_{(x_1+v_1, x_2)}\|$$
$$\leq |v_2| \sup_{|\tau| \leq |v_2|} \|D_2 f|_{(x_1+v_1, x_2+\tau)} - D_2 f|_{(x_1+v_1, x_2)}\|.$$

Mit (2) impliziert dies für alle $v_1, v_2 \in \mathbb{R}$ mit $|v_1|, |v_2| < \delta_2$ die Ungleichung

$$\|f(x+v) - f(x_1 + v_1, x_2) - v_2 D_2 f|_{(x_1+v_1, x_2)}\| \leq |v_2| \frac{\epsilon}{2}. \qquad (4)$$

Aus der Dreiecksungleichung folgt

$$\left\| f(x+v) - f(x) - \sum_{i=1}^{2} v_i D_i f|_x \right\|$$

$$\leq \| f(x+v) - f(x_1+v_1, x_2) - v_2 D_2 f|_{(x_1+v_1, x_2)} \|$$

$$+ \| v_2 D_2 f|_{(x_1+v_1, x_2)} - v_2 D_2 f|_{(x_1, x_2)} \|$$

$$+ \| f(x_1+v_1, x_2) - f(x_1, x_2) - v_1 D_1 f|_{(x_1, x_2)} \|.$$

Kombiniert man dies jetzt mit (1), (3) und (4), so ergibt sich (∗) für alle $v_1, v_2 \in \mathbb{R}$ mit $|v_1|, |v_2| < \delta := \min\{\delta_1, \delta_2\}$.

(ii) Es sei $v \in \mathbb{R}^n$ nun fest gewählt. Wegen (∗) existiert zu $\epsilon > 0$ ein $\delta > 0$, sodass für alle $h \in \mathbb{R}$ mit $|h| < \delta$ die Abschätzung

$$\left\| f(x+hv) - f(x) - h \sum_{i=1}^{n} v_i D_i f|_x \right\| \leq \epsilon |h| \cdot \|v\|$$

erfüllt ist. Daraus ergibt sich unmittelbar, dass der Grenzwert

$$\lim_{h \to 0} \frac{f(x+hv) - f(x)}{h}$$

existiert und mit $\sum_{i=1}^{n} v_i D_i f|_x$ übereinstimmt. Folglich existiert $D_v f|_x$ und es gilt $D_v f|_x = \sum_{i=1}^{n} v_i D_i f|_x$. Das war zu zeigen.

$\square$

3.2.7 Bemerkung
Aufgrund des letzten Satzes existiert bei Abbildungen $f : \Omega \to \mathbb{R}^n$, welche auf Ω stetig partiell differenzierbar sind, in jedem $x_0 \in \Omega$ eine lineare Abbildung

$$Df|_{x_0} : \mathbb{R}^n \to \mathbb{R}^m, \quad Df|_{x_0}(v) := D_v f|_{x_0}$$

und die Funktion f lässt sich in x_0 durch diese lineare Abbildung approximieren, das heißt wegen (∗) gilt die Gleichung

$$\lim_{x \to x_0} \frac{\| f(x) - f(x_0) - Df|_{x_0}(x - x_0) \|}{\| x - x_0 \|} = 0.$$

Dies führt uns im nächsten Abschnitt zu einem stärkeren Begriff der Differenzierbarkeit.

3.3. Totale Differenzierbarkeit

3.3.1 Definition
$\Omega \subset \mathbb{R}^n$ sei eine nicht leere, offene Teilmenge. Wir sagen eine Abbildung $f : \Omega \to \mathbb{R}^m$ ist an der Stelle $x_0 \in \Omega$ *(total) differenzierbar*, falls es eine lineare Abbildung

$L : \mathbb{R}^n \to \mathbb{R}^m$ gibt, sodass

$$\lim_{x \to x_0} \frac{\|f(x) - f(x_0) - L(x - x_0)\|}{\|x - x_0\|} = 0. \tag{3.3.1}$$

In diesem Fall schreiben wir für L auch $Df|_{x_0}$ und nennen $Df|_{x_0}$ das *Differential* bzw. die *totale Ableitung* von f an der Stelle x_0. f ist in Ω differenzierbar, wenn $Df|_{x_0}$ für alle $x_0 \in \Omega$ existiert. Ist $Df|_x$ dann sogar stetig in x, so sagen wir f ist in Ω *stetig differenzierbar*. Es sei

$$C^1(\Omega, \mathbb{R}^m) := \{f : \Omega \to \mathbb{R}^m : f \text{ ist in } \Omega \text{ stetig differenzierbar}\}.$$

Das nächste Lemma zeigt, dass eine totale Ableitung eindeutig ist, falls sie existiert.

3.3.2 Lemma
$f : \Omega \to \mathbb{R}^m$ *sei in* $x_0 \in \Omega$ *differenzierbar. Dann ist das Differential von* f *an der Stelle* x_0 *eindeutig bestimmt.*

Beweis: $L, \tilde{L} : \mathbb{R}^n \to \mathbb{R}^m$ seien zwei lineare Abbildungen wie in (3.3.1). Dann haben wir

$$\frac{\|(L - \tilde{L})(x - x_0)\|}{\|x - x_0\|}$$

$$= \frac{\|f(x) - f(x_0) - \tilde{L}(x - x_0) - [f(x) - f(x_0) - L(x - x_0)]\|}{\|x - x_0\|}$$

$$\leq \frac{\|f(x) - f(x_0) - \tilde{L}(x - x_0)\|}{\|x - x_0\|} + \frac{\|f(x) - f(x_0) - L(x - x_0)\|}{\|x - x_0\|}$$

und die rechte Seite strebt für $x \to x_0$ gegen Null. Zu $\epsilon > 0$ existiert daher ein $\delta > 0$, sodass

$$\left\|(L - \tilde{L})\left(\frac{x - x_0}{\|x - x_0\|}\right)\right\| \leq \epsilon, \quad \text{für alle } x \in \Omega \text{ mit } 0 < \|x - x_0\| < \delta.$$

Da Ω offen ist, existiert ein $r > 0$ mit

$$\{x : \|x - x_0\| < r\} \subset \Omega.$$

Sei $v \in \mathbb{R}^n$ mit $\|v\| = 1$ beliebig. Wir finden hierzu ein x (zum Beispiel $x := x_0 + \min\{\delta/2, r/2\}v$) mit

$$x \in \Omega, \quad 0 < \|x - x_0\| < \delta, \quad \frac{x - x_0}{\|x - x_0\|} = v.$$

Somit ist

$$\left\|(L - \tilde{L})(v)\right\| \leq \epsilon, \quad \text{für alle } v \in \mathbb{R}^n \text{ mit } \|v\| = 1.$$

Da $\epsilon > 0$ beliebig war und $L - \tilde{L}$ linear ist, folgt hieraus $L - \tilde{L} \equiv 0$. $\square$

3.3.3 Lemma

Gegeben seien zwei Abbildungen $f, g : \Omega \to \mathbb{R}^m$, welche beide in $x_0 \in \Omega$ differenzierbar seien. Ist λ eine Konstante, so sind die Abbildungen $f + g$ und λf ebenfalls in x_0 differenzierbar mit

$$D(f + g)|_{x_0} = Df|_{x_0} + Dg|_{x_0}, \quad D(\lambda f)|_{x_0} = \lambda Df|_{x_0}.$$

Beweis: Offensichtlich. $\qquad\square$

3.3.4 Beispiel

Wir geben einige einfache Beispiele für total differenzierbare Abbildungen und deren Differentiale an.

(a) $f : \mathbb{R}^n \to \mathbb{R}^m$ sei konstant, das heißt $f(x) = w$ für ein festes $w \in \mathbb{R}^m$. Dann ist f überall differenzierbar mit $Df|_{x_0} = 0$, denn es ist ja bereits $f(x) - f(x_0) = 0$.

(b) Eine lineare Abbildung $L : \mathbb{R}^n \to \mathbb{R}^m$ ist differenzierbar und es gilt $DL|_{x_0} = L$ für alle $x_0 \in \mathbb{R}^n$.

BEWEIS: Da L linear ist, gilt $L(x) - L(x_0) - L(x - x_0) = 0$. $\qquad\circledast$

Ein Spezialfall führt oft zu Verwirrung, ist nämlich die lineare Funktion

$$f : \mathbb{R} \to \mathbb{R}, \quad f(x) = ax$$

mit einer Konstanten a gegeben, so ist $Df|_x = f'(x) = a$ für alle $x \in \mathbb{R}$. Dies verträgt sich mit dem obigen Beispiel, weil die Konstante a die lineare Abbildung $x \mapsto ax$, also f, darstellt.

Weil lineare Abbildungen $L : \mathbb{R}^n \to \mathbb{R}^m$ stetig sind, ist nach Satz 2.3.5 die Operatornorm

$$\|L\|_{\mathrm{op}} := \sup_{x \in \mathbb{S}^{n-1}} \|L(x)\|$$

einer linearen Abbildung $L : \mathbb{R}^n \to \mathbb{R}^m$ endlich. Diesem Umstand verdanken wir insbesondere die folgende Aussage.

3.3.5 Satz (Stetigkeit differenzierbarer Abbildungen)

$f : \Omega \to \mathbb{R}^m$ sei in $x_0 \in \Omega$ differenzierbar. Dann ist f in x_0 auch stetig.

Beweis: Es gelte

$$\lim_{x \to x_0} \frac{\|f(x) - f(x_0) - L(x - x_0)\|}{\|x - x_0\|} = 0.$$

Dann existiert $\delta > 0$ mit $\|f(x) - f(x_0) - L(x - x_0)\| \leq \|x - x_0\|$, für alle $x \in \Omega$ mit $\|x - x_0\| < \delta$.

Aus der Dreiecksungleichung ergibt sich

$$\|f(x) - f(x_0)\| \leq \|x - x_0\| + \|L(x - x_0)\|,$$

für alle $x \in \Omega$ mit $\|x - x_0\| < \delta$. Die rechte Seite lässt sich mit der Operatornorm $\|L\|_{\mathrm{op}}$ weiter abschätzen, nämlich

$$\|f(x) - f(x_0)\| \leq (1 + \|L\|_{\mathrm{op}})\|x - x_0\|,$$

für alle $x \in \Omega$ mit $\|x - x_0\| < \delta$. Da $\|L\|_{\mathrm{op}} < \infty$, impliziert diese Ungleichung die Stetigkeit von f in x_0. $\qquad\square$

Für Verknüpfungen differenzierbarer Abbildungen beweisen wir die *Kettenregel*.

3.3.6 Satz (Kettenregel)
Sei $\Omega \subset \mathbb{R}^n$ bzw. $\Lambda \subset \mathbb{R}^m$ nicht leer und offen, und seien $f : \Omega \to \mathbb{R}^m$ sowie $g : \Lambda \to \mathbb{R}^l$ Abbildungen mit $f(\Omega) \subset \Lambda$. Wenn f an der Stelle $x_0 \in \Omega$ und g an der Stelle $f(x_0)$ differenzierbar sind, so ist auch die Verkettung $g \circ f : \Omega \to \mathbb{R}^l$ an der Stelle x_0 differenzierbar. Es gilt dann die Kettenregel:

$$D(g \circ f)\big|_{x_0} = Dg\big|_{f(x_0)} \circ Df\big|_{x_0}. \tag{3.3.2}$$

Beweis: Wegen $f(\Omega) \subset \Lambda$ ist $g \circ f$ auf Ω definiert. Eine Umformung ergibt

$$
\begin{aligned}
&\|(g \circ f)(x) - (g \circ f)(x_0) - \big(Dg|_{f(x_0)} \circ Df|_{x_0}\big)(x - x_0)\| \\
={}& \|(g \circ f)(x) - (g \circ f)(x_0) - Dg|_{f(x_0)}(f(x) - f(x_0)) \\
&+ Dg|_{f(x_0)}\big(f(x) - f(x_0)\big) - Dg|_{f(x_0)}\big(Df|_{x_0}(x - x_0)\big)\| \\
={}& \|g(y) - g(y_0) - Dg|_{y_0}(y - y_0) \\
&+ Dg|_{y_0}\big(f(x) - f(x_0) - Df|_{x_0}(x - x_0)\big)\|,
\end{aligned}
$$

wobei wir $y := f(x)$, $y_0 := f(x_0)$ gesetzt haben. Aus der Dreiecksungleichung folgt daher

$$
\begin{aligned}
&\|(g \circ f)(x) - (g \circ f)(x_0) - \big(Dg|_{f(x_0)} \circ Df|_{x_0}\big)(x - x_0)\| \\
&\leq \|g(y) - g(y_0) - Dg|_{y_0}(y - y_0)\| \\
&+ \|Dg|_{y_0}\big(f(x) - f(x_0) - Df|_{x_0}(x - x_0)\big)\|
\end{aligned}
\tag{1}
$$

Sei $\epsilon > 0$. Da der lineare Operator $Dg|_{y_0}$ beschränkt ist, existiert ein $\eta_1 > 0$, sodass

$$\|Dg|_{y_0}(z)\| < \frac{\epsilon}{2}, \quad \text{für alle } z \in V \text{ mit } \|z\| < \eta_1. \tag{2}$$

Da f an der Stelle x_0 differenzierbar ist, existiert ein $\delta_1 > 0$, sodass

$$\frac{\|f(x) - f(x_0) - Df|_{x_0}(x - x_0)\|}{\|x - x_0\|} < \eta_1, \tag{3}$$

für alle $x \in \Omega$ mit $0 < \|x - x_0\| < \delta_1$. Kombiniert man (2) mit (3), so ist

$$\frac{\|Dg|_{y_0}\big(f(x) - f(x_0) - Df|_{x_0}(x - x_0)\big)\|}{\|x - x_0\|} < \frac{\epsilon}{2}, \tag{4}$$

für alle $x \in \Omega$ mit $0 < \|x - x_0\| < \delta_1$. Außerdem ist für $x \neq x_0$

$$\frac{\|f(x) - f(x_0)\|}{\|x - x_0\|}$$

$$\leq \frac{\|f(x) - f(x_0) - Df|_{x_0}(x - x_0)\|}{\|x - x_0\|} + \frac{\|Df|_{x_0}(x - x_0)\|}{\|x - x_0\|}$$

$$\leq \frac{\|f(x) - f(x_0) - Df|_{x_0}(x - x_0)\|}{\|x - x_0\|} + \|Df|_{x_0}\|_{\mathrm{op}},$$

sodass

$$\frac{\|f(x) - f(x_0)\|}{\|x - x_0\|} \leq \eta_1 + \|Df|_{x_0}\|_{\mathrm{op}}, \tag{5}$$

für alle $x \in \Omega$ mit $0 < \|x - x_0\| < \delta_1$. Da g in y_0 differenzierbar ist, existiert ein $\eta_2 > 0$, sodass

$$\frac{\|g(y) - g(y_0) - Dg|_{y_0}(y - y_0)\|}{\|y - y_0\|} \leq \frac{\epsilon}{2(\eta_1 + \|Df|_{x_0}\|_{\mathrm{op}})}, \tag{6}$$

für alle $y \in \Lambda$ mit $0 < \|y - y_0\| < \eta_2$. Weil f nach Satz 3.3.5 wegen der Differenzierbarkeit in x_0 dort auch stetig ist, existiert ein $\delta_2 > 0$ mit

$$\|f(x) - f(x_0)\| = \|y - y_0\| < \eta_2, \text{ für alle } x \in \Omega \text{ mit } \|x - x_0\| < \delta_2. \tag{7}$$

(5)–(7) ergeben zusammen

$$\frac{\|g(y) - g(y_0) - Dg|_{y_0}(y - y_0)\|}{\|x - x_0\|} \leq \frac{\epsilon}{2}, \tag{8}$$

für alle $x \in \Omega$ mit $0 < \|x - x_0\| < \delta := \min\{\delta_1, \delta_2\}$. (1), (4) und (8) implizieren insgesamt

$$\frac{\|(g \circ f)(x) - (g \circ f)(x_0) - \left(Dg|_{f(x_0)} \circ Df|_{x_0}\right)(x - x_0)\|}{\|x - x_0\|} \leq \epsilon,$$

für alle $x \in \Omega$ mit $0 < \|x - x_0\| < \delta$. Dies beweist die Behauptung. $\qquad \square$

Wie zuvor die Voraussetzungen in Satz 3.2.6 impliziert nun ebenfalls die Existenz der totalen Ableitung die Existenz sämtlicher Richtungsableitungen.

3.3.7 Satz
$\Omega \subset \mathbb{R}^n$ *sei offen und* $f : \Omega \to \mathbb{R}^m$ *sei in* $x_0 \in \Omega$ *differenzierbar. Dann existieren in* x_0 *sämtliche Richtungsableitungen und es ist*

$$D_v f|_{x_0} = Df|_{x_0}(v), \text{ für alle } v \in \mathbb{R}^n.$$

Insbesondere ist f *in* x_0 *partiell differenzierbar.*

Beweis: Ist f an der Stelle x_0 differenzierbar und ist $Df|_{x_0}$ das Differential, so gilt

$$\lim_{x \to x_0} \frac{\|f(x) - f(x_0) - Df|_{x_0}(x - x_0)\|}{\|x - x_0\|} = 0. \qquad (*)$$

Ohne Einschränkung sei $v \neq 0$ fest. Dann existiert ein $\epsilon > 0$, sodass $x := x_0 + tv \in \Omega$ für alle $t \in (-\epsilon, \epsilon)$, denn Ω ist offen. Insbesondere konvergiert x gegen x_0 für $t \to 0$. Daher ist wegen $(*)$ und $\|v\| \neq 0$ auch

$$\lim_{t \to 0} \left\| \frac{f(x_0 + tv) - f(x_0) - Df|_{x_0}(tv)}{t} \right\| = 0,$$

also auch

$$\lim_{t \to 0} \frac{f(x_0 + tv) - f(x_0) - Df|_{x_0}(tv)}{t} = 0.$$

Dies ist äquivalent zu

$$\lim_{t \to 0} \frac{f(x_0 + tv) - f(x_0)}{t} = Df|_{x_0}(v)$$

und zeigt, dass $D_v f|_{x_0}$ existiert und mit $Df|_{x_0}(v)$ übereinstimmt. $\qquad \square$

Die nächste Aussage ist sehr praktisch, um die Differenzierbarkeit gegebener Funktionen $f : \Omega \to \mathbb{R}^m$ zu untersuchen.

3.3.8 Satz

$\Omega \subset \mathbb{R}^n$ *sei offen. Eine Abbildung* $f : \Omega \to \mathbb{R}^m$ *ist genau dann in* Ω *stetig differenzierbar, wenn* f *in* Ω *stetig partiell differenzierbar ist.*

Beweis: Ist f stetig differenzierbar, so können wir Satz 3.3.7 anwenden und erhalten daraus die partielle Differenzierbarkeit und die Gleichung

$$\frac{\partial f}{\partial x_i}(x_0) = Df|_{x_0}(e_i), \quad \text{für alle } x_0 \in \Omega, i = 1, \dots, n.$$

Da die rechte Seite stetig von x_0 abhängt, sind demnach auch die partiellen Ableitungen stetig in x_0.

Ist umgekehrt f stetig partiell differenzierbar, so folgt die stetige Differenzierbarkeit von f aus Satz 3.2.6 und der sich anschließenden Bemerkung 3.2.7. $\qquad \square$

Ist eine Abbildung $f : \Omega \to \mathbb{R}^n$ in $x_0 \in \Omega$ differenzierbar, so lässt sich die JACOBI-Matrix

$$\operatorname{Jac}_f(x_0) = \begin{pmatrix} f_{1,1}(x_0) & \cdots & f_{1,n}(x_0) \\ \vdots & \ddots & \vdots \\ f_{m,1}(x_0) & \cdots & f_{m,n}(x_0) \end{pmatrix}$$

in x_0 verwenden, um damit die lineare Abbildung $Df|_{x_0}$ darzustellen. Da Matrizen als lineare Abbildungen für gewöhnlich von links auf *Spaltenvektoren* wirken, ist es für diesen Zweck sinnvoll, $x \in \mathbb{R}^n$ bzw $y \in \mathbb{R}^m$ jeweils durch Spaltenvektoren darzustellen. Wir verdeutlichen das in dem folgenden Beispiel.

3.3.9 Beispiel

Gegeben sei eine differenzierbare Abbildung $r : \mathbb{R} \to (0, \infty)$ sowie die Abbildung

$$f : \mathbb{R}^2 \to \mathbb{R}^3, \quad f(x, \alpha) := (x, r(x) \cos \alpha, r(x) \sin \alpha).$$

Die beiden partiellen Ableitungen von f sind

$$\frac{\partial f}{\partial x} = (1, r'(x) \cos \alpha, r'(x) \sin \alpha), \quad \frac{\partial f}{\partial \alpha} = (0, -r(x) \sin \alpha, r(x) \cos \alpha).$$

Die JACOBI-Matrix ist die (2×3)-Matrix

$$\mathrm{Jac}_f(x, \alpha) = \begin{pmatrix} 1 & 0 \\ r'(x) \cos \alpha & -r(x) \sin \alpha \\ r'(x) \sin \alpha & r(x) \cos \alpha \end{pmatrix}.$$

Schreiben wir daher sowohl die beiden Vektoren $\frac{\partial f}{\partial x}, \frac{\partial f}{\partial \alpha} \in \mathbb{R}^3$ als auch die Einheitsvektoren $e_1, e_2 \in \mathbb{R}^2$ jeweils als Spaltenvektoren, so wird

$$
\begin{aligned}
D_1 f|_{(x,\alpha)} &= \frac{\partial f}{\partial x}(x, \alpha) \\
&= \begin{pmatrix} 1 \\ r'(x) \cos \alpha \\ r'(x) \sin \alpha \end{pmatrix} = \begin{pmatrix} 1 & 0 \\ r'(x) \cos \alpha & -r(x) \sin \alpha \\ r'(x) \sin \alpha & r(x) \cos \alpha \end{pmatrix} \begin{pmatrix} 1 \\ 0 \end{pmatrix} \\
&= \mathrm{Jac}_f(x, \alpha) \cdot e_1 = D f|_{(x,\alpha)}(e_1)
\end{aligned}
$$

und analog

$$
\begin{aligned}
D_2 f|_{(x,\alpha)} &= \frac{\partial f}{\partial \alpha}(x, \alpha) \\
&= \begin{pmatrix} 1 \\ -r(x) \sin \alpha \\ r(x) \cos \alpha \end{pmatrix} = \begin{pmatrix} 1 & 0 \\ r'(x) \cos \alpha & -r(x) \sin \alpha \\ r'(x) \sin \alpha & r(x) \cos \alpha \end{pmatrix} \begin{pmatrix} 0 \\ 1 \end{pmatrix} \\
&= \mathrm{Jac}_f(x, \alpha) \cdot e_2 = D f|_{(x,\alpha)}(e_2).
\end{aligned}
$$

3.4. Abbildungen zwischen Banach-Räumen

In diesem Kapitel haben wir bisher Abbildungen zwischen Teilmengen endlich-dimensionaler reeller Vektorräume betrachtet. Wir möchten nun noch den Begriff der Differenzierbarkeit allgemeiner auf Abbildungen zwischen BANACH-Räumen übertragen.

3.4.1 Definition

$(V, \|\cdot\|_V)$, $(W, \|\cdot\|_W)$ seien BANACH-Räume, $\Omega \subset V$ sei eine offene Teilmenge und $f : \Omega \to W$ eine Abbildung. Wir sagen f ist in $x_0 \in \Omega$ *differenzierbar*, wenn eine stetige lineare Abbildung $L : V \to W$ existiert, sodass

$$\lim_{x \to x_0} \frac{\|f(x) - f(x_0) - L(x - x_0)\|_W}{\|x - x_0\|_V} = 0.$$

In diesem Fall schreiben wir für L auch $Df|_{x_0}$ und nennen dies die *totale Ableitung* oder auch das *Differential* von f in x_0. f heißt in Ω *stetig differenzierbar*, wenn f in jedem $x_0 \in \Omega$ differenzierbar ist und die Abbildung

$$Df : \Omega \to B(V, W), \quad x \mapsto Df|_x$$

stetig ist. Dabei ist $B(V, W)$ der BANACH-Raum der stetigen linearen Operatoren $L : V \to W$, versehen mit der durch die Operatornorm $\|\cdot\|_{\mathrm{op}}$ induzierten Topologie.

3.4.2 Bemerkung

Diese Definition unterscheidet sich formal von Definition 3.3.1 durch die Annahme der Stetigkeit der linearen Abbildung $L : V \to W$. Da jedoch lineare Abbildungen $L : \mathbb{R}^n \to \mathbb{R}^m$ automatisch stetig sind, stimmen beide Definitionen für Abbildungen $f : \Omega \to \mathbb{R}^m$, mit $\Omega \subset \mathbb{R}^n$, überein.

Die Annahme der Stetigkeit von $L : V \to W$ hängt damit zusammen, dass gemäß Satz 2.3.5 eine lineare Abbildung zwischen BANACH-Räumen genau dann stetig ist, wenn ihre Operatornorm $\|L\|_{\mathrm{op}}$ endlich ist. Bei der Analyse einiger Beweise von Aussagen über differenzierbare Abbildungen $f : \mathbb{R}^n \to \mathbb{R}^m$ erkennt man, dass an bestimmten Stellen vorausgesetzt wurde, dass für lineare Abbildungen $L : \mathbb{R}^n \to \mathbb{R}^m$ stets gilt, dass $\|L\|_{\mathrm{op}} < \infty$. Dieser Umstand wurde zum Beispiel beim Beweis der Kettenregel oder beim Nachweis der Stetigkeit differenzierbarer Abbildungen verwendet.

Die Annahme der Stetigkeit von L in Definition 3.4.1 stellt daher sicher, dass sich diese Aussagen problemlos auf differenzierbare Abbildungen zwischen BANACH-Räumen übertragen lassen. Im Folgenden listen wir die wichtigsten dieser Aussagen auf. Seien $(V, \|\cdot\|_V)$ und $(W, \|\cdot\|_W)$ zwei BANACH-Räume, $f : \Omega \to W$ eine Abbildung, wobei $\Omega \subset V$ offen ist und $x_0 \in \Omega$ gegeben sei.

- *Eindeutigkeit.* Das Differential $Df|_{x_0} : V \to W$ ist wieder eindeutig bestimmt, sofern es denn existiert.

- *Linearität des Differentialoperators.* Sind $f, g : \Omega \to W$ in x_0 differenzierbar, so sind es auch die Abbildungen $af + bg : \Omega \to W$, für beliebige Konstanten a, b, und es ist
$$D(af + bg)|_{x_0} = a Df|_{x_0} + b Dg|_{x_0}.$$

- *Richtungsableitungen.* Ist f in x_0 differenzierbar, so existieren in x_0 sämtliche Richtungsableitungen $D_v f|_{x_0}$ und man hat
$$D_v f|_{x_0} = Df|_{x_0}(v), \text{ für alle } v \in V.$$

- *Kettenregel.* $(U, \|\cdot\|_U)$ sei ein weiterer BANACH-Raum. Gegeben seien Abbildungen $f : \Omega \to W$, $g : \Lambda \to V$ auf offenen Teilmengen $\Omega \subset V$, $\Lambda \subset U$ mit $g(\Lambda) \subset \Omega$. Dann folgt aus der Differenzierbarkeit von g in $x_0 \in \Lambda$ und f in $g(x_0) \in \Omega$ ebenfalls die Differenzierbarkeit von $f \circ g$ in x_0 mit
$$D(f \circ g)|_{x_0} = Df|_{g(x_0)} \circ Dg|_{x_0}.$$

- *Mittelwertungleichung.* Eine Adaption von Korollar 3.1.7 ergibt: Ist $g : [a, b] \to W$ in (a, b) differenzierbar, so gilt für alle $x, y, z \in (a, b)$ die Abschätzung

$$\|g(y) - g(x) - (y - x)g'(z)\|_W$$
$$\leq |y - x| \sup_{t \in [0,1]} \|g'(x + t(y - x)) - g'(z)\|_W. \tag{3.4.1}$$

Der Begriff der partiellen Ableitung lässt sich wie folgt auf Abbildungen zwischen BANACH-Räumen übertragen.

3.4.3 Definition
$V_1, \ldots, V_n, W$ seien BANACH-Räume und $\Omega \subset V_1 \times \cdots \times V_n$ sei offen. $f : \Omega \to W$ heißt in $x = (x_1, \ldots, x_n) \in \Omega$ nach der j-ten Variablen *partiell differenzierbar*, wenn die Abbildung

$$t \mapsto f(x_1, \ldots, x_{j-1}, x_j + t, x_{j+1}, \ldots, x_n)$$

an der Stelle $t = 0$ differenzierbar ist. Hierbei sind $t \in V_j$ und $x_k \in V_k$, $k = 1, \ldots, n$. In diesem Fall schreiben wir

$$D_j f|_x \quad \text{bzw.} \quad \frac{\partial f}{\partial x_j}(x)$$

für die j-te partielle Ableitung von f an der Stelle x. Existieren sämtliche partiellen Ableitungen für alle $x \in \Omega$ und hängen diese zusätzlich stetig von x ab, so sagen wir, dass f in Ω *stetig partiell differenzierbar* ist.

Der Beweis von Satz 3.3.8 lässt sich nun ebenfalls leicht auf diese Situation übertragen, sodass wir folgende Aussage erhalten.

3.4.4 Satz
$f : \Omega \to W$ sei eine Abbildung, $\Omega \subset V_1 \times \cdots \times V_n$ sei offen und $V_1, \ldots, V_n, W$ seien BANACH-Räume. Dann sind die folgenden Aussagen äquivalent.

(a) *$f \in C^1(\Omega, W)$*

(b) *f ist auf ganz Ω nach allen Variablen stetig partiell differenzierbar.*

Ist eine dieser äquivalenten Aussagen für f erfüllt, so ist

$$Df|_x(v_1, \ldots, v_n) = \sum_{j=1}^{n} D_j f|_x(v_j),$$

für alle $v = (v_1, \ldots, v_n) \in V_1 \times \cdots \times V_n$.

In der speziellen Situation, dass $(H, \langle \cdot, \cdot \rangle)$ ein HILBERT-Raum ist, lässt sich das Differential $Df|_{x_0}$ einer in $x_0 \in H$ differenzierbaren Abbildung $f : H \to \mathbb{R}$ auch durch einen Vektor $v \in H$ darstellen, dem sogenannten *Gradienten*.

3.4.5 Definition

$(H, \langle \cdot, \cdot \rangle)$ sei ein HILBERT-Raum, $\Omega \subset H$ offen und $f : \Omega \to \mathbb{R}$ sei in $x_0 \in \Omega$ differenzierbar mit Differential $Df|_{x_0} : H \to \mathbb{R}$. Dann heißt der nach dem RIESZSCHEN Darstellungssatz 2.3.9 eindeutig bestimmte Vektor $v \in H$ mit $Df|_{x_0}(w) = \langle v, w \rangle$, für alle $w \in H$, der *Gradient* von f in x_0. Wir schreiben hierfür $\nabla f|_{x_0}$. Es gilt also

$$Df|_{x_0}(w) = \langle \nabla f|_{x_0}, w \rangle, \quad \text{für alle } w \in H. \tag{3.4.2}$$

Man beachte dabei, dass der Gradient vom Skalarprodukt abhängt.

3.4.6 Beispiel

Für eine differenzierbare Abbildung $f : \Omega \to \mathbb{R}$ auf einer offenen Teilmenge $\Omega \subset \mathbb{R}^n$ ist der Gradient von f in $x \in \Omega$ gegeben durch

$$\nabla f|_x = \sum_{k=1}^{n} \frac{\partial f}{\partial x_k}(x) e_k,$$

wobei $\{e_1, \ldots, e_n\}$ wie üblich die Standardbasis des $\mathbb{R}^n$ ist. Um dies an konkreten Beispielen zu verdeutlichen, wählen wir $f : \mathbb{R}^3 \to \mathbb{R}$, $g : \mathbb{R}^2 \to \mathbb{R}$, $h : \mathbb{R}^n \to \mathbb{R}$ mit

$$f(x, y, z) := \frac{1}{2}(x^2 + y^2 + z^2), \quad g(x, y) := \sin x \cdot e^y, \quad h(x) := \|x\|.$$

Dann sind f, g überall differenzierbar, h jedoch nur auf $\mathbb{R}^n \setminus \{0\}$ und es gilt

$$\nabla f|_{(x,y,z)} = \begin{pmatrix} x \\ y \\ z \end{pmatrix}, \quad \nabla g|_{(x,y)} = e^y \begin{pmatrix} \cos x \\ \sin x \end{pmatrix},$$

$$\nabla \|x\| = \frac{x}{\|x\|}, \quad \text{für alle } x \neq 0. \tag{3.4.3}$$

3.4.7 Bemerkung

Die geometrische Bedeutung des Gradienten liegt darin, dass die Funktionswerte in Richtung des Gradienten am schnellsten ansteigen. Ist nämlich $f : \Omega \to \mathbb{R}$ in x_0 differenzierbar, so beschreibt die Richtungsableitung $D_e f|_{x_0}$ mit einem Einheitsvektor $e \in V$ den infinitesimalen Wertzuwachs von f in Richtung von e. Daher ist der stärkste Anstieg das Supremum

$$\sup_{\|e\|=1} D_e f|_{x_0} = \sup_{\|e\|=1} \langle \nabla f|_{x_0}, e \rangle.$$

Dieses wird aufgrund der CAUCHY–SCHWARZSCHEN Ungleichung

$$\langle v, w \rangle \leq \|v\| \cdot \|w\|$$

für $e = \frac{\nabla f|_{x_0}}{\|\nabla f|_{x_0}\|}$ erreicht, jedenfalls dann, wenn $Df|_{x_0}$ nicht ohnehin identisch verschwindet.

3.5. Höhere Ableitungen

Seien V und W BANACH-Räume, $\Omega \subset V$ eine offene Teilmenge von V, und sei $f : \Omega \to W$ in Ω differenzierbar. Da für jedes $x \in \Omega$ das Differential $Df|_x$ ein beschränkter linearer Operator ist, das heißt, es befindet sich in $B(V,W)$, und da $B(V,W)$ nach Satz 2.3.7 mit der Operatornorm selbst wieder ein BANACH-Raum ist, können wir untersuchen, ob die Abbildung

$$Df : \Omega \to B(V,W), \quad x \mapsto Df|_x$$

in einem Punkt $x_0 \in \Omega$ differenzierbar ist.

3.5.a. Der Satz von Schwarz

3.5.1 Definition
Seien V und W BANACH-Räume, $\Omega \subset V$ eine offene Menge und $f : \Omega \to W$ eine in Ω differenzierbare Abbildung. Falls die Abbildung

$$Df : \Omega \to B(V,W)$$

an der Stelle $x_0 \in \Omega$ differenzierbar ist, so nennen wir f in x_0 *zweimal differenzierbar* und schreiben $D^2f|_{x_0}$ für $D(Df)|_{x_0}$. Damit gilt insbesondere

$$D^2f|_{x_0} \in B(V, B(V,W)).$$

Existiert die zweite Ableitung von f in jedem Punkt $x_0 \in \Omega$ und hängt sie stetig von x ab, so bezeichnen wir f als *zweimal stetig differenzierbar*.

3.5.2 Bemerkung
(a) Ist $L \in B(V, B(V,W))$, so erhalten wir durch

$$\tilde{L}(v_1, v_2) := (L(v_1))(v_2), \quad v_1, v_2 \in V$$

eine bilineare stetige Abbildung $\tilde{L} : V \times V \to W$, denn für die Operatornorm gilt

$$
\begin{aligned}
\|L\|_{B(V,B(V,W))} &= \sup_{\|x\|_V = 1} \|L(x)\|_{B(V,W)} \\
&= \sup_{\|x\|_V = 1} \left(\sup_{\|y\|_V = 1} \|(L(x))(y)\|_W \right) \\
&= \sup_{\|x\|_V = \|y\|_V = 1} \|\tilde{L}(x,y)\|_W .
\end{aligned}
$$

Für eine in $x_0 \in \Omega$ zweimal differenzierbare Abbildung $f : \Omega \to W$ werden wir daher in Zukunft die zweite Ableitung $D^2f|_{x_0}$ als stetige Bilinearform auf V mit Werten in W auffassen.

(b) Analog werden nun auch höhere Ableitungen $D^k f|_{x_0}$ erklärt, zum Beispiel wäre für die dritte Ableitung

$$D^3 f|_{x_0} \in B(V, B(V, B(V, W))).$$

Entsprechend lässt sich $D^k f|_{x_0}$ als stetige k-Linearform auf V mit Werten in W interpretieren.

Für zwei BANACH-Räume V, W, eine offene Teilmenge $\Omega \subset V$ und $k \in \mathbb{N}$ setzen wir

$$C^k(\Omega, W) := \{f : \Omega \to W : f \text{ ist } k\text{-mal stetig differenzierbar}\}$$

sowie

$$C^\infty(\Omega, W) := \bigcap_{k \in \mathbb{N}} C^k(\Omega, W).$$

Abbildungen in $C^\infty(\Omega, W)$ heißen *glatt*.

3.5.3 Definition
Ist $f : \Omega \to W$ in $x_0 \in \Omega$ zweimal differenzierbar, so bezeichnet man die stetige bilineare Abbildung

$$D^2 f|_{x_0} : V \times V \to W$$

mit

$$D^2 f|_{x_0}(v_1, v_2) := \left(D(Df)|_{x_0}(v_1)\right)(v_2) = \left(D^2 f|_{x_0}(v_1)\right)(v_2)$$

als die HESSE-Form von f in x_0.

3.5.4 Beispiel
Die Abbildung

$$f : \mathbb{R}^2 \to \mathbb{R}, \quad f(x, y) = x^2 y e^y$$

ist überall stetig differenzierbar und $Df|_{(x,y)}$ wird durch die JACOBI-Matrix

$$\text{Jac}_f(x, y) \;=\; \left(\frac{\partial f}{\partial x}(x, y), \frac{\partial f}{\partial y}(x, y)\right) = (2xy e^y, x^2(y+1)e^y)$$

dargestellt. Auch die Abbildung $\text{Jac}_f : \mathbb{R}^2 \to \mathbb{R}^2$ ist überall stetig differenzierbar mit

$$\text{Jac}_{\text{Jac}_f}(x, y) \;=\; \begin{pmatrix} \frac{\partial}{\partial x}\left(\frac{\partial f}{\partial x}\right)(x, y) & \frac{\partial}{\partial y}\left(\frac{\partial f}{\partial x}\right)(x, y) \\ \frac{\partial}{\partial x}\left(\frac{\partial f}{\partial y}\right)(x, y) & \frac{\partial}{\partial y}\left(\frac{\partial f}{\partial y}\right)(x, y) \end{pmatrix}$$

$$= \begin{pmatrix} 2y e^y & 2x(y+1)e^y \\ 2x(y+1)e^y & x^2(y+2)e^y \end{pmatrix}.$$

Demnach lässt sich die HESSE-Form bezüglich der Standardbasis $\{e_1, e_2\}$ des $\mathbb{R}^2$ durch die Matrix

$$D^2 f|_{(x,y)} = \begin{pmatrix} 2y e^y & 2x(y+1)e^y \\ 2x(y+1)e^y & x^2(y+2)e^y \end{pmatrix}$$

darstellen.

Die Symmetrie der HESSE-Form $D^2 f|_{(x,y)}$ im letzten Beispiel ist kein Zufall. Wir werden nämlich jetzt sehen, dass dies für zweimal differenzierbare Abbildungen immer gilt.

3.5.5 Satz (Schwarz)

Seien V und W BANACH-Räume, $\Omega \subset V$ offen und $f : \Omega \to W$ in $x_0 \in \Omega$ zweimal differenzierbar. Dann ist die HESSE-Form $D^2 f|_{x_0}$ symmetrisch, das heißt, es gilt

$$D^2 f|_{x_0}(s,t) = D^2 f|_{x_0}(t,s) \quad \text{für alle } s,t \in V.$$

Beweis: Es sei $\sigma > 0$ so gewählt, dass $U(x_0, 2\sigma) \subset \Omega$ und wir betrachten für alle $s,t \in V$ mit $\|s\|, \|t\| < \sigma$ die Abbildung

$$\phi_{s,t} : [0,1] \to W, \quad \phi_{s,t}(\tau) := f(x_0 + \tau s + t) - f(x_0 + \tau s).$$

Aus (3.4.1) folgt

$$\|\phi_{s,t}(1) - \phi_{s,t}(0) - \phi'_{s,t}(0)\|_W \leq \sup_{\tau \in [0,1]} \|\phi'_{s,t}(\tau) - \phi'_{s,t}(0)\|_W. \tag{1}$$

Die Kettenregel liefert

$$\begin{aligned}
\phi'_{s,t}(\rho) &= \Big(Df|_{x_0+\rho s+t} - Df|_{x_0+\rho s} \Big)(s) \\
&= \Big(Df|_{x_0+\rho s+t} - Df|_{x_0} - D(Df)|_{x_0}(\rho s) \Big)(s) \\
&\quad - \Big(Df|_{x_0+\rho s} - Df|_{x_0} - D(Df)|_{x_0}(\rho s) \Big)(s).
\end{aligned}$$

Nach Voraussetzung existiert zu $\epsilon > 0$ ein $\delta > 0$, sodass für alle $s,t \in V$ mit $\|s\|_V, \|t\|_V \leq \delta$ und für alle $\rho \in [0,1]$ gilt:

$$\| Df|_{x_0+\rho s+t} - Df|_{x_0} - D(Df)|_{x_0}(\rho s + t) \|_{\mathrm{op}} \leq \epsilon(\|s\|_V + \|t\|_V)$$

sowie

$$\| Df|_{x_0+\rho s} - Df|_{x_0} - D(Df)|_{x_0}(\rho s) \|_{\mathrm{op}} \leq \epsilon \|s\|_V.$$

Hieraus folgt für alle $\rho \in [0,1]$

$$\|\phi'_{s,t}(\rho) - D^2 f|_{x_0}(t,s)\|_W$$

$$= \Big\| \Big(Df|_{x_0+\rho s+t} - Df|_{x_0} - D(Df)|_{x_0}(\rho s) \Big)(s)$$

$$- \Big(Df|_{x_0+\rho s} - Df|_{x_0} - D(Df)|_{x_0}(\rho s) \Big)(s) - \Big(D(Df)|_{x_0}(t) \Big)(s) \Big\|_W$$

$$= \Big\| \Big(Df|_{x_0+\rho s+t} - Df|_{x_0} - D(Df)|_{x_0}(\rho s + t) \Big)(s)$$

$$- \Big(Df|_{x_0+\rho s} - Df|_{x_0} - D(Df)|_{x_0}(\rho s) \Big)(s) \Big\|_W$$

$$\leq 2\epsilon(\|s\|_V + \|t\|_V)\|s\|_V. \tag{2}$$

Aus

$$\|\phi_{s,t}(1) - \phi_{s,t}(0) - D^2 f|_{x_0}(t,s)\|_W$$
$$\leq \|\phi_{s,t}(1) - \phi_{s,t}(0) - \phi'_{s,t}(0)\|_W + \|\phi'_{s,t}(0) - D^2 f|_{x_0}(t,s)\|_W,$$

schließen wir mit (1)

$$\|\phi_{s,t}(1) - \phi_{s,t}(0) - D^2 f|_{x_0}(t,s)\|_W$$
$$\leq \sup_{\tau \in [0,1]} \|\phi'_{s,t}(\tau) - \phi'_{s,t}(0)\|_W + \|\phi'_{s,t}(0) - D^2 f|_{x_0}(t,s)\|_W$$
$$\leq \sup_{\tau \in [0,1]} \|\phi'_{s,t}(\tau) - D^2 f|_{x_0}(t,s)\|_W + 2\|\phi'_{s,t}(0) - D^2 f|_{x_0}(t,s)\|_W$$

also mit (2) auch

$$\|\phi_{s,t}(1) - \phi_{s,t}(0) - D^2 f|_{x_0}(t,s)\|_W \leq 6\epsilon(\|s\| + \|t\|)\|s\|. \tag{3}$$

Nun ist

$$\phi_{s,t}(1) - \phi_{s,t}(0) = f(x_0 + s + t) - f(x_0 + s) - f(x_0 + t) + f(x_0)$$

aber symmetrisch in s und t und hieraus folgt mit (3) und der Dreiecksungleichung

$$\|D^2 f|_{x_0}(s,t) - D^2 f|_{x_0}(t,s)\|_W \leq 6\epsilon(\|s\| + \|t\|)^2, \tag{4}$$

für alle s,t mit $\|s\|_V, \|t\|_V \leq \delta$. Die letzte Ungleichung ist wegen der Bilinearität von $D^2 f|_{x_0}$ skalierungsinvariant, das heißt für $\lambda > 0$ ist

$$\|D^2 f|_{x_0}(\lambda s, \lambda t) - D^2 f|_{x_0}(\lambda t, \lambda s)\|_W$$
$$= \lambda^2 \|D^2 f|_{x_0}(s,t) - D^2 f|_{x_0}(t,s)\|_W$$
$$\leq 6\epsilon \lambda^2 (\|s\|_V + \|t\|_V)^2$$
$$= 6\epsilon (\|\lambda s\|_V + \|\lambda t\|_V)^2.$$

Somit ist (4) sogar für alle s,t mit $\|s\|_V = \|t\|_V = 1$ erfüllt und es folgt

$$\|D^2 f|_{x_0}(s,t) - D^2 f|_{x_0}(t,s)\|_W \leq 24\epsilon,$$

für alle s,t mit $\|s\|_V = \|t\|_V = 1$. Da $\epsilon > 0$ beliebig war und $D^2 f|_{x_0}$ eine bilineare Abbildung ist, folgt jetzt die Behauptung für alle $s,t \in V$. $\qquad\square$

Sind $V_1, \ldots, V_n, W$ BANACH-Räume und ist $f : \Omega \to W$ auf einer offenen Teilmenge $\Omega \subset V_1 \times \cdots \times V_n$ zweimal differenzierbar, so ist f in Ω insbesondere stetig differenzierbar und sämtliche partiellen Ableitungen $D_i f$, $i = 1, \ldots, n$ sind in Ω erneut partiell differenzierbar. Wir schreiben $D^2_{ij} f|_{x_0}$ für $D_i(D_j f)|_{x_0}$, sodass wir für $1 \leq i,j \leq n$ jeweils bilineare Abbildungen

$$D^2_{ij} f|_{x_0} : V_i \times V_j \to W, \quad D^2_{ij} f|_{x_0}(v_i, v_j) = \big(D_i(D_j f)|_{x_0}(v_i)\big)(v_j)$$

erhalten. Mit diesen Bezeichnungen kann man die HESSE-Form auch folgendermaßen ausdrücken:

$$D^2 f|_{x_0}(s,t) = \sum_{i,j=1}^{n} D_{ij}^2 f|_{x_0}(s_i, t_j),$$

für beliebige $s = (s_1, \ldots, s_n), t = (t_1, \ldots, t_n) \in V_1 \times \cdots \times V_n$. Der Satz von Schwarz impliziert dabei, dass für zweimal differenzierbare f gilt:

$$D_{ij}^2 f|_{x_0}(s_i, t_j) = D_{ji}^2 f|_{x_0}(t_j, s_i),$$

für alle $1 \leq i, j \leq n$ und für alle $s_i \in V_i, t_j \in V_j$.

Man kann hieraus noch nicht schließen - wie leider manchmal in der Literatur behauptet -, dass $D_{ij}^2 f|_{x_0} = D_{ji}^2 f|_{x_0}$. Das kann schon aus formalen Gründen nicht stimmen, denn die beiden Bilinearformen besitzen im Allgemeinen einen unterschiedlichen Definitionsbereich, nämlich $V_i \times V_j$ bzw. $V_j \times V_i$. Aber selbst dann, wenn $V_i = V_j = V$, gilt nur

$$D_{ij}^2 f|_{x_0}(s,t) = D_{ji}^2 f|_{x_0}(t,s),$$

für alle $s, t \in V$. Ist eine der beiden Bilinearformen jedoch eine symmetrische Bilinearform, so folgt aus der letzten Gleichung in der Tat $D_{ij}^2 f|_{x_0} = D_{ji}^2 f|_{x_0}$. Insbesondere ist dies der Fall, wenn V ein-dimensional ist. Daraus ergibt sich für den Fall $V_i = \mathbb{R}$, $i = 1, \ldots, n$, direkt das folgende Korollar.

3.5.6 Korollar
Sei $\Omega \subset \mathbb{R}^n$ offen, W ein BANACH-Raum und $f : \Omega \to W$ in $x_0 \in \Omega$ zweimal differenzierbar. Dann ist f in x_0 zweimal nach jeder Koordinate x_k, $k = 1, \ldots, n$, partiell differenzierbar.

Die HESSE-Matrix

$$\left(D_{ij}^2 f|_{x_0} \right)_{1 \leq i,j \leq n} = \left(\frac{\partial^2 f}{\partial x^i \partial x^j}(x_0) \right)_{1 \leq i,j \leq n}$$

ist symmetrisch, das heißt, es gilt

$$D_{ij}^2 f|_{x_0} = D_{ji}^2 f|_{x_0}, \quad \text{für alle } 1 \leq i, j \leq n.$$

Dabei setzen wir

$$\frac{\partial^2 f}{\partial x_i \partial x_j} := \frac{\partial}{\partial x_i} \left(\frac{\partial f}{\partial x_j} \right).$$

Andererseits lässt sich aus der bloßen Existenz der zweiten partiellen Ableitungen $D_{ij}^2 f$ noch nicht folgern, dass f tatsächlich zweimal differenzierbar ist. Wendet man jedoch Satz 3.4.4 auf das Differential Df einer differenzierbaren Abbildung an, so folgt unmittelbar:

3.5.7 Satz

Seien $V_1, \ldots, V_n$ und W BANACH-Räume, und sei $\Omega \subset V_1 \times \cdots \times V_n$ eine offene Menge. Eine Abbildung $f : \Omega \to W$ ist genau dann in Ω zweimal stetig differenzierbar, wenn sie in Ω zweimal stetig partiell differenzierbar ist.

Daraus ergibt sich unmittelbar das folgende Korollar.

3.5.8 Korollar

Sei $\Omega \subset \mathbb{R}^n$ eine offene Menge und W ein BANACH-Raum. Eine Abbildung $f : \Omega \to W$ ist genau dann in Ω zweimal stetig differenzierbar, wenn sie dort zweimal stetig partiell differenzierbar ist. In diesem Fall ist die HESSE-Matrix

$$\left(\frac{\partial^2 f}{\partial x_i \partial x_j} \right)_{1 \le i,j \le n}$$

in jedem Punkt $x \in \Omega$ symmetrisch.

3.5.9 Beispiel

(a) Die Funktion

$$f : \mathbb{R}^3 \to \mathbb{R}, \quad f(x,y,z) := x^2 y + z^3 x$$

ist beliebig oft differenzierbar und für die HESSE-Matrix erhalten wir

$$D^2 f|_{(x,y,z)} = \begin{pmatrix} 2y & 2x & 3z^2 \\ 2x & 0 & 0 \\ 3z^2 & 0 & 6z \end{pmatrix},$$

also tatsächlich eine symmetrische Matrix.

(b) Wir definieren die Funktion $f : \mathbb{R}^2 \to \mathbb{R}$,

$$f(x,y) := \begin{cases} xy \frac{x^2 - y^2}{x^2 + y^2} & , (x,y) \neq (0,0), \\ 0 & , x = y = 0. \end{cases}$$

Man überzeugt sich leicht davon, dass die Funktion überall stetig ist. Zudem gilt in $(x,y) \neq (0,0)$

$$\frac{\partial f}{\partial x}(x,y) = y \frac{x^2 - y^2}{x^2 + y^2} + 4 \frac{x^2 y^3}{(x^2 + y^2)^2},$$

$$\frac{\partial f}{\partial y}(x,y) = x \frac{x^2 - y^2}{x^2 + y^2} - 4 \frac{x^3 y^2}{(x^2 + y^2)^2}.$$

Dies zeigt zunächst, dass f auf $\mathbb{R}^2 \setminus \{0\}$ stetig differenzierbar ist. Da außerdem

$$\|Df|_{(x,y)}\| \to 0 \quad \text{für} \quad \|(x,y)\| \to 0,$$

lässt sich $Df|_{(x,y)}$ sogar stetig bis in den Ursprung fortsetzen und f ist auf ganz $\mathbb{R}^2$ stetig differenzierbar mit

$$Df|_{(x,y)} = \begin{cases} \left(\frac{y(x^4 - y^4) + 4x^2 y^3}{(x^2 + y^2)^2}, \frac{x(x^4 - y^4) - 4x^3 y^2}{(x^2 + y^2)^2} \right) & , (x,y) \neq (0,0), \\ (0,0) & , (x,y) = (0,0). \end{cases}$$

Df ist überall partiell differenzierbar. Da

$$Df|_{(x,0)} = (0, x) \text{ und } Df|_{(0,y)} = (-y, 0),$$

erhalten wir insbesondere

$$\frac{\partial Df}{\partial x}(0,0) = (0,1), \quad \frac{\partial Df}{\partial y}(0,0) = (-1,0)$$

und somit gilt für diese Funktion im Ursprung

$$\frac{\partial^2 f}{\partial x \partial y}(0,0) = 1 \neq -1 = \frac{\partial^2 f}{\partial y \partial x}(0,0).$$

Man kann hieraus und aus dem Satz von Schwarz insbesondere schließen, dass f in $(0,0)$ nicht mehr zweimal differenzierbar ist. f ist allerdings in allen anderen Punkten $(x,y) \in \mathbb{R}^2$ beliebig oft differenzierbar.

3.5.10 Bemerkung
Für zweifache partielle Ableitungen nach derselben Variablen x setzt man

$$\frac{\partial^2 f}{\partial x^2} := \frac{\partial^2 f}{\partial x \partial x}$$

Analog lassen sich bei mehrfach differenzierbaren Abbbildungen auch partielle Ableitungen höherer Ordnung definieren, zum Beispiel

$$\frac{\partial^3 f}{\partial x_i \partial x_j \partial x_k}.$$

Die Funktion wird nach den Variablen im Nenner in der Reihenfolge von rechts nach links differenziert, also im obigen Beispiel zuerst nach x_k. Dabei ist es im Allgemeinen wichtig (wie Beispiel 3.5.9(b) zeigt), auf die Reihenfolge zu achten, falls die Abbildung f nur mehrfach partiell differenzierbar aber nicht mehrfach total differenzierbar ist. Für mehrfach total differenzierbare Abbildungen spielt die Reihenfolge nach dem Satz von Schwarz hingegen keine Rolle.

3.5.11 Definition
Sei $\Omega \subset \mathbb{R}^n$ offen. Ein *Vektorfeld* auf Ω ist eine Abbildung $V : \Omega \to \mathbb{R}^n$. Für ein differenzierbares Vektorfeld

$$V = (V_1, \dots, V_n) : \Omega \to \mathbb{R}^n$$

definiert man die *Divergenz* von V durch

$$\mathrm{div}(V) := \sum_{k=1}^{n} \frac{\partial V_k}{\partial x_k}.$$

und nennt V *divergenzfrei*, wenn $\mathrm{div}(V) = 0$.

3.5.12 Beispiel

(a) Das Vektorfeld $V : \mathbb{R}^n \to \mathbb{R}^n$, $V(x) := x$, besitzt die Divergenz $\operatorname{div}(V) = n$.

(b) Es gilt die folgende Regel für das Produkt aus einer differenzierbaren Funktion $f : \Omega \to \mathbb{R}$ mit einem differenzierbaren Vektorfeld $V : \Omega \to \mathbb{R}^n$:

$$\operatorname{div}(fV) = \langle \nabla f, V \rangle + f \operatorname{div}(V). \tag{3.5.1}$$

(c) Für das Vektorfeld

$$W : \mathbb{R}^n \setminus \{0\}, \quad W(x) := \frac{x}{\|x\|^k}, \quad k > 0$$

erhalten wir mit (a), (3.4.3) und (3.5.1) die Gleichung $\operatorname{div}(W) = \frac{n-k}{\|x\|^k}$, insbesondere ist W für $k = n$ divergenzfrei.

(d) Ist $f : \Omega \to \mathbb{R}$ eine differenzierbare Abbildung, so liefert die Abbildung $x \mapsto \nabla f|_x$ das *Gradientenvektorfeld* von f auf Ω. Ist f sogar zweimal differenzierbar, so setzt man

$$\Delta f := \operatorname{div}(\nabla f) = \sum_{k=1}^{n} \frac{\partial^2 f}{\partial x_k^2}$$

und nennt Δ den LAPLACE-Operator. f heißt *harmonisch*, wenn $\Delta f = 0$. Der LAPLACE-Operator ist ein linearer Operator, sind also f, g harmonisch, so gilt dies auch für $f + g$ und für λf, wobei λ eine beliebige Konstante ist.

Außerdem erfüllt der LAPLACE-Operator für beliebige zweimal differenzierbare Funktionen $f, g : \Omega \to \mathbb{R}$ die Produktregel

$$\Delta(fg) = g\Delta f + f\Delta g + 2\langle \nabla f, \nabla g \rangle. \tag{3.5.2}$$

Beispielsweise sind die Funktionen

$$f(x,y) := x^2 - y^2, \quad g(x,y) := x^3 - 3xy^2$$

harmonisch.

3.5.b. Die Taylorsche Formel

3.5.13 Satz (Taylorsche Formel)
V sei ein BANACH-Raum, $\Omega \subset V$ offen und $f \in C^k(\Omega, \mathbb{R})$. Für ein $x_0 \in \Omega$ und ein $t \in V$ gelte $\{x_0 + rt : r \in [0,1]\} \subset \Omega$. Dann existiert $\theta \in [0,1]$ mit

$$f(x_0 + t)$$
$$= f(x_0) + Df|_{x_0}(t) + \frac{1}{2}D^2 f|_{x_0}(t,t) + \cdots$$
$$\cdots + \frac{1}{(k-1)!}D^{k-1}f|_{x_0}\underbrace{(t,\ldots,t)}_{(k-1)\text{-}mal} + \frac{1}{k!}D^k f|_{x_0+\theta t}\underbrace{(t,\ldots,t)}_{k\text{-}mal}.$$

Beweis: Für festes x_0 und t betrachten wir die Funktion

$$g : [0,1] \to \mathbb{R}, \quad g(r) := f(x_0 + rt).$$

Weil $f \in C^k(\Omega, \mathbb{R})$, folgt mit der Kettenregel und per Induktion, dass g k-mal stetig differenzierbar ist. Induktiv erhält man für die Ableitungen

$$g^{(j)}(r) = D^j f|_{x_0 + rt}(t, \ldots, t), \quad j = 1, \ldots, k. \tag{1}$$

Da g nur von einer Variablen abhängt, können wir die uns schon bekannte TAYLOR-Formel für Abbildungen einer Veränderlichen benutzen und erhalten

$$g(1) = \sum_{j=0}^{k-1} \frac{1}{j!} g^{(j)}(0) + \frac{1}{k!} g^{(k)}(\theta) \tag{2}$$

für ein $\theta \in [0,1]$. Die Behauptung ergibt sich unmittelbar durch Kombination dieser beiden Gleichungen. $\qquad\square$

3.5.14 Korollar (Restgliedabschätzung)

Mit den Bezeichnungen von oben sei

$$U(x_0, \delta) := \{x \in V : \|x - x_0\| < \delta\} \subset \Omega.$$

Dann gilt für alle $t \in V$ mit $\|t\| < \delta$ die Gleichung

$$f(x_0 + t) = \sum_{j=0}^{k} \frac{1}{j!} D^j f|_{x_0}(t, \ldots, t) + r_{k+1}(t)$$

mit einer Funktion r_{k+1}, für die

$$\lim_{\|t\| \to 0} \frac{r_{k+1}(t)}{\|t\|^k} = 0.$$

Letzteres bedeutet, dass zu jedem $\epsilon > 0$ ein $\eta > 0$ existiert, sodass für alle $t \in V$ mit $\|t\| < \eta$ auch $\frac{|r_{k+1}(t)|}{\|t\|^k} < \epsilon$.

Beweis: Wir benutzen die TAYLOR-Formel und erhalten

$$f(x_0 + t) = \sum_{j=0}^{k} \frac{1}{j!} D^j f|_{x_0}(t, \ldots, t) + r_{k+1}(t)$$

mit

$$r_{k+1}(t) = \frac{1}{k!} \left(D^k f|_{x_0 + \theta t}(t, \ldots, t) - D^k f|_{x_0}(t, \ldots, t) \right).$$

Weil $f \in C^k(\Omega, \mathbb{R})$, ist $D^k f$ stetig und daher ist

$$\lim_{t \to 0} \left(D^k f|_{x_0 + \theta t} - D^k f|_{x_0} \right) = 0,$$

das heißt

$$\lim_{t \to 0} \|D^k f|_{x_0 + \theta t} - D^k f|_{x_0}\|_{\mathrm{op}} = 0.$$

Für $t \neq 0$ gilt

$$\frac{|r_{k+1}(t)|}{\|t\|^k} \leq \frac{1}{k!} \|D^k f|_{x_0 + \theta t} - D^k f|_{x_0}\|_{\mathrm{op}},$$

woraus sich sofort

$$\lim_{\|t\| \to 0} \frac{r_{k+1}(t)}{\|t\|^k} = 0$$

ergibt. □

Aufgaben

Differenzierbare Kurven

Aufgabe 3.1

$c : [a, b] \to \mathbb{R}^m$ sei eine regulär parametrisierte Kurve. Man zeige, dass dann eine stetig differenzierbare Abbildung $\phi : [0, 1] \to [a, b]$ existiert, sodass für die Umparametrisierung $\tilde{c} := c \circ \phi : [0, 1] \to \mathbb{R}^m$ die Gleichung

$$\|\tilde{c}'(s)\| = L > 0$$

mit einer Konstanten L gilt.

Aufgabe 3.2

Gegeben sei eine regulär parametrisierte und zweimal stetig differenzierbare Kurve $c = (x, y) : [a, b] \to \mathbb{R}^2$. Die *Krümmung* $k(t)$ von c an der Stelle $t \in [a, b]$ ist

$$k(t) := \frac{\dot{x}(t)\ddot{y}(t) - \ddot{x}(t)\dot{y}(t)}{\left(\dot{x}(t)^2 + \dot{y}(t)^2\right)^{3/2}}.$$

(a) Man zeige: Ist $\phi : [0, 1] \to [a, b]$ zweimal stetig differenzierbar mit $\phi'(s) > 0$, für alle $s \in [0, 1]$, so ist die umparametrisierte Kurve $\tilde{c} := c \circ \phi : [0, 1] \to \mathbb{R}^2$ ebenfalls regulär parametrisiert und zweimal stetig differenzierbar und für die Krümmungen der beiden Kurven gilt

$$\tilde{k}(s) = k(\phi(s)), \quad \text{für alle } s \in [0, 1].$$

(b) Man berechne die Krümmungen einiger Kurven, zum Beispiel von (vergleiche mit Abbildung 3.4)

   (i) *Kreis mit Radius r.*

   $c : \mathbb{R} \to \mathbb{R}^2$, $c(t) := r(\cos t, \sin t)$, mit $r > 0$.

   (ii) *Figur einer Acht.*

   $c : \mathbb{R} \to \mathbb{R}^2$, $c(t) := (\sin t, \sin t \cos t)$.

   (iii) *Graph einer Funktion.*

   $c : [a, b] \to \mathbb{R}^2$, $c(t) := (t, u(t))$, mit einer Funktion $u \in C^2([a, b])$.

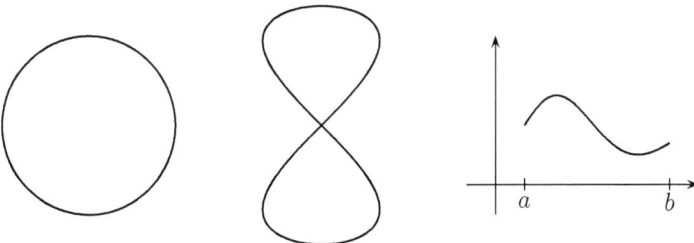

Abbildung 3.4.: Illustration zu Aufgabe 3.2(b).

Partielle Differenzierbarkeit

Aufgabe 3.3

(a) Gegeben sei die Funktion $f : \mathbb{R}^2 \to \mathbb{R}$ mit

$$f(x,y) := \begin{cases} x^2 y^2 \ln(x^2 + y^2) & \text{, für } (x,y) \neq (0,0), \\ 0 & \text{, für } (x,y) = (0,0). \end{cases}$$

Man berechne die partiellen Ableitungen in jedem Punkt und zeige, dass f im Nullpunkt stetig partiell differenzierbar ist. Ist f im Nullpunkt auch differenzierbar?

(b) Die Funktion $g : \mathbb{R}^3 \to \mathbb{R}$ sei definiert durch

$$g(x,y,z) := \begin{cases} \dfrac{x^2 y^2 z}{x^4 + y^4 + z^4} & \text{, für } (x,y,z) \neq (0,0,0), \\ 0 & \text{, für } (x,y,z) = (0,0,0). \end{cases}$$

Man berechne die Richtungsableitungen $D_v g|_{(0,0,0)}$ für beliebige Vektoren $v \neq 0$. Ist g im Nullpunkt differenzierbar?

Aufgabe 3.4

(a) Gegeben seien die Abbildungen $f : \mathbb{R}^2 \to \mathbb{R}$, $g : \mathbb{R} \to \mathbb{R}^2$ mit

$$f(x,y) := e^{x^2 y}, \quad g(t) := (\cos t, \cos t \sin t).$$

Man berechne die Ableitung von $f \circ g$ direkt durch Differentiation und mit der Kettenregel.

(b) $f, g : \mathbb{R}^2 \setminus \{(0,0)\} \to \mathbb{R}^2$ seien definiert durch

$$f(x,y) := (x^2 - y^2, 2xy), \quad g(x,y) := \left(\frac{x}{x^2 + y^2}, \frac{-y}{x^2 + y^2} \right).$$

Man berechne die JACOBI-Matrix von $f \circ g$.

(c) A sei eine $n \times n$-Matrix mit reellen Einträgen und $Q : \mathbb{R}^n \to \mathbb{R}$ sei die *quadratische Form* $Q(x) := \langle x, Ax \rangle$. Man ermittle den Gradienten $\nabla Q|_x$, für alle $x \in \mathbb{R}^n$.

Totale Differenzierbarkeit

Aufgabe 3.5

$\Omega \subset \mathbb{C}$ sei offen und $f : \Omega \to \mathbb{C}$ sei eine komplexwertige Funktion. f heißt in $z_0 \in \Omega$ *komplex differenzierbar*, falls

$$f'(z_0) := \lim_{z \to z_0} \frac{f(z) - f(z_0)}{z - z_0}$$

existiert. f heißt *holomorph* in Ω, wenn f in jedem $z_0 \in \Omega$ komplex differenzierbar ist.

Es seien nun $u := \mathrm{Re}(f)$, $v := \mathrm{Im}(f)$ jeweils die Real- und Imaginärteile von f, das heißt $f = u + iv$ mit zwei reellen Abbildungen $u, v : \Omega \to \mathbb{R}$. Mit den üblichen Bezeichnungen seien $z = x + iy$, $\bar{z} = x - iy$. Man zeige, dass f genau dann in $z_0 = x_0 + iy_0 \in \Omega$ komplex differenzierbar ist, wenn die Abbildung $(u, v) : \Omega \to \mathbb{R}^2$ in (x_0, y_0) reell differenzierbar ist und dort die CAUCHY–RIEMANNSCHEN Differentialgleichungen erfüllt, das heißt die Gleichungen

$$\frac{\partial u}{\partial x}(x_0, y_0) = \frac{\partial v}{\partial y}(x_0, y_0), \quad \frac{\partial u}{\partial y}(x_0, y_0) = -\frac{\partial v}{\partial x}(x_0, y_0). \tag{3.5.3}$$

Wir setzen der Einfachheit halber

$$u_x := \frac{\partial u}{\partial x}, \quad u_y := \frac{\partial u}{\partial y}, \quad v_x := \frac{\partial v}{\partial x}, \quad v_y := \frac{\partial v}{\partial y}.$$

Man zeige ferner, dass die CAUCHY–RIEMANNSCHEN Differentialgleichungen genau dann erfüllt sind, wenn für die JACOBI-Matrix

$$\mathrm{Jac}_f(x_0, y_0) = \begin{pmatrix} u_x(x_0, y_0) & u_y(x_0, y_0) \\ v_x(x_0, y_0) & v_y(x_0, y_0) \end{pmatrix}$$

die Gleichung

$$\begin{pmatrix} 0 & -1 \\ 1 & 0 \end{pmatrix} \cdot \begin{pmatrix} u_x & u_y \\ v_x & v_y \end{pmatrix} = \begin{pmatrix} u_x & u_y \\ v_x & v_y \end{pmatrix} \cdot \begin{pmatrix} 0 & -1 \\ 1 & 0 \end{pmatrix}$$

gilt und schließe hieraus, dass f genau dann in z_0 komplex differenzierbar ist, wenn f dort (aufgefasst als reelle Abbildung) reell differenzierbar ist und das Differential $Df|_{(x_0, y_0)}$ eine $\mathbb{C}$-lineare Abbildung ist. Als Beispiel verifiziere man die CAUCHY–RIEMANNSCHEN Differentialgleichungen für die Funktion $f(z) = z^3$.

Aufgabe 3.6

(a) Es seien $\varnothing \neq \Omega \subset \mathbb{R}^n$ offen und $f : \Omega \to \mathbb{R}$ differenzierbar in Ω. Mit einem $M \geq 0$ gelte

$$|f(x) - f(y)| \leq M \|x - y\|, \quad \text{für alle } x, y \in \Omega.$$

Man zeige, dass dann $\|Df|_x\|_{\mathrm{op}} \leq M$, für alle $x \in \Omega$.

(b) Seien V, W BANACH-Räume und $K \subset V$ sei eine offene und konvexe[1] Menge. Man zeige: Ist $f : K \to W$ eine differenzierbare Abbildung mit $\|Df|_x\|_{\mathrm{op}} \leq M$, für alle $x \in K$, so gilt für alle $x, y \in K$ ebenfalls

$$\|f(x) - f(y)\|_W \leq M \|x - y\|_V.$$

Abbildungen zwischen Banach-Räumen

Aufgabe 3.7

(a) Es sei $B_0 = C([a, b])$ der BANACH-Raum der auf dem Intervall $[a, b] \subset \mathbb{R}$ stetigen Funktionen mit der Supremumsnorm $\|f\|_{[a,b]} := \max_{x \in [a,b]} |f(x)|$. Zu einem fest gewählten $x_0 \in [a, b]$ sei $L : B_0 \to \mathbb{R}$ die lineare Abbildung $L(f) := f(x_0)$. Man untersuche L auf Differenzierbarkeit.

---

[1] K heißt konvex, wenn für alle $x, y \in K$ auch die Strecke $S_{x,y} := \{(1 - s)x + sy : s \in [0, 1]\}$ zu K gehört.

(b) Es sei $B_1 = C^1([a,b])$ der BANACH-Raum der auf $[a,b] \subset \mathbb{R}$ stetig differenzierbaren Funktionen mit der C^1-Norm $\|f\|_{C^1[a,b]}$. Zu einem fest gewählten $x_0 \in [a,b]$ sei $T : B_0 \to \mathbb{R}$ die lineare Abbildung $T(f) := f'(x_0)$. Man untersuche T auf Differenzierbarkeit.

Aufgabe 3.8

V, W seien BANACH-räume. Eine Abbildung $f : V \to W$ heißt *positiv homogen vom Grade* $k \in \mathbb{N}$, falls $f(tv) = t^k f(v)$, für alle $t > 0$ und alle $v \in V$. Man zeige:

(a) Ist f positiv homogen vom Grade $k \in \mathbb{N}$ und differenzierbar für alle $v \in V \setminus \{0\}$, so gilt $Df|_v(v) = kf(v)$, für alle $v \in V$.

(b) Es sei $k \in \mathbb{N}$ und $f : V \to W$ sei differenzierbar für alle $v \in V \setminus \{0\}$ mit $Df|_v(v) = kf(v)$. Ferner sei $f(0) = 0$. Dann ist f positiv homogen vom Grade k.

Höhere Ableitungen

Aufgabe 3.9

(a) Es sei $f : \mathbb{R}^3 \times \mathbb{R}^3 \to \mathbb{R}^3$, $f(x,y) := x \times y$ das *Kreuzprodukt*, das heißt die Abbildung

$$x \times y = \begin{pmatrix} x_1 \\ x_2 \\ x_3 \end{pmatrix} \times \begin{pmatrix} y_1 \\ y_2 \\ y_3 \end{pmatrix} := \begin{pmatrix} x_2 y_3 - x_3 y_2 \\ x_3 y_1 - x_1 y_3 \\ x_1 y_2 - x_2 y_1 \end{pmatrix}.$$

Zu $p, q \in \mathbb{R}^3$ ermittle man das Differential $Df|_{(p,q)} : V \to \mathbb{R}^3$ und die zweite Ableitung $D^2 f|_{(p,q)} : V \times V \to \mathbb{R}^3$, wobei $V := \mathbb{R}^3 \times \mathbb{R}^3$.

(b) Auf $\mathbb{R}^n$ betrachte man das Standardskalarprodukt

$$g : \mathbb{R}^n \times \mathbb{R}^n \to \mathbb{R}, \quad g(x,y) := \langle x, y \rangle.$$

Zu $p, q \in \mathbb{R}^n$ ermittle man das Differential $Dg|_{(p,q)} : V \to \mathbb{R}$ und die zweite Ableitung $D^2 g|_{(p,q)} : V \times V \to \mathbb{R}$, wobei $V := \mathbb{R}^n \times \mathbb{R}^n$.

Aufgabe 3.10 (Laplace-Operator)

(a) $f : \mathbb{R}^2 \to \mathbb{R}$ sei eine zweimal stetig differenzierbare Funktion. Durch Komposition mit der Polarkoordinatenabbildung

$$\phi : (0, \infty) \times \mathbb{R} \to \mathbb{R}^2, \quad \phi(r, \alpha) := (r \cos \alpha, r \sin \alpha)$$

bilde man $F := f \circ \phi$, also $F(r, \alpha) = f(r \cos \alpha, r \sin \alpha)$. Man zeige: Für jedes $(x,y) = (r \cos \alpha, r \sin \alpha)$, $r > 0$, gilt für den LAPLACE-Operator

$$
\begin{aligned}
\Delta f(x,y) &= \frac{\partial^2 f}{\partial x^2}(x,y) + \frac{\partial^2 f}{\partial y^2}(x,y) \\
&= \frac{\partial^2 F}{\partial r^2}(r, \alpha) + \frac{1}{r^2} \cdot \frac{\partial^2 F}{\partial \alpha^2}(r, \alpha) + \frac{1}{r} \cdot \frac{\partial F}{\partial r}(r, \alpha).
\end{aligned}
$$

(b) Man zeige mit den CAUCHY–RIEMANNSCHEN Differentialgleichungen (vergleiche mit Aufgabe 3.5), dass Real- und Imaginärteile komplex differenzierbarer Funktionen harmonisch sind.

3. Differenzierbare Abbildungen

Lösungen ausgewählter Aufgaben

(a) Sei $\phi : [0,1] \to [a,b]$ zweimal stetig differenzierbar mit $\phi'(s) > 0$ für alle $s \in [0,1]$. Dann ist $\tilde{c} := c \circ \phi : [0,1] \to \mathbb{R}^2$ ebenfalls zweimal stetig differenzierbar.

Setze $\tilde{c}(s) = (\tilde{x}(s), \tilde{y}(s)) := (x(\phi(s)), y(\phi(s)))$. Dann gilt:

$$\tilde{x}'(s) = \dot{x}(\phi(s)) \cdot \phi'(s), \quad \tilde{y}'(s) = \dot{y}(\phi(s)) \cdot \phi'(s),$$
$$\tilde{x}''(s) = \ddot{x}(\phi(s)) \cdot (\phi'(s))^2 + \dot{x}(\phi(s)) \cdot \phi''(s),$$
$$\tilde{y}''(s) = \ddot{y}(\phi(s)) \cdot (\phi'(s))^2 + \dot{y}(\phi(s)) \cdot \phi''(s).$$

Eingesetzt in die Krümmungsformel:

$$
\begin{aligned}
\tilde{k}(s) &= \frac{\tilde{x}'(s)\tilde{y}''(s) - \tilde{x}''(s)\tilde{y}'(s)}{(\tilde{x}'(s)^2 + \tilde{y}'(s)^2)^{3/2}} \\
&= \frac{\phi'(s)^3 \left[\dot{x}(\phi(s))\ddot{y}(\phi(s)) - \ddot{x}(\phi(s))\dot{y}(\phi(s))\right]}{(\phi'(s)^2 \left[\dot{x}(\phi(s))^2 + \dot{y}(\phi(s))^2\right])^{3/2}} \\
&= \frac{\dot{x}(\phi(s))\ddot{y}(\phi(s)) - \ddot{x}(\phi(s))\dot{y}(\phi(s))}{(\dot{x}(\phi(s))^2 + \dot{y}(\phi(s))^2)^{3/2}} \\
&= k(\phi(s)).
\end{aligned}
$$

Damit gilt:

$$\tilde{k}(s) = k(\phi(s)) \quad \text{für alle } s \in [0,1].$$

(b) (i) *Kreis mit Radius r.*

Sei $c(t) = r(\cos t, \sin t)$. Wir berechnen

$$
\begin{array}{ll}
x(t) = r \cos t, & y(t) = r \sin t, \\
\dot{x}(t) = -r \sin t, & \dot{y}(t) = r \cos t, \\
\ddot{x}(t) = -r \cos t, & \ddot{y}(t) = -r \sin t.
\end{array}
$$

Einsetzen in die Krümmungsformel ergibt

$$
\begin{aligned}
k(t) &= \frac{(-r \sin t)(-r \sin t) - (-r \cos t)(r \cos t)}{((-r \sin t)^2 + (r \cos t)^2)^{3/2}} \\
&= \frac{r^2 \sin^2 t + r^2 \cos^2 t}{\left(r^2(\sin^2 t + \cos^2 t)\right)^{3/2}} \\
&= \frac{r^2}{(r^2)^{3/2}} = \frac{1}{r}.
\end{aligned}
$$

Die Krümmung eines Kreises mit Radius r ist konstant:

$$k(t) = \frac{1}{r}.$$

(ii) *Figur einer Acht.*

Sei $c(t) = (\sin t, \sin t \cos t)$. Damit erhalten wir

$$x(t) = \sin t, \qquad\qquad y(t) = \sin t \cos t,$$
$$\dot{x}(t) = \cos t, \qquad\qquad \dot{y}(t) = \cos^2 t - \sin^2 t,$$
$$\ddot{x}(t) = -\sin t, \qquad\qquad \ddot{y}(t) = -4 \sin t \cos t.$$

Für die Krümmung ergibt sich

$$\begin{aligned}
k(t) &= \frac{\cos t \cdot (-4\sin t \cos t) - (-\sin t)(\cos^2 t - \sin^2 t)}{\left(\cos^2 t + (\cos^2 t - \sin^2 t)^2\right)^{3/2}} \\
&= \frac{-4\sin t \cos^2 t + \sin t(\cos^2 t - \sin^2 t)}{\left(\cos^2 t + (\cos^2 t - \sin^2 t)^2\right)^{3/2}} \\
&= \frac{\sin t(-4\cos^2 t + \cos^2 t - \sin^2 t)}{\left(\cos^2 t + (\cos^2 t - \sin^2 t)^2\right)^{3/2}} \\
&= \frac{\sin t(-3\cos^2 t - \sin^2 t)}{\left(\cos^2 t + (\cos^2 t - \sin^2 t)^2\right)^{3/2}}.
\end{aligned}$$

Die Krümmung besitzt wechselndes Vorzeichen (typisch für Schleifenform).

(iii) *Graph einer Funktion:* $c(t) = (t, u(t))$, $u \in C^2([a,b])$.

$$x(t) = t, \qquad\qquad y(t) = u(t),$$
$$\dot{x}(t) = 1, \qquad\qquad \dot{y}(t) = \dot{u}(t),$$
$$\ddot{x}(t) = 0, \qquad\qquad \ddot{y}(t) = \ddot{u}(t).$$

Krümmung:

$$k(t) = \frac{1 \cdot \ddot{u}(t) - 0 \cdot \dot{u}(t)}{(1^2 + \dot{u}(t)^2)^{3/2}} = \frac{\ddot{u}(t)}{(1 + \dot{u}(t)^2)^{3/2}}$$

Das ist die bekannte Formel für die Krümmung des Graphen einer Funktion.

$$k(t) = \frac{\ddot{u}(t)}{(1 + \dot{u}(t)^2)^{3/2}}.$$

Lösung zu Aufgabe 3.4:

(a) **Ableitung von $f \circ g$ auf zwei Arten.**

Gegeben:

$$f(x,y) := e^{x^2 y}, \quad g(t) := (\cos t, \cos t \sin t)$$

3. Differenzierbare Abbildungen

Direkt:

$$f(g(t)) = f(\cos t, \cos t \sin t) = e^{\cos^2 t \cdot \cos t \sin t} = e^{\cos^3 t \cdot \sin t}$$

$$\Rightarrow D(f \circ g)|_t = \frac{d}{dt}(f \circ g)(t) = \frac{d}{dt}\left(e^{\cos^3 t \cdot \sin t}\right)$$

$$= e^{\cos^3 t \cdot \sin t} \cdot \frac{d}{dt}\left(\cos^3 t \cdot \sin t\right)$$

$$= e^{\cos^3 t \cdot \sin t} \cdot \left(3\cos^2 t(-\sin t) \cdot \sin t + \cos^3 t \cdot \cos t\right)$$

$$= e^{\cos^3 t \cdot \sin t} \cdot \left(-3\cos^2 t \sin^2 t + \cos^4 t\right)$$

Mit Kettenregel:

$$Df|_{(x,y)} = \left(\frac{\partial f}{\partial x}, \frac{\partial f}{\partial y}\right) = \left(2xye^{x^2 y}, x^2 e^{x^2 y}\right)$$

$$Dg|_t = \begin{pmatrix} -\sin t \\ -\sin^2 t + \cos^2 t \end{pmatrix}$$

$$D(f \circ g)|_t = Df|_{g(t)} \circ Dg|_t$$

Einsetzen von $x = \cos t$, $y = \cos t \sin t$ ergibt

$$Df|_{g(t)} = \left(2\cos^2 t \sin t \cdot e^{\cos^3 t \sin t}, \cos^2 t \cdot e^{\cos^3 t \sin t}\right),$$

also

$$D(f \circ g)|_t = \left(2\cos^2 t \sin t \cdot e^{\cos^3 t \sin t}, \cos^2 t \cdot e^{\cos^3 t \sin t}\right) \begin{pmatrix} -\sin t \\ -\sin^2 t + \cos^2 t \end{pmatrix}$$

$$= e^{\cos^3 t \sin t}(-3\cos^2 t \sin^2 t + \cos^4 t).$$

Der Ausdruck stimmt mit dem bei direkter Ableitung überein. ✓

(b) **Jacobi-Matrix von $f \circ g$.**

Gegeben:

$$f(x,y) = (x^2 - y^2, 2xy), \quad g(x,y) = \left(\frac{x}{x^2 + y^2}, \frac{-y}{x^2 + y^2}\right)$$

Setze $h = f \circ g$.

Die JACOBI-Matrix von f ist gegeben durch

$$Df|_{(x,y)} = \begin{pmatrix} 2x & -2y \\ 2y & 2x \end{pmatrix}.$$

Die JACOBI-Matrix von g ist

$$Dg|_{(x,y)} = \frac{1}{(x^2 + y^2)^2} \cdot \begin{pmatrix} y^2 - x^2 & -2xy \\ 2xy & x^2 - y^2 \end{pmatrix}$$

Durch Multiplikation dieser beiden JACOBI-Matrizen erhalten wir wegen der Kettenregel $Dh|_{(x,y)} = Df|_{g(x,y)} \circ Df|_{(x,y)}$ die JACOBI-Matrix

$$Dh|_{(x,y)} = \frac{2}{(x^2 + y^2)^3} \cdot \begin{pmatrix} x & y \\ -y & x \end{pmatrix} \cdot \begin{pmatrix} y^2 - x^2 & -2xy \\ 2xy & x^2 - y^2 \end{pmatrix},$$

was der Leser ausmultiplizieren möge.

(c) **Gradient der quadratischen Form** $Q(x) = \langle x, Ax \rangle$.

Sei $A \in \mathbb{R}^{n \times n}$, $x \in \mathbb{R}^n$. Dann schreibt sich Q in der Form:

$$Q(x) = x^T A x$$

Im allgemeinen Fall ist daher

$$\nabla Q(x) = A^T x + Ax.$$

Ist A insbesondere symmetrisch, also $A = A^T$, so gilt

$$\nabla Q(x) = 2Ax$$

Lösung zu Aufgabe 3.6:

(a) Es seien $\varnothing \neq \Omega \subset \mathbb{R}^n$ offen und $f : \Omega \to \mathbb{R}$ differenzierbar in Ω. Mit einem $M \geq 0$ gelte:

$$|f(x) - f(y)| \leq M \cdot \|x - y\|, \quad \text{für alle } x, y \in \Omega.$$

Wir zeigen, dass dann aus der LIPSCHITZ-Stetigkeit von f die Abschätzung $\|Df|_x\|_{\mathrm{op}} \leq M$, für alle $x \in \Omega$ folgt.

Sei $h \in \mathbb{R}^n$, dann ist

$$\lim_{t \to 0} \frac{f(x + th) - f(x)}{t} = Df|_x(h)$$

und weil nach Voraussetzung

$$\left| \frac{f(x + th) - f(x)}{t} \right| \leq M \cdot \|h\|,$$

folgt durch Grenzwertbildung $t \to 0$ daraus

$$|Df|_x(h)| \leq M \cdot \|h\| \Rightarrow \|Df|_x\|_{\mathrm{op}} \leq M.$$

(b) Seien V, W BANACH-Räume und $K \subset V$ sei eine offene und konvexe Menge. Wir zeigen: Ist $f : K \to W$ eine differenzierbare Abbildung mit $\|Df|_x\|_{\mathrm{op}} \leq M$, für alle $x \in K$, so gilt für alle $x, y \in K$ ebenfalls:

$$\|f(x) - f(y)\|_W \leq M \cdot \|x - y\|_V.$$

Betrachte die Strecke $\gamma(s) := y + s(x - y)$ für $s \in [0, 1]$. Dann ist wegen der Konvexität von K die Strecke γ Teilmenge von K. Außerdem ist

$$f(x) - f(y) = f(\gamma(1)) - f(\gamma(0)) = \int_0^1 \frac{d}{ds} f(\gamma(s)) \, ds$$

$$= \int_0^1 Df|_{\gamma(s)}(x - y) \, ds$$

Daraus folgt

$$\|f(x) - f(y)\|_W \leq \int_0^1 \|Df|_{\gamma(s)}(x - y)\|_W \, ds$$

$$\leq \int_0^1 \|Df|_{\gamma(s)}\|_{\mathrm{op}} \cdot \|x - y\|_V \, ds$$

$$\leq \int_0^1 M \cdot \|x - y\|_V \, ds = M \cdot \|x - y\|_V.$$

Lösung zu Aufgabe 3.8:

(a) Ist f positiv homogen vom Grade $k \in \mathbb{N}$ und differenzierbar für alle $v \in V \setminus \{0\}$, so gilt:
$$Df|_v(v) = kf(v), \quad \text{für alle } v \in V \setminus \{0\}.$$

BEWEIS: Sei $v \in V \setminus \{0\}$ und betrachte die Funktion $\varphi(t) := f(tv)$ für $t > 0$. Da f positiv homogen ist, gilt:
$$\varphi(t) = f(tv) = t^k f(v).$$

Wir differenzieren $\varphi(t)$ nach t und erhalten
$$\frac{d}{dt}\varphi(t) = \frac{d}{dt}(t^k f(v)) = kt^{k-1} f(v).$$

Andererseits folgt aus der Kettenregel
$$\frac{d}{dt}\varphi(t) = Df|_{tv}(v).$$

Also gilt
$$Df|_{tv}(v) = kt^{k-1} f(v).$$

Setzt man $t = 1$, so folgt die Behauptung
$$Df|_v(v) = kf(v).$$

✱

(b) Es sei $k \in \mathbb{N}$ und $f : V \to W$ sei differenzierbar für alle $v \in V \setminus \{0\}$ mit
$$Df|_v(v) = kf(v).$$

Ferner sei $f(0) = 0$. Dann ist f positiv homogen vom Grade k.

BEWEIS: Sei $v \in V \setminus \{0\}$ und definiere $\varphi(t) := f(tv)$ für $t > 0$. Aus der Kettenregel folgt
$$\frac{d}{dt}\varphi(t) = Df|_{tv}(v).$$

Nach Voraussetzung ist
$$Df|_{tv}(v) = \frac{1}{t}Df|_{tv}(tv) = \frac{k}{t}f(tv) = \frac{k}{t}\varphi(t).$$

Also gilt:
$$\frac{d}{dt}\varphi(t) = \frac{k}{t}\varphi(t).$$

Die Lösung dieser gewöhnlichen Differentialgleichung ist $\varphi(t) = Ct^k$ für eine Konstante $C \in W$. Da $\varphi(1) = f(v)$, folgt $C = f(v)$. Das ergibt
$$f(tv) = \varphi(t) = t^k f(v),$$

also ist f positiv homogen vom Grad k.

✱

Lösung zu Aufgabe 3.10:

(a) Wir schreiben in Kurzform F_r, F_α, f_x, f_y für die partiellen Ableitungen. Die Kettenregel impiziert

$$F_r = f_x x_r + f_y y_r, \qquad F_\alpha = f_x x_\alpha + f_y y_\alpha$$

und

$$F_{rr} = f_{xx} x_r^2 + f_{yy} y_r^2 + 2 f_{xy} x_r y_r + f_x x_{rr} + f_y y_{rr},$$
$$F_{\alpha\alpha} = f_{xx} x_\alpha^2 + f_{yy} y_\alpha^2 + 2 f_{xy} x_\alpha y_\alpha + f_x x_{\alpha\alpha} + f_y y_{\alpha\alpha}.$$

Das impliziert

$$F_{rr} + \frac{1}{r^2} F_{\alpha\alpha} + \frac{1}{r} F_r = f_{xx}\left(x_r^2 + \frac{x_\alpha^2}{r^2}\right) + f_{yy}\left(y_r^2 + \frac{y_\alpha^2}{r^2}\right) + 2 f_{xy}\left(x_r y_r + \frac{x_\alpha y_\alpha}{r^2}\right)$$
$$+ f_x\left(x_{rr} + \frac{x_{\alpha\alpha}}{r^2} + \frac{x_r}{r}\right) + f_y\left(y_{rr} + \frac{y_{\alpha\alpha}}{r^2} + \frac{y_r}{r}\right).$$

Nun ist

$$x_r = \cos\alpha, \qquad x_{rr} = 0, \qquad x_\alpha = -r\sin\alpha, \qquad x_{\alpha\alpha} = -r\cos\alpha$$
$$y_r = \sin\alpha, \qquad y_{rr} = 0, \qquad y_\alpha = r\cos\alpha, \qquad y_{\alpha\alpha} = -r\sin\alpha.$$

Dies ergibt

$$x_r^2 + \frac{x_\alpha^2}{r^2} = y_r^2 + \frac{y_\alpha^2}{r^2} = 1, \quad x_r y_r + \frac{x_\alpha y_\alpha}{r^2} = x_{rr} + \frac{x_{\alpha\alpha}}{r^2} + \frac{x_r}{r} = y_{rr} + \frac{y_{\alpha\alpha}}{r^2} + \frac{y_r}{r} = 0,$$

sodass

$$F_{rr} + \frac{1}{r^2} F_{\alpha\alpha} + \frac{1}{r} F_r = f_{xx} + f_{yy} = \Delta f.$$

Das war zu zeigen.

(b) Sei $f = u + iv$ holomorph. Es gelten die CAUCHY–RIEMANNSCHEN Differentialgleichungen:

$$u_x = v_y, \qquad u_y = -v_x.$$

Damit wird

$$\Delta u = u_{xx} + u_{yy} = v_{yx} - v_{xy} = 0 \quad \text{und} \quad \Delta v = v_{xx} + v_{yy} = -u_{yx} + u_{xy} = 0.$$

Also sind u und v harmonisch.

3. Differenzierbare Abbildungen

4. Implizite Funktionen

Ist eine Funktion x gegeben, die von einer Variablen y abhängt, so möchte man in manchen Fällen eine explizite Lösung y_0 zu einem vorgegebenen Funktionswert x_0 berechnen. Es wäre daher wünschenswert, die Funktion y explizit in Abhängigkeit von x anzugeben. Ein einfaches Beispiel dafür ist die Funktion

$$x(y) = \frac{1 - e^y}{1 + e^y}.$$

Hier lässt sich y explizit als Funktion von x darstellen, nämlich

$$y(x) = \ln \frac{1 - x}{1 + x}, \quad \text{für } -1 < x < 1.$$

Allerdings muss selbst dann, wenn es gelingt, eine Gleichung der Form $x = h(y)$ explizit nach y aufzulösen, die Lösung weder eindeutig sein noch für alle Werte von x existieren. Die Anzahl der Lösungen kann zudem vom betrachteten Wertebereich abhängen. Beispielsweise besitzt die Gleichung

$$x(y) = y^2 + 2y - 1$$

für $x \geq -2$ zwei Lösungen:

$$y(x) = -1 + \sqrt{x + 2}, \quad y(x) = -1 - \sqrt{x + 2}.$$

Es existieren jedoch auch Gleichungen, die sich nicht oder nur schwer explizit nach y auflösen lassen. Ein Beispiel dafür ist die Gleichung

$$x(y) = y \cos(e^y).$$

In solchen Fällen stellt sich die Frage, ob zumindest eine *implizite* Darstellung der Lösung möglich ist. Dabei interessiert uns nicht die explizite Form von y als Funktion von x, sondern lediglich die Existenz einer solchen Funktion $y(x)$, die eine gegebene Gleichung erfüllt.

Zur Verdeutlichung betrachten wir eine Gleichung der Form

$$x = h(y). \tag{$*$}$$

Definiert man nun die Hilfsfunktion

$$f(x, y) := x - h(y),$$

so entspricht jede Lösung (x_0, y_0) der Gleichung $(*)$ einer Lösung der Gleichung $f(x_0, y_0) = 0$. Allgemeiner stellt sich daher folgende Frage:

Gegeben sei eine Funktion $f : \mathbb{R}^2 \to \mathbb{R}$ sowie ein Punkt $(x_0, y_0) \in \mathbb{R}^2$ mit $f(x_0, y_0) = 0$. Existiert eine Funktion $g : x \mapsto y = g(x)$, die zumindest in einer Umgebung von x_0 definiert ist und für alle x in dieser Umgebung die Gleichung

$$f(x, g(x)) = 0$$

erfüllt? Ferner interessiert uns, unter welchen Bedingungen diese Funktion g eindeutig, stetig oder sogar differenzierbar ist.

Das Problem lässt sich auch geometrisch interpretieren. Dazu führen wir zunächst die *Niveaumengen* einer Funktion ein.

4.1. Niveaumengen

4.1.1 Definition
$f : N \to M$ sei eine Abbildung zwischen beliebigen Mengen. Für $y \in M$ setzen wir

$$N_f(y) := \{x \in N : f(x) = y\}.$$

und nennen dies die *Niveaumenge* von f bezüglich y. Die Niveaumenge $N_f(y) \subset N$ ist somit die Urbildmenge des Wertes y, also $N_f(y) = f^{-1}(y)$.

4.1.2 Beispiel
(a) In jedem Punkt (x, y) der Ebene $N = \mathbb{R}^2$ sei eine Temperatur $f(x, y)$ gegeben. Die Niveaumenge $N_f(t)$ ist also die Menge der Punkte in $\mathbb{R}^2$, welche dieselbe Temperatur t besitzen. Aus diesem Grund wird die Menge $N_f(t)$ auch eine *Isotherme* genannt.

(b) Die Niveaumengen $N_f(w)$ der Funktion

$$f : \mathbb{R}^2 \to \mathbb{R}, \quad f(x, y) = xy$$

bestehen jeweils aus zwei Ästen einer Hyperbel, außer für $w = 0$, denn dort ist die Niveaumenge durch die Vereinigung von x- und y-Achse gegeben (siehe Abbildung 4.1).

Eine Abbildung f wird durch ihre Niveaumengen bereits eindeutig festgelegt. Wir möchten die Niveaumengen $N_f(w)$ einer differenzierbaren Abbildung f geometrisch besser verstehen. Hierzu definieren wir zunächst den Begriff des *Tangentialvektors*.

4.1.3 Definition
Gegeben sei eine nicht leere Teilmenge $N \subset V$ eines BANACH-Raums V. Ein Vektor v heißt *Tangentialvektor* an $p \in N$, falls es ein $\epsilon > 0$ und eine differenzierbare Kurve $c : (-\epsilon, \epsilon) \to V$ gibt, sodass

$$c(0) = p, \quad c'(0) = v, \quad c(s) \in N \text{ für alle } s \in (-\epsilon, \epsilon).$$

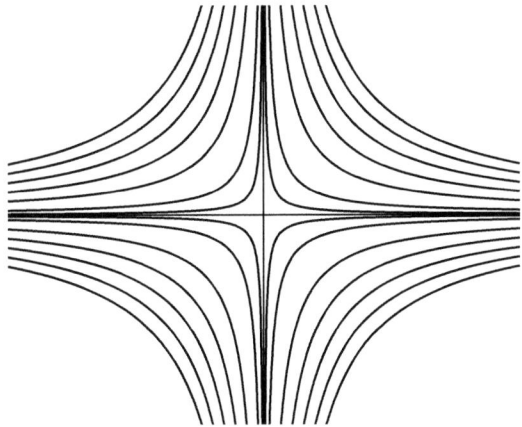

Abbildung 4.1.: Einige Niveaulinien der Funktion $f(x,y) = xy$.

Die Menge der Tangentialvektoren in $p \in N$ bezeichnen wir mit $T_p N$. Ist $v \in T_p N$, $v \neq 0$, so heißt die Gerade

$$g : \mathbb{R} \to V, \quad g(t) := p + tv$$

die *Tangente* an N durch p in Richtung v.

Für $p \in N$ ist $T_p N$ nie leer, da stets $0 \in T_p N$. Ob es noch weitere Vektoren in $T_p N$ gibt, hängt stark von der Struktur der Menge N ab. Wir geben ein paar Beispiele an.

4.1.4 Beispiel

(a) Es sei $\mathbb{S}^1 := \{(x,y) \in \mathbb{R}^2 : x^2 + y^2 = 1\}$ der Einheitskreis in $V = \mathbb{R}^2$. Ein Vektor $v \in \mathbb{R}^2$ ist genau dann tangential an $p = (x,y) \in \mathbb{S}^1$, wenn es ein $\lambda \in \mathbb{R}$ mit $v = \lambda(y e_1 - x e_2)$ gibt, wobei $\{e_1, e_2\}$ die Standardbasis des $\mathbb{R}^2$ bezeichnet. Insbesondere ist $T_p \mathbb{S}^1$ ein ein-dimensionaler reeller Vektorraum.

(b) Für eine Konstante $a > 0$ betrachten wir den *Doppelkegel*

$$N := \{(x,y,z) \in \mathbb{R}^3 : x^2 + y^2 - a z^2 = 0\}.$$

In einem Punkt $p = (x,y,z) \in N$ mit $p \neq (0,0,0)$ gilt

$$T_p N = \{v \in \mathbb{R}^3 : v = (\lambda x - \mu y)e_1 + (\lambda y + \mu x)e_2 + \lambda z e_3, \lambda, \mu \in \mathbb{R}\}.$$

Insbesondere ist $T_p N$ in diesen Punkten ein zwei-dimensionaler reeller Vektorraum. Im Ursprung $p = (0,0,0)$ gilt jedoch

$$T_{(0,0,0)} N = \{v \in \mathbb{R}^3 : v = x e_1 + y e_2 + z e_3, (x,y,z) \in N\}.$$

In diesem Fall ist $T_p N = N$, also der Doppelkegel selbst.

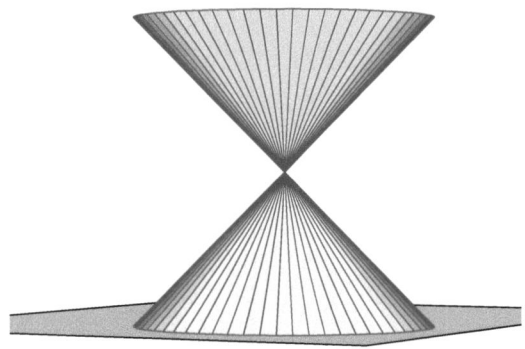

Abbildung 4.2.: Ein Doppelkegel.

Wir haben bisher aus gutem Grund vermieden, die Menge $T_p N$ den *Tangentialraum* zu nennen, da $T_p N$ nicht in jedem Fall die Struktur eines Vektorraums besitzen muss. Man erkennt jedoch leicht, dass mit $v \in T_p M$ auch stets $\lambda v \in T_p M$ gilt, für jedes $\lambda \in \mathbb{R}$. Damit ist $T_p M$ entweder gleich $\{0\}$ oder besteht aus der Vereinigung eindimensionaler Unterräume der Form $\{\lambda v : \lambda \in \mathbb{R}, v \in T_p M\}$. Folglich besitzt $T_p M$ die Gestalt eines allgemeinen Kegels.

Ein *allgemeiner Kegel* ist definiert als die Vereinigung der durch Einheitsvektoren erzeugten Geraden, also eine Teilmenge der Einheitssphäre, die durch Skalierung dieser Einheitsvektoren in alle Richtungen entsteht. Dieser Kegel besteht somit aus allen Vektoren, die durch λv mit $\lambda \in \mathbb{R}$ und v einem Vektor auf der Einheitssphäre erzeugt werden.

Aus diesem Grund bezeichnet man bei allgemeinen Mengen M die Menge $T_p M$ für gewöhnlich als den *Tangentialkegel* von M in p.

Wann dieser Kegel die Struktur eines Vektorraums annimmt und somit die Bezeichnung *Tangentialraum* verdient, werden wir weiter unten erörtern. Für Niveaumengen gilt jedoch stets die folgende Aussage.

4.1.5 Satz
V, W seien BANACH-*Räume, $\Omega \subset V$ sei offen und $f : \Omega \to W$ differenzierbar. Ist $N := N_f(w)$ eine Niveaumenge von f, so gilt*

$$T_p N \subset \mathrm{Kern}(Df|_p), \text{ für alle } p \in N.$$

Beweis: Ist für ein $\epsilon > 0$ eine differenzierbare Kurve

$$c : (-\epsilon, \epsilon) \to N_f(w)$$

gegeben, so gilt

$$(f \circ c)(s) = w, \text{ für alle } s \in (-\epsilon, \epsilon).$$

Außerdem ist die Abbildung $f \circ c$ als Verkettung differenzierbarer Abbildungen selbst wieder differenzierbar (sie ist ja sogar konstant) und die Kettenregel liefert:

$$D(f \circ c)|_s = Df|_{c(s)} \circ Dc|_s = Df|_{c(s)}(c'(s)) = 0, \text{ für alle } s \in (-\epsilon, \epsilon).$$

Insbesondere $c'(0) \in \mathrm{Kern}(Df|_p)$. Das war behauptet. $\qquad\square$

Jetzt möchten wir noch auf die geometrische Deutung der Niveaumengen eingehen.

4.1.6 Satz

Sei $f : \Omega \to \mathbb{R}$ eine differenzierbare Funktion auf einer offenen Teilmenge $\Omega \subset H$ eines HILBERT-Raums $(H, \langle \cdot, \cdot \rangle)$, $p \in \Omega$ sei beliebig und $N := N_f(f(p))$ sei die Niveaumenge zum Funktionswert an der Stelle p. Dann steht der Gradient von f in $p \in \Omega$ senkrecht auf der Niveaumenge N, das heißt es gilt

$$\langle v, \nabla f|_p \rangle = 0, \quad \text{für alle } v \in T_p N.$$

Beweis: Dies folgt unmittelbar aus Satz 4.1.5, wenn man die Darstellung des Differentials durch $Df|_p = \langle \nabla f|_p, \cdot \rangle$ berücksichtigt.

$\qquad\square$

In Abbildung 4.3 sind Niveaulinien der Funktion $u(x, y) = x^3 - 3xy^2$ (schwarz) und die hierzu senkrecht stehenden *Gradientenflusslinien* (grau) eingezeichnet. Dabei versteht man unter einer Gradientenflusslinie eine Kurve, welche stets tangential an den Gradienten ist.

Abbildung 4.3.: Die Gradientenflusslinien (grau) einer Funktion stehen senkrecht auf den Niveaulinien (schwarz). In dieser Zeichnung ist die Funktion durch $u(x, y) = x^3 - 3xy^2$ gegeben.

4.2. Der Satz über implizite Funktionen

Die eingangs erwähnte Frage kann man auch so interpretieren, dass wir die Niveaumenge $N_f(0)$ der Funktion $f(x,y) = x - h(y)$ lokal als Graph über der x-Achse darstellen möchten.

Wie man an einfachen Beispielen leicht sieht, kann dies in der Regel nicht für alle (x_0, y_0) in einer Niveaumenge $N_f(w)$ funktionieren. Wann jedoch ist die implizite Darstellung von $(x,y) \in N_f(w)$ durch $y = y(x)$ möglich? Die Antwort auf diese Frage liefert ein fundamentaler Satz, der als *Satz über implizite Funktionen* bekannt ist.

4.2.1 Satz (Satz über implizite Funktionen)
V_1, V_2, W seien BANACHRÄUME, $\Omega \subset V_1 \times V_2$ sei offen und die Abbildung $f : \Omega \to W$ sei in Ω stetig differenzierbar. Es gelte $f(x_0, y_0) = 0$ für ein $(x_0, y_0) \in \Omega$. Ferner sei die stetige lineare Abbildung $D_2 f|_{(x_0, y_0)} : V_2 \to W$ invertierbar und die Inverse ebenfalls stetig.

Dann existieren offene Umgebungen Ω_1 von x_0 und Ω_2 von y_0 mit $\Omega_1 \times \Omega_2 \subset \Omega$ und eine differenzierbare Abbildung $g : \Omega_1 \to \Omega_2$ mit

$$f(x, g(x)) = 0, \quad \text{für alle } x \in \Omega_1. \tag{4.2.1}$$

Ferner ist für alle $x \in \Omega_1$, jeweils $g(x)$ die einzige in Ω_2 enthaltene Lösung von (4.2.1). Für die Ableitung von g gilt die Gleichung

$$Dg|_x = -\left(D_2 f|_{(x, g(x))}\right)^{-1} \circ D_1 f|_{(x, g(x))}, \quad \text{für alle } x \in \Omega_1. \tag{4.2.2}$$

Beweis: Die grundlegende Idee des Beweises ist, den BANACHSCHEN Fixpunktsatz anzuwenden.

(i) Da $L := D_2 f|_{(x_0, y_0)} : V_2 \to W$ invertierbar ist, gilt

$$f(x,y) = 0 \quad \Leftrightarrow \quad L^{-1}(f(x,y)) = 0$$
$$\Leftrightarrow \quad y = y - L^{-1}(f(x,y)) =: G(x,y).$$

(ii) Da

$$L^{-1} \circ L = \mathrm{Id}_{V_2},$$

gilt zunächst

$$G(x, y_1) - G(x, y_2)$$
$$= y_1 - y_2 - L^{-1}\big(f(x, y_1) - f(x, y_2)\big)$$
$$= L^{-1}\Big(D_2 f|_{(x_0, y_0)}(y_1 - y_2) - \big(f(x, y_1) - f(x, y_2)\big)\Big).$$

Da f differenzierbar und L^{-1} stetig ist, existieren $\delta_1 > 0$, $\eta > 0$ mit

$$\|G(x, y_1) - G(x, y_2)\| \leq \frac{1}{2}\|y_1 - y_2\|, \tag{1}$$

für alle x, y_1, y_2 mit $\|x - x_0\| < \delta_1$ und $\|y_0 - y_1\|, \|y_0 - y_2\| < \eta$. Dazu existiert $\delta_2 > 0$ mit

$$\|G(x, y_0) - G(x_0, y_0)\| \leq \frac{\eta}{2}, \text{ für alle } x \text{ mit } \|x - x_0\| < \delta_2. \qquad (2)$$

Ist jetzt $\|y - y_0\| \leq \eta$, so folgt aus $G(x_0, y_0) = y_0$ die Abschätzung

$$\begin{aligned}
& \|G(x, y) - y_0\| \\
= \ & \|G(x, y) - G(x_0, y_0)\| \\
\leq \ & \|G(x, y) - G(x, y_0)\| + \|G(x, y_0) - G(x_0, y_0)\| \\
\leq \ & \frac{1}{2} \|y - y_0\| + \frac{\eta}{2} \leq \eta,
\end{aligned}$$

für alle x mit $\|x - x_0\| \leq \delta := \min\{\delta_1, \delta_2\}$. Hieraus ergibt sich

(∗) Für jedes feste x mit $\|x - x_0\| \leq \delta$ bildet $G(x, \cdot)$ die abgeschlossene Kugel $B(y_0, \eta)$ auf sich ab.

(iii) Wir wenden den BANACHSCHEN Fixpunktsatz in der Form von Satz 2.2.3 auf $T_x := G(x, \cdot)$, $\Omega = U(x_0, \delta)$, $A = B(y_0, \eta)$ an, denn hier gilt für alle $x \in U(x_0, \delta)$ und alle $y_1, y_2 \in B(y_0, \eta)$ mit $\lambda := \frac{1}{2}$ die Ungleichung

$$\|T_x(y_1) - T_x(y_2)\| \leq \lambda \|y_1 - y_2\|.$$

Daher existiert nach Satz 2.2.3 eine eindeutig bestimmte stetige Funktion $y : U(x_0, \delta) \to B(y_0, \eta)$ mit

$$T_x(y(x)) = G(x, y(x)) = y(x).$$

(iv) Es seien $\Omega_1 := U(x_0, \delta)$, $\Omega_2 := U(y_0, \eta)$. Wir nehmen ohne Einschränkung an, dass δ, η schon so klein gewählt sind, dass $\Omega_1 \times \Omega_2 \subset \Omega$. Die Fixpunktfunktion y bezeichnen wir jetzt mit g. Wir müssen noch die Differenzierbarkeit von g und die Formel für das Differential nachweisen. Seien hierzu

$$(x_1, y_1) \in \Omega_1 \times \Omega_2, \quad y_1 := g(x_1).$$

Da $f(x_1, y_1) = f(x_1, g(x_1)) = 0$ und weil f in (x_1, y_1) differenzierbar ist, folgt aus der TAYLOR-Entwicklung im Punkt (x_1, y_1)

$$f(x, y) = D_1 f|_{(x_1, y_1)}(x - x_1) + D_2 f|_{(x_1, y_1)}(y - y_1) + \phi(x, y), \qquad (3)$$

für alle $(x, y) \in \Omega$ mit einer Funktion ϕ, für die

$$\lim_{(x,y) \to (x_1, y_1)} \frac{\phi(x, y)}{\|(x - x_1, y - y_1)\|} = 0$$

gilt. Da $L = D_2 f|_{(x_0, y_0)}$ invertierbar und L^{-1} ebenfalls stetig ist und weil f stetig differenzierbar ist, können wir ohne Einschränkung δ, η so klein wählen, dass auch $D_2f|_{(x_1,y_1)}$ invertierbar mit stetiger Inverser ist und zwar für alle $(x_1, y_1) \in \Omega_1 \times \Omega_2$. Da aber $f(x, g(x)) = 0$, für alle $x \in \Omega_1$, folgt aus (3)

$$g(x) = -\left(D_2f|_{(x_1,y_1)}\right)^{-1} \circ D_1f|_{(x_1,y_1)}(x - x_1) + y_1$$
$$- \left(D_2f|_{(x_1,y_1)}\right)^{-1}\left(\phi(x, g(x))\right) \tag{4}$$

Die Eigenschaften von ϕ implizieren die Existenz von positiven ρ_1, ρ_2 mit

$$\|\phi(x, y)\| \leq \frac{\|x - x_1\| + \|y - y_1\|}{2\|(D_2f|_{(x_1,y_1)})^{-1}\|_{\mathrm{op}}},$$

für alle $\|x - x_1\| \leq \rho_1, \|y - y_1\| \leq \rho_2$, also auch

$$\|\phi(x, g(x))\| \leq \frac{\|x - x_1\| + \|g(x) - g(x_1)\|}{2\|(D_2f|_{(x_1,y_1)})^{-1}\|_{\mathrm{op}}}, \tag{5}$$

für alle $\|x - x_1\| \leq \rho_1, \|y - y_1\| \leq \rho_2$. (4) und (5) ergeben zusammen

$$\|g(x) - g(x_1)\|$$
$$\leq \|(D_2f|_{(x_1,y_1)})^{-1} \circ D_1f|_{(x_1,y_1)}\|_{\mathrm{op}} \cdot \|x - x_1\|$$
$$+ \frac{1}{2}\|x - x_1\| + \frac{1}{2}\|g(x) - g(x_1)\|,$$

das heißt

$$\|g(x) - g(x_1)\| \leq c\|x - x_1\|, \tag{6}$$

mit

$$c := 2\|(D_2f|_{(x_1,y_1)})^{-1} \circ D_1f|_{(x_1,y_1)}\|_{\mathrm{op}} + 1.$$

Wir setzen

$$\psi(x) := -\left(D_2f|_{(x_1,y_1)}\right)^{-1}\left(\phi(x, g(x))\right).$$

Dann folgt aus (4)

$$g(x) - g(x_1) = -\left(D_2f|_{(x_1,y_1)}\right)^{-1} \circ D_1f|_{(x_1,y_1)}(x - x_1) + \psi(x),$$

da $\psi(x_1) = 0$. Außerdem gilt wegen

$$\|\psi(x)\| = \|(D_2f|_{(x_1,y_1)})^{-1} \circ D_1f|_{(x_1,y_1)}\|$$

und

$$\lim_{x \to x_1} \frac{\phi(x, g(x))}{\|x - x_1\|} = 0$$

auch

$$\lim_{x \to x_1} \frac{\psi(x)}{\|x - x_1\|} = 0.$$

Dies bedeutet aber gerade, dass g im Punkt x_1 differenzierbar ist und dass dort

$$Dg|_{x_1} = -\left(D_2f|_{(x_1,y_1)}\right)^{-1} \circ D_1f|_{(x_1,y_1)}$$

erfüllt ist.

Das war zu zeigen. □

4.2.2 Beispiel

(a) Wir betrachten die Funktion

$$f : \mathbb{R}^2 \to \mathbb{R}, \quad f(x,y) := y^2 - x^2(1-x^2).$$

Es gilt $V_1 = V_2 = W = \mathbb{R}$ und

$$D_1 f|_{(x,y)} = \frac{\partial f}{\partial x}(x,y) = -2x + 4x^3, \quad D_2 f|_{(x,y)} = \frac{\partial f}{\partial y}(x,y) = 2y.$$

Folglich ist $D_2 f|_{(x,y)}$ für alle $(x,y) \in \mathbb{R}^2$ mit $y \neq 0$ invertierbar und für $(x_0, y_0) \in \mathbb{R}^2$ mit $y_0 \neq 0$ und $f(x_0, y_0) = 0$ ist y lokal nach x auflösbar mit einer differenzierbaren Funktion $y(x)$, für die

$$
\begin{aligned}
Dy|_x = y'(x) &= -(D_2 f|_{(x,y(x))})^{-1} \circ D_1 f|_{(x,g(x))} \\
&= -(2y(x))^{-1} \circ (-2x + 4x^3) \\
&= \frac{x - 2x^3}{y(x)}.
\end{aligned}
$$

In der Tat folgt aus $f(x,y) = 0$ die Gleichung

$$y^2(x) = x^2(1-x^2),$$

man kann die Gleichung also sogar explizit lösen, und hieraus ergibt sich mit der Kettenregel

$$2y(x)y'(x) = 2x - 4x^3$$

und für $y(x) \neq 0$ dann

$$y'(x) = \frac{x - 2x^3}{y(x)}.$$

(b) Ein weiteres Beispiel sei durch

$$f(x,y) : \mathbb{R}^2 \to \mathbb{R}, \quad f(x,y) := (x^2 + y^2 - 1)^3 + 27x^2 y^2$$

gegeben. Hier ist

$$D_2 f|_{(x,y)} = \frac{\partial f}{\partial y}(x,y) = 6y\big((x^2 + y^2 - 1)^2 + 9x^2\big).$$

Dies verschwindet genau dann, wenn entweder $y = 0$, oder wenn $x = 0$ und $|y| = 1$. Die einzigen Punkte $(x_0, y_0) \in \mathbb{R}^2$, für die $f(x_0, y_0) = 0$ und $D_2 f|_{(x_0, y_0)} = 0$ gelten, sind demnach die Punkte der Menge

$$\{(-1, 0), (1, 0), (0, -1), (0, 1)\}.$$

In allen anderen Punkten $(x_0, y_0) \in f^{-1}\{0\}$ existiert eine eindeutige Lösung von $f(x, y(x)) = 0$. Wegen

$$D_1 f|_{(x,y)} = 6x\big((x^2 + y^2 - 1)^2 + 9y^2\big)$$

ist dann

$$y'(x) = -\frac{x\big((x^2 + y(x)^2 - 1)^2 + 9y(x)^2\big)}{y(x)\big((x^2 + y(x)^2 - 1)^2 + 9x^2\big)}.$$

4.3. Das lokale Diffeomorphie-Kriterium

4.3.1 Definition

Seien $\Omega \subset V$, $\Lambda \subset W$ jeweils offene Teilmengen in BANACH-Räumen V und W.

(a) Ein *Diffeomorphismus* zwischen Ω und Λ ist eine differenzierbare, bijektive Abbildung $f : \Omega \to \Lambda$, für die auch die Umkehrabbildung f^{-1} differenzierbar ist.

(b) Existiert zwischen zwei offenen Teilmengen $\Omega \subset V$, $\Lambda \subset W$ ein Diffeomorphismus, so heißen Ω, Λ *diffeomorph*.

(c) Ist $f : \Omega \to \Lambda$ differenzierbar und existiert zu jedem $x_0 \in \Omega$ eine offene Umgebung $U(x_0, \delta) \subset \Omega$, sodass $f|_{U(x_0,\delta)} : U(x_0, \delta) \to f(U(x_0, \delta))$ ein Diffeomorphismus ist, so nennt man f einen *lokalen Diffeomorphismus*.

4.3.2 Satz (Lokales Diffeomorphie-Kriterium)

Seien V und W BANACH-Räume und $\Omega \subset V$ eine offene Teilmenge. Angenommen, die Funktion $f : \Omega \to W$ ist stetig differenzierbar und das Differential $Df|_{x_0}$ ist für ein $x_0 \in \Omega$ invertierbar mit stetiger Inversen $(Df|_{x_0})^{-1}$. Dann existiert eine offene Umgebung $\Omega' \subset \Omega$ von x_0, die unter f diffeomorph auf eine offene Umgebung Λ von $y_0 := f(x_0)$ abgebildet wird. Für die Umkehrabbildung $f^{-1} : \Lambda \to \Omega'$ gilt für alle $y \in \Lambda$:

$$Df^{-1}|_y = \big(Df|_{f^{-1}(y)}\big)^{-1}.$$

Beweis: Dies kann aus dem Satz über implizite Funktionen gefolgert werden. Sei hierzu

$$F(y, x) := f(x) - y.$$

Dann ist

$$D_2 F|_{(y_0, x_0)} = Df|_{x_0}$$

invertierbar mit stetiger Inverser. Daher existiert nach dem Satz über implizite Funktionen eine offene Umgebung Λ von y_0 und eine differenzierbare Abbildung

$$g : \Lambda \to V$$

mit $g(\Lambda) \subset \Omega_2$ für eine offene Umgebung Ω_2 von x_0 mit

$$F(y, g(y)) = 0,$$

also

$$f(g(y)) = y, \quad \text{für alle } y \in \Lambda.$$

Außerdem ist $g(y_0) = x_0$. Wegen $f(g(y)) = y$ ist g auf Λ injektiv, also bildet g eine Bijektion von Λ auf $g(\Lambda)$. Außerdem ist

$$g(\Lambda) = f^{-1}(\Lambda)$$

offen, denn f ist stetig. Wir setzen $\Omega' := f^{-1}(\Lambda)$. f bildet Ω' bijektiv auf Λ ab. $g = f^{-1}$ ist nach dem Satz über implizite Funktionen differenzierbar. Wegen

$$f(f^{-1}(y)) = y$$

folgt aus der Kettenregel

$$Df|_{f^{-1}(y)} \circ Df^{-1}|_y = \text{Id},$$

also

$$Df^{-1}|_y = (Df|_{f^{-1}(y)})^{-1}.$$

Das war zu zeigen. $\qquad\square$

Das lokale Diffeomorphiekriterium in Satz 4.3.2 besagt, dass eine stetig differenzierbare Abbildung $f : \Omega \to \Lambda$ in einer kleinen Umgebung von x_0 ein lokaler Diffeomorphismus ist, falls $Df|_{x_0}$ invertierbar mit stetiger Inverser ist. Satz 4.3.2 ist auch unter der Bezeichnung *Existenz einer Umkehrabbildung* bekannt.

4.3.3 Beispiel
Es sei

$$f : \mathbb{R}^2 \to \mathbb{R}^2, \quad f(r, \phi) := (r \cos \phi, r \sin \phi).$$

f ist stetig differenzierbar mit JACOBI-Matrix

$$\text{Jac}_f(r, \phi) = \begin{pmatrix} \cos \phi & -r \sin \phi \\ \sin \phi & r \cos \phi \end{pmatrix}.$$

Wegen

$$\det(\text{Jac}_f(r, \phi)) = r(\cos^2 \phi + \sin^2 \phi) = r,$$

ist die JACOBI-Matrix von f genau dann invertierbar, wenn $r \neq 0$. Die Abbildung f ist folglich in einer kleinen Umgebung Ω von (r, ϕ) mit $r \neq 0$ jeweils ein lokaler Diffeomorphismus. f ist aber kein Diffeomorphismus, denn f ist nicht injektiv.

Schränkt man jedoch die Abbildung auf die Menge $(0, \infty) \times (-\pi, \pi)$ ein, so wird sie sogar zu einem Diffeomorphismus. Man nennt (r, ϕ) die *Polarkoordinaten* von $(x, y) := (r \cos \phi, r \sin \phi)$. Es gilt $r = \sqrt{x^2 + y^2}$, $\phi = \arccos(x/r)$.

Aufgaben

Niveaumengen

Aufgabe 4.1

$u, v : \Omega \to \mathbb{R}$ seien Real- und Imaginärteile einer in $\Omega \subset \mathbb{C}$ holomorphen Funktion $f = u + iv$ (vergleiche mit Aufgabe 3.5). Man zeige, dass die Niveaulinien von u und v orthogonal zueinander sind.

Aufgabe 4.2

Man betrachte die Funktion

$$f : \mathbb{R}^2 \to \mathbb{R}, \quad f(x, y) := (x^2 + y^2 + 1)^2 - 4x^2.$$

Man bestimme die Niveaumengen $N_f(c)$ für $c \in \mathbb{R}$ (vergleiche mit Abbildung 4.4) und zeige:

(i) $N_f(c) = \varnothing$, falls $c < 0$.

(ii) $N_f(0) = \{(-1, 0), (1, 0)\}$.

(iii) $N_f(c)$ besteht aus zwei disjunkten einfach geschlossenen Kurven, falls $0 < c < 1$.

(iv) $N_f(1)$ ist eine geschlossene Kurve mit einer Selbstüberschneidung im Ursprung.

(v) $N_f(c)$ ist eine einfach geschlossene Kurve, falls $c > 1$.

Man verifiziere in einem Punkt, dass der Gradient auf den Niveaulinien senkrecht steht. Diese Niveaulinien nennt man auch CASSINISCHE Kurven.

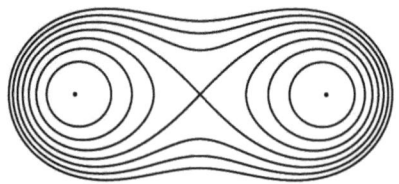

Abbildung 4.4.: Cassinische Kurven als Niveaulinien der Funktion $f(x, y) := (x^2 + y^2 + 1)^2 - 4x^2$

Implizite Funktionen

Aufgabe 4.3

Man betrachte die Nullstellenmenge der Funktion

$$f : \mathbb{R}^2 \to \mathbb{R}, \quad f(x, y) := x^2 y + 3y^3 x^4 - 4$$

und zeige, dass $f(x, y) = 0$ im Sinne des Satzes über implizite Funktionen in einer Umgebung des Punktes $(1, 1)$ nach y auflösbar ist. Zur so gewonnenen Funktion $y = g(x)$ ermittle man die Tangente der Niveaulinie $x \mapsto (x, g(x))$ im Punkt $(1, 1)$.

Aufgabe 4.4

(a) $f : \mathbb{R}^2 \to \mathbb{R}$ sei zweimal stetig differenzierbar. Die Gleichung $f(x, y) = 0$ sei in einer Umgebung des Punktes (x_0, y_0) im Sinne des Satzes über implizite Funktionen nach y auflösbar. Die (lokale) Auflösung sei $y = g(x)$, also $f(x, g(x)) = 0$ auf einer Umgebung von x_0. Man berechne $g'(x_0)$ und $g''(x_0)$.

(b) Sei nun $f(x, y) := \frac{1}{5}y^5 + y + x^3 + \frac{3}{2}x^2 - 6x$. Man zeige, dass die Gleichung $f(x, y) = 0$ für jedes $x \in \mathbb{R}$ genau eine Lösung besitzt.

Aufgabe 4.5

$f : \mathbb{R}^4 \to \mathbb{R}^2$ sei gegeben durch

$$f(x, y, u, v) := (x^2 + uy + e^v, 2x + u^2 - uv - 5).$$

Man zeige, dass das Gleichungssystem $f(x, y, u, v) = (0, 0)$ auf einer offenen Umgebung von $(x_0, y_0, u_0, v_0) = (2, 5, -1, 0)$ eine lokale Auflösung $g(x, y) = (u(x, y), v(x, y))$ im Sinne des Satzes über implizite Funktionen besitzt und bestimme anschließend die JACOBI-Matrix $\text{Jac}_g(2, 5)$.

Aufgabe 4.6

Zu $c \in \mathbb{R}$ sei $N_c := \{(x, y, z) \in \mathbb{R}^3 : x^4 + y^4 + z^4 = c\}$.

(a) Für welche c ist $N_c \neq \varnothing$?

(b) Für welche $(x_0, y_0, z_0) \in N_2$ gibt es im Sinne des Satzes über implizite Funktionen eine lokale Auflösung $z = g(x, y)$ mit $z_0 = g(x_0, y_0)$?

(c) Auf einer Umgebung von $(0, 1, 1)$ existiert eine lokale Auflösung $z = g(x, y)$. Man berechne $\text{Jac}_g(0, 1)$.

Aufgabe 4.7

Man beweise, dass es für genügend kleines $\epsilon > 0$ genau eine differenzierbare Funktion $g : (-\epsilon, \epsilon) \to \mathbb{R}$ mit $g(0) = 0$ und

$$\exp(\sin(xg(x))) + x^2 - 2g(x) = 1, \quad \text{für alle } x \in (-\epsilon, \epsilon)$$

gibt und berechne die Ableitung $g'(0)$.

Das lokale Diffeomorphie-Kriterium

Aufgabe 4.8 (Exponentialfunktion im Komplexen)

$f : \mathbb{R}^2 \to \mathbb{R}^2$ sei gegeben durch

$$f(x, y) := (e^x \cos y, e^x \sin y).$$

f ist also die reelle Darstellung der komplexen Exponentialfunktion $e^z = e^{x+iy} = e^x e^{iy} = e^x(\cos y + i \sin y)$.

(a) Man bestimme das Bild $f(\mathbb{R}^2)$.

(b) Man zeige, dass f um jeden Punkt $(x, y) \in \mathbb{R}$ ein lokaler Diffeomorphismus ist, dass f selbst aber kein Diffeomorphismus ist.

Aufgabe 4.9

Man zeige, dass die folgenden Funktionen $f : \mathbb{R}^2 \to \mathbb{R}^2$ bijektiv sind und untersuche anschließend, ob sie Diffeomorphismen sind.

(a) $f(x, y) := ((x + y)^3 - 3, x - 5y)$

(b) $f(x, y) := (\sinh(x + y), e^x - e^y)$

Aufgabe 4.10

V, W seien BANACH-Räume und $\Omega \subset V$ sei offen. Wir definieren

$$\mathrm{Diff}(\Omega) := \{\phi : \Omega \to \Omega : \phi \text{ ist ein Diffeomorphismus}\}.$$

(a) Man zeige, dass $\mathrm{Diff}(\Omega)$ mit der inneren Verknüpfung $\circ$ der Komposition von Abbildungen eine Gruppe bildet. Diese Gruppe nennt man die *Diffeomorphismengruppe* von Ω.

(b) Auf der Menge

$$\mathcal{F}(\Omega, W) := \{f : \Omega \to W\}$$

definieren wir die Relation

$$f \simeq g \quad :\Leftrightarrow \quad f = g \circ \phi, \text{ mit einem } \phi \in \mathrm{Diff}(\Omega).$$

Man zeige, dass $\simeq$ eine Äquivalenzrelation ist.

(c) Es sei nun $\Omega \subset \mathbb{R}^n$. Die *Funktionaldeterminante* einer differenzierbaren Abbildung $f : \Omega \to \mathbb{R}^n$ in $x_0 \in \Omega$ ist gegeben durch $\det(\mathrm{Jac}_f(x_0))$. Man zeige, dass für $\phi \in \mathrm{Diff}(\Omega)$ die Funktionaldeterminante in keinem Punkt $x \in \Omega$ verschwindet. Man nennt einen Diffeomorphismus *orientierungserhaltend*, falls die Funktionaldeterminante in Ω positiv ist.

Lösungen ausgewählter Aufgaben

Lösung zu Aufgabe 4.1:

Da die Gradienten einer Funktion senkrecht auf den Niveaulinien stehen, genügt es zu zeigen, dass die Gradienten der Real- und Imaginärteile holomorpher Funktionen orthogonal zueinander sind. Sei hierzu $f = u + iv$ holomorph. Es gelten die CAUCHY–RIEMANNSCHEN Differentialgleichungen

$$u_x = v_y, \quad u_y = -v_x.$$

Da die Gradienten von u und v durch

$$\nabla u = \begin{pmatrix} u_x \\ u_y \end{pmatrix}, \quad \nabla v = \begin{pmatrix} v_x \\ v_y \end{pmatrix}$$

gegeben sind, ergibt sich sofort für deren Skalarprodukt

$$\langle \nabla u, \nabla v \rangle = u_x v_x + u_y v_y = v_y v_x - v_x v_y = 0.$$

Lösung zu Aufgabe 4.3:

Wir betrachten die Nullstellenmenge der Funktion

$$f : \mathbb{R}^2 \to \mathbb{R}, \quad f(x, y) := x^2 y + 3y^3 x^4 - 4.$$

Es ist

$$f(1, 1) = 1 + 3 - 4 = 0,$$

also liegt der Punkt $(1, 1)$ tatsächlich in der Nullstellenmenge von f. Wir berechnen die partielle Ableitung von f nach y und erhalten

$$\frac{\partial f}{\partial y}(x, y) = x^2 + 9x^4 y^2.$$

Insbesondere ist

$$\frac{\partial f}{\partial y}(1,1) = 10 \neq 0.$$

Da f stetig differenzierbar ist und $\frac{\partial f}{\partial y}(1,1) \neq 0$, ist nach dem Satz über implizite Funktionen $f(x,y) = 0$ lokal nach y auflösbar, das heißt es existiert eine differenzierbare Funktion g mit $y = g(x)$ und $f(x, g(x)) = 0$ in einer Umgebung von $x = 1$.

Tangente an die Niveaulinie im Punkt (1,1)

Um die Tangente zu berechnen, bestimmen wir $g'(x)$ implizit durch Differentiation von $f(x, g(x)) = 0$:

$$\frac{d}{dx} f(x, g(x)) = \frac{\partial f}{\partial x}(x, g(x)) + \frac{\partial f}{\partial y}(x, g(x)) \cdot g'(x) = 0.$$

Also gilt

$$g'(x) = -\frac{\frac{\partial f}{\partial x}(x, g(x))}{\frac{\partial f}{\partial y}(x, g(x))}.$$

Wir benötigen noch die Ableitung von f nach x.

$$\frac{\partial f}{\partial x}(x, y) = 2xy + 12x^3 y^3.$$

An der Stelle $(x, y) = (1, 1)$ ergibt dies

$$\frac{\partial f}{\partial x}(1,1) = 14, \quad \frac{\partial f}{\partial y}(1,1) = 10.$$

Daher folgern wir

$$g'(1) = -\frac{14}{10} = -\frac{7}{5}.$$

Die Tangente im Punkt $(1,1)$ hat also die Steigung $-\frac{7}{5}$, das heißt die Gleichung der Tangente lautet

$$y = 1 - \frac{7}{5}(x - 1).$$

Lösung zu Aufgabe 4.5:

$$f(x, y, u, v) := \left(x^2 + uy + e^v, \, 2x + u^2 - uv - 5 \right).$$

Zuerst verifizieren wir, dass $(x_0, y_0, u_0, v_0) = (2, 5, -1, 0)$ zur Nullstellenmenge gehört.

$$f_1(2, 5, -1, 0) = 2^2 + (-1) \cdot 5 + e^0 = 4 - 5 + 1 = 0,$$

$$f_2(2, 5, -1, 0) = 2 \cdot 2 + (-1)^2 - (-1) \cdot 0 - 5 = 4 + 1 - 0 - 5 = 0.$$

Also gilt $f(2, 5, -1, 0) = (0, 0)$.

Wir berechnen die partielle Ableitung von f nach (u, v).

$$D_{(u,v)} f = \begin{pmatrix} \frac{\partial f_1}{\partial u} & \frac{\partial f_1}{\partial v} \\ \frac{\partial f_2}{\partial u} & \frac{\partial f_2}{\partial v} \end{pmatrix} = \begin{pmatrix} y & e^v \\ 2u - v & -u \end{pmatrix}.$$

Einsetzen von $(x, y, u, v) = (2, 5, -1, 0)$ ergibt

$$D_{(u,v)}f(2, 5, -1, 0) = \begin{pmatrix} 5 & 1 \\ -2 & 1 \end{pmatrix}.$$

Die Determinante dieser Matrix ist ungleich Null, denn

$$\det = 5 \cdot 1 - (-2) \cdot 1 = 5 + 2 = 7 \neq 0.$$

Damit ist die Matrix invertierbar, und der Satz über implizite Funktionen garantiert eine lokale Auflösung $g(x, y) = (u(x, y), v(x, y))$ mit $f(x, y, u(x, y), v(x, y)) = (0, 0)$ in einer Umgebung von $(2, 5)$.

Berechnung der Jacobi-Matrix $\mathrm{Jac}_g(2, 5)$.

Nach impliziter Differentiation gilt

$$\mathrm{Jac}_g(x, y) = -\left(D_{(u,v)}f\right)^{-1} \cdot D_{(x,y)}f.$$

Wir berechnen $D_{(x,y)}f$:

$$D_{(x,y)}f = \begin{pmatrix} \frac{\partial f_1}{\partial x} & \frac{\partial f_1}{\partial y} \\ \frac{\partial f_2}{\partial x} & \frac{\partial f_2}{\partial y} \end{pmatrix} = \begin{pmatrix} 2x & u \\ 2 & 0 \end{pmatrix}.$$

An der Stelle $(x, y, u, v) = (2, 5, -1, 0)$ ergibt sich

$$D_{(x,y)}f(2, 5, -1, 0) = \begin{pmatrix} 4 & -1 \\ 2 & 0 \end{pmatrix}.$$

Wir hatten bereits berechnet:

$$D_{(u,v)}f(2, 5, -1, 0) = \begin{pmatrix} 5 & 1 \\ -2 & 1 \end{pmatrix}, \quad \left(D_{(u,v)}f\right)^{-1} = \frac{1}{7}\begin{pmatrix} 1 & -1 \\ 2 & 5 \end{pmatrix}.$$

Insgesamt ergibt dies

$$\mathrm{Jac}_g(2, 5) = -\frac{1}{7}\begin{pmatrix} 1 & -1 \\ 2 & 5 \end{pmatrix} \cdot \begin{pmatrix} 4 & -1 \\ 2 & 0 \end{pmatrix}$$

$$= -\frac{1}{7}\begin{pmatrix} 1 \cdot 4 + (-1) \cdot 2 & 1 \cdot (-1) + (-1) \cdot 0 \\ 2 \cdot 4 + 5 \cdot 2 & 2 \cdot (-1) + 5 \cdot 0 \end{pmatrix}$$

$$= -\frac{1}{7}\begin{pmatrix} 2 & -1 \\ 18 & -2 \end{pmatrix} = \begin{pmatrix} -\frac{2}{7} & \frac{1}{7} \\ -\frac{18}{7} & \frac{2}{7} \end{pmatrix}.$$

Lösung zu Aufgabe 4.7:

Man beweise, dass es für genügend kleines $\epsilon > 0$ genau eine differenzierbare Funktion $g : (-\epsilon, \epsilon) \to \mathbb{R}$ mit $g(0) = 0$ und

$$\exp(\sin(xg(x))) + x^2 - 2g(x) = 1, \quad \text{für alle } x \in (-\epsilon, \epsilon)$$

gibt, und berechne die Ableitung $g'(0)$.

BEWEIS: Wir definieren

$$F(x, y) := \exp(\sin(xy)) + x^2 - 2y - 1.$$

Dann ist
$$F(0,0) = 0.$$
Wir berechnen die Ableitung von F nach y an der Stelle $(0,0)$ und erhalten
$$\frac{\partial F}{\partial y}(x,y) = \exp(\sin(xy)) \cdot \cos(xy) \cdot x - 2,$$
$$\frac{\partial F}{\partial y}(0,0) = \exp(0) \cdot \cos(0) \cdot 0 - 2 = -2 \neq 0.$$
Der Satz über implizite Funktionen garantiert daher die Existenz einer eindeutig bestimmten stetig differenzierbaren Funktion $y = g(x)$ in einer kleinen Umgebung $(-\epsilon, \epsilon)$ von $x = 0$, sodass $F(x, g(x)) = 0$. Das ist äquivalent zu
$$\exp(\sin(xg(x))) + x^2 - 2g(x) = 1, \quad \text{für alle } x \in (-\epsilon, \epsilon).$$
Wir berechnen die Ableitung $g'(0)$ über totale Differentiation,
$$\frac{d}{dx}F(x, g(x)) = \frac{\partial F}{\partial x} + \frac{\partial F}{\partial y} \cdot g' = 0.$$
Wir berechnen
$$\frac{\partial F}{\partial x}(x,y) = \exp(\sin(xy)) \cdot \cos(xy) \cdot y + 2x,$$
$$\frac{\partial F}{\partial x}(0,0) = 0,$$
$$\frac{\partial F}{\partial y}(0,0) = -2.$$
Einsetzen ergibt:
$$0 = 0 + (-2) \cdot g'(0) \quad \Rightarrow \quad g'(0) = 0.$$
Das war zu zeigen. ⊛

Lösung zu Aufgabe 4.9:

Man zeige, dass die folgenden Funktionen $f : \mathbb{R}^2 \to \mathbb{R}^2$ bijektiv sind und untersuche anschließend, ob sie Diffeomorphismen sind.

(a) $f(x,y) := ((x+y)^3 - 3, \, x - 5y)$

Wir setzen
$$u = (x+y)^3 - 3, \quad v = x - 5y$$
und lösen das Gleichungssystem $(u,v) = f(x,y)$ nach (x,y) auf. Aus der zweiten Gleichung ergibt sich
$$x = v + 5y.$$
Setzen wir dies in die erste Gleichung ein, erhalten wir
$$((v + 5y + y)^3 - 3 = u \Rightarrow (v + 6y)^3 = u + 3,$$
also
$$v + 6y = \sqrt[3]{u+3} \Rightarrow y = \frac{1}{6}(\sqrt[3]{u+3} - v).$$
Damit ist
$$x = v + 5y = v + \frac{5}{6}(\sqrt[3]{u+3} - v) = \frac{1}{6}(v + 5\sqrt[3]{u+3}).$$

Somit existiert eine eindeutige Umkehrabbildung, also ist f bijektiv.

Wir prüfen nun, ob f auch ein Diffeomorphismus ist. Dazu berechnen wir die JACOBI-Matrix.

$$Df(x,y) = \begin{pmatrix} 3(x+y)^2 & 3(x+y)^2 \\ 1 & -5 \end{pmatrix}.$$

Die Determinante ist.

$$\det Df(x,y) = 3(x+y)^2 \cdot (-5) - 3(x+y)^2 \cdot 1 = -18(x+y)^2$$

und diese ist $\neq 0$ für $x+y \neq 0$. Daher ist f auf der Menge $\mathbb{R}^2 \setminus \{x+y=0\}$ ein lokaler Diffeomorphismus, aber kein globaler Diffeomorphismus auf ganz $\mathbb{R}^2$, denn die Invertierbarkeit der Ableitung an der Geraden $x+y=0$ scheitert. f ist also bijektiv, aber kein Diffeomorphismus auf ganz $\mathbb{R}^2$.

(b) $f(x,y) := (\sinh(x+y), \ e^x - e^y)$

Wir setzen

$$u = \sinh(x+y), \quad v = e^x - e^y$$

und substituieren $s = x+y$, $d = x-y$.

Damit erhalten wir

$$x = \frac{s+d}{2}, \quad y = \frac{s-d}{2}$$

und dann

$$u = \sinh(s), \quad v = e^{\frac{s+d}{2}} - e^{\frac{s-d}{2}}.$$

Aus $u = \sinh(s)$ folgt $s = \operatorname{arsinh}(u)$. Wir setzen dies in v ein und erhalten

$$v = e^{\frac{\operatorname{arsinh}(u)+d}{2}} - e^{\frac{\operatorname{arsinh}(u)-d}{2}}.$$

Diese Gleichung lässt sich für jedes $v \in \mathbb{R}$ eindeutig nach d auflösen, da die Differenz zweier Exponentialfunktionen mit linearem Argument strikt monoton ist und auf ganz $\mathbb{R}$ abbildet. Daraus folgt, dass s, d und damit x, y eindeutig aus u, v bestimmbar sind. Daher ist f bijektiv.

Für die JACOBI-Matrix von f ergibt sich noch:

$$Df(x,y) = \begin{pmatrix} \cosh(x+y) & \cosh(x+y) \\ e^x & -e^y \end{pmatrix}.$$

Da die Determinante durch

$$\det Df(x,y) = \cosh(x+y)(-e^y) - \cosh(x+y)(e^x) = -\cosh(x+y)(e^x + e^y) < 0$$

gegeben ist, ist f ein lokaler Diffeomorphismus, und wegen der Bijektivität dann sogar ein globaler Diffeomorphismus.

5. Extremwerte

In diesem Kapitel sei $f : \Omega \to \mathbb{R}$ stets eine differenzierbare Funktion auf einer offenen Teilmenge $\Omega \subset V$ eines BANACH-Raums $(V, \|\cdot\|)$. Wir möchten untersuchen, unter welchen Bedingungen sich an einer Stelle $x_0 \in \Omega$ ein lokales Maximum oder Minimum einer gegebenen Funktion f befindet. Dafür benötigen wir notwendige und hinreichende Kriterien, welche wir im Folgenden vorstellen werden.

5.1. Notwendige und hinreichende Kriterien

Wir erinnern an die Definition des offenen ϵ-Balls $U(x_0, \epsilon)$, $\epsilon > 0$, um $x_0 \in V$:

$$U(x_0, \epsilon) := \{x \in V : \|x - x_0\| < \epsilon\}.$$

5.1.1 Definition
$D \subset V$ sei eine nicht leere Teilmenge und $f : D \to \mathbb{R}$ eine beliebige Funktion.

(a) f besitzt an der Stelle $x_0 \in D$ ein *lokales Maximum*, falls es ein $\epsilon > 0$ gibt, sodass

$$f(x_0) \geq f(x), \quad \text{für alle } x \in D \cap U(x_0, \epsilon).$$

(b) Ist sogar

$$f(x_0) > f(x), \quad \text{für alle } x \in D \cap U(x_0, \epsilon), x \neq x_0,$$

so nennen wir das lokale Maximum *strikt*.

(c) Liegt bei $x_0 \in D$ ein lokales Maximum von f vor und ist x_0 ein innerer Punkt von D, das heißt es existiert eine offene Umgebung $U(x_0, \epsilon)$ mit $U(x_0, \epsilon) \subset D$, so sagen wir, dass f an der Stelle x_0 ein *inneres* lokales Maximum besitzt.

(d) Ein lokales Maximum an der Stelle $x_0 \in D$ heißt *isoliert*, falls es in einer genügend kleinen Umgebung $U(x_0, \epsilon)$ von x_0 keine weiteren lokalen Maxima von f in D gibt.

(e) Existiert $x_0 \in D$ mit

$$f(x_0) = \sup_{x \in D} f(x),$$

so sagt man: „f besitzt bei x_0 ein *globales Maximum*" oder auch: „Die Funktion f nimmt bei x_0 ihr Supremum an."

Analog definiert man *lokale Minima*. Jedes $x_0 \in D$, bei dem sich ein lokales Maximum oder ein lokales Minimum befindet, heißt *Extremalstelle*. Der zugehörige Funktionswert heißt *Extremwert*.

5.1.2 Beispiel

(a) Die Funktion $f : [-1,1] \times [-1,1] \to \mathbb{R}$, $f(x,y) := x^2 + y^2$, besitzt an den Stellen $(-1,-1)$, $(-1,1)$, $(1,-1)$, $(1,1)$ jeweils lokale, isolierte strikte Maxima und an der Stelle $(0,0)$ ein isoliertes striktes lokales Minimum. Das Minimum ist ein inneres Minimum.

(b) Die Funktion

$$f : \mathbb{R}^2 \to \mathbb{R}, \quad f(x,y) := \begin{cases} 2r + r \sin\left(\frac{1}{r}\right) & , r > 0 \\ 0 & , r = 0 \end{cases}, \quad r := \sqrt{x^2 + y^2}$$

besitzt an der Stelle $(x,y) = (0,0)$ ein striktes lokales Minimum, welches nicht isoliert ist.

5.1.3 Satz (Notwendiges Extremalstellen-Kriterium)

Es habe $f : \Omega \to \mathbb{R}$ in x_0 ein inneres lokales Extremum. Dann gilt $D_v f|_{x_0} = 0$ für jedes $v \in V$, für das die Richtungsableitung existiert. Insbesondere ist $Df|_{x_0} = 0$, wenn f in x_0 differenzierbar ist.

Beweis: Wir wählen $\epsilon > 0$ mit $U(x_0, \epsilon) \subset \Omega$. Für $v \in V$ definieren wir eine Funktion

$$h_v : (-\epsilon, \epsilon) \to \mathbb{R}, \quad h_v(s) := f(x_0 + sv).$$

h_v besitzt an der Stelle $s = 0$ ein inneres lokales Extremum. h_v ist an der Stelle $s = 0$ differenzierbar, wenn f an der Stelle x_0 eine Richtungsableitung $D_v f|_{x_0}$ besitzt. Aus dem Extremstellen-Kriterium für differenzierbare Funktionen einer Veränderlichen folgt dann $h_v'(0) = 0$. Andererseits ergibt sich aus der Kettenregel

$$0 = h_v'(0) = D_v f|_{x_0}.$$

Ist f in x_0 sogar differenzierbar, so folgt $Df|_{x_0} = 0$, da $Df|_{x_0}(v) = D_v f|_{x_0}$ für alle $v \in V$. $\square$

5.1.4 Korollar

$\Omega \subset V$ sei eine offene Teilmenge eines HILBERT-Raums und die Funktion $f : \Omega \to \mathbb{R}$ besitze an der Stelle x_0 ein lokales Extremum. Ist f an der Stelle x_0 differenzierbar, so gilt dort $\nabla f|_{x_0} = 0$.

Wie schon bei Funktionen einer reellen Veränderlichen ist das Kriterium $Df|_{x_0} = 0$ bei einer differenzierbaren Funktion nur ein notwendiges Kriterium für das Vorliegen einer inneren lokalen Extremstelle. Hinreichend ist dies nicht, wie einfache Beispiele zeigen. Zum Beispiel verschwindet der Gradient der Funktion $f(x,y) := x^2 - y^2$ an der Stelle $(x,y) = (0,0)$, dort liegt jedoch keine Extremstelle, weil f eine Sattelfläche ist (siehe Abbildung 5.1). Wir möchten versuchen, weitere Kriterien für die Existenz innerer lokaler Extrema zu finden. Zu diesem Zweck benötigen wir einen neuen Begriff.

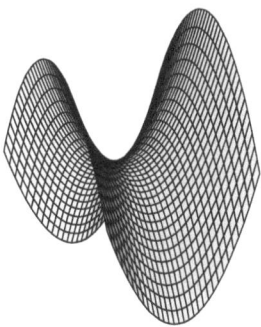

Abbildung 5.1.: Der Graph der Funktion $f(x, y) := x^2 - y^2$ ist eine Sattelfläche.

5.1.5 Definition

$B : V \times V \to \mathbb{R}$ sei eine Bilinearform auf einem Vektorraum V.

(a) B heißt *positiv semidefinit*, geschrieben $B \geq 0$, falls $B(v, v) \geq 0$ für alle $v \in V$.

(b) B heißt *positiv definit*, geschrieben $B > 0$, falls $B(v, v) > 0$ für alle $v \in V$ mit $v \neq 0$.

(c) Entsprechend heißt B *negativ semidefinit*, geschrieben $B \leq 0$ (bzw. *negativ definit*, geschrieben $B < 0$), falls $B(v, v) \leq 0$ für alle $v \in V$ (bzw. $B(v, v) < 0$ für alle $v \in V$ mit $v \neq 0$).

(d) B heißt *indefinit*, falls es Vektoren $v, w \in V$ mit $B(v, v) > 0$ und $B(w, w) < 0$ gibt.

5.1.6 Beispiel

Es sei $B(v, w) := \langle Av, w \rangle$, $v, w \in \mathbb{R}^n$, mit einer symmetrischen reellen $n \times n$ Matrix A. Die Definitheit von B hängt dann direkt von den Vorzeichen der Eigenwerte $\lambda_1, \ldots, \lambda_n$ von A ab. Es gilt:

$$
\begin{aligned}
B \geq 0 \quad &\Leftrightarrow \quad \lambda_k \geq 0, \text{ für } k = 1, \ldots, n, \\
B > 0 \quad &\Leftrightarrow \quad \lambda_k > 0, \text{ für } k = 1, \ldots, n, \\
B \leq 0 \quad &\Leftrightarrow \quad \lambda_k \leq 0, \text{ für } k = 1, \ldots, n, \\
B < 0 \quad &\Leftrightarrow \quad \lambda_k < 0, \text{ für } k = 1, \ldots, n.
\end{aligned}
$$

5.1.7 Satz (Maximal- und Minimalstellen-Kriterium)

Ω sei eine offene Teilmenge eines BANACH*-Raums und $f : \Omega \to \mathbb{R}$ sei in $x_0 \in \Omega$ zweimal differenzierbar.*

(a) *Liegt an der Stelle x_0 ein lokales Maximum, so gilt $Df|_{x_0} = 0$ und $D^2 f|_{x_0} \leq 0$.*

(b) *Liegt an der Stelle x_0 ein lokales Minimum, so gilt $Df|_{x_0} = 0$ und $D^2 f|_{x_0} \geq 0$.*

Beweis: Wir weisen nur Teil (a) nach, da (b) durch Vorzeichenwechsel bewiesen werden kann. Wie schon im Beweis von Satz 5.1.3 wählen wir zu $v \in V$ ein $\epsilon > 0$ so klein, dass erstens $U(x_0, \epsilon) \subset \Omega$ und zweitens die Funktion

$$h_v : (-\epsilon, \epsilon) \to \mathbb{R}, \quad h_v(s) := f(x_0 + sv)$$

auf $(-\epsilon, \epsilon)$ differenzierbar ist. Die Kettenregel ergibt dann

$$h'_v(s) = Df|_{x_0 + sv}(v), \quad \text{für alle } s \in (-\epsilon, \epsilon).$$

Erneutes Ableiten mit der Kettenregel an der Stelle $s = 0$ impliziert

$$h''_v(0) = D^2 f|_{x_0}(v, v).$$

Weil h_v an der Stelle $s = 0$ ein lokales Maximum besitzt, können wir das Maximalstellen-Kriterium für reelle Funktionen einer Veränderlichen auf h_v anwenden. Daher ist

$$h'_v(0) = 0 \quad \text{und} \quad h''_v(0) \leq 0.$$

Da dies für alle $v \in V$ erfüllt ist, folgt

$$D^2 f|_{x_0}(v, v) \leq 0, \quad \text{für alle } v \in V.$$

Mehr ist nicht zu zeigen und die anderen Aussagen ergeben sich direkt aus dieser.

□

5.1.8 Satz
Ω sei eine offene Teilmenge eines BANACH-*Raums V und $f : \Omega \to \mathbb{R}$ sei in $x_0 \in \Omega$ zweimal differenzierbar.*

(a) *Es gelte $Df|_{x_0} = 0$ und für ein $v \in V$ sei $D^2 f|_{x_0}(v, v) < 0$. Dann existiert ein $\epsilon > 0$, sodass $f(x_0) > f(x_0 + sv)$ für alle $s \in (-\epsilon, \epsilon)$, mit $s \neq 0$.*

(b) *Es gelte $Df|_{x_0} = 0$ und für ein $v \in V$ sei $D^2 f|_{x_0}(v, v) > 0$. Dann existiert ein $\epsilon > 0$, sodass $f(x_0) < f(x_0 + sv)$ für alle $s \in (-\epsilon, \epsilon)$, mit $s \neq 0$.*

Die Funktion f ist also in Richtung von v maximal bzw. minimal an der Stelle x_0.

Beweis: Es reicht wieder, Teil (a) nachzuweisen. Mit denselben Bezeichnungen wie im Beweis von Satz 5.1.7 ergeben sich für die Funktion $h_v(s) = f(x_0 + sv)$ an der Stelle $s = 0$ die Beziehungen

$$h'_v(0) = 0, \quad h''_v(0) < 0.$$

Somit besitzt h_v an der Stelle $s = 0$ wegen des hinreichenden Maximalstellen-Kriteriums für Funktionen einer reellen Veränderlichen ein striktes lokales Maximum. Genau das war zu zeigen.

□

Aufgrund des vorhergehenden Satzes könnte man vermuten, dass die Bedingungen $Df|_{x_0} = 0$ und $D^2 f|_{x_0} < 0$ implizieren, dass in x_0 ein striktes lokales Maximum von f angenommen wird, da f in jeder Richtung $v \in V$ ein Maximum hätte. Allerdings hängt das ϵ in Satz 5.1.8 von v ab, sodass sich nicht zwangsläufig eine Umgebung $U(x_0, \epsilon) \subset \Omega$ finden lässt, in der $f(x_0)$ den größten Funktionswert annimmt.

Dies liegt daran, dass die Einheitskugel $\{v : \|v\| = 1\} \subset V$ nicht notwendigerweise kompakt ist, sodass eine eventuell stetig von v abhängige Funktion ϵ ihr Infimum auf der Einheitskugel nicht annehmen muss. Unter einer zusätzlichen Annahme lässt sich jedoch ein entsprechendes Resultat beweisen.

5.1.9 Satz (Hinreichende Extremstellen-Kriterien)

Ω sei eine offene Teilmenge eines BANACH-Raums V und $f : \Omega \to \mathbb{R}$ sei in Ω zweimal stetig differenzierbar. Ferner gelte $Df|_{x_0} = 0$.

(a) *Ist $\sup_{\{\|v\|=1\}} D^2 f|_{x_0}(v, v) < 0$, so besitzt f an der Stelle x_0 ein striktes lokales Maximum.*

(b) *Ist hingegen $\inf_{\{\|v\|=1\}} D^2 f|_{x_0}(v, v) > 0$, so besitzt f an der Stelle x_0 ein striktes lokales Minimum.*

Beweis: Auch hier muss nur der erste Fall bewiesen werden. Es sei $\delta_1 > 0$ so klein, dass

$$U(x_0, \delta_1) := \{x \in V : \|x - x_0\| < \delta_1\} \subset \Omega.$$

Wir benutzen die Restgliedabschätzung zur TAYLOR-Formel in Korollar 3.5.14. Nach dieser ist für alle $t \in V$ mit $\|t\| < \delta_1$ die Gleichung

$$f(x_0 + t) = f(x_0) + Df|_{x_0}(t) + \frac{1}{2} D^2 f|_{x_0}(t, t) + r_3(t)$$

mit einer Funktion r_3 erfüllt, für die

$$\lim_{\|t\| \to 0} \frac{r_3(t)}{\|t\|^2} = 0. \tag{$*$}$$

Weil $Df|_{x_0} = 0$ und $\lambda := \sup_{\{\|v\|=1\}} D^2 f|_{x_0}(v, v) < 0$, ist damit

$$f(x_0 + t) \leq f(x_0) + \frac{\lambda}{2} \|t\|^2 + r_3(t),$$

für alle $t \in V$ mit $\|t\| < \delta_1$. Zu $\epsilon := -\frac{\lambda}{4} > 0$ existiert wegen $(*)$ ein $\delta_2 > 0$ mit

$$|r_3(t)| \leq \epsilon \|t\|^2 \text{ für alle } t \in V \text{ mit } \|t\| < \delta_2.$$

Somit ist für alle $t \in V$ mit $\|t\| < \delta := \min\{\delta_1, \delta_2\}$ die Abschätzung

$$f(x_0 + t) \leq f(x_0) + \frac{\lambda}{4} \|t\|^2$$

gültig. Insbesondere gilt $f(x_0) > f(x_0 + t)$ für alle $t \neq 0$ mit $\|t\| < \delta$. Das war zu zeigen. $\qquad\square$

5.1.10 Beispiel

(a) Wir betrachten die Abbildung $f : \mathbb{R}^n \to \mathbb{R}$, $f(x) := \|x\|^2$. Es gilt

$$Df|_{x_0}(v) = 2\langle x_0, v \rangle, \quad D^2 f|_{x_0}(v, w) = 2\langle v, w \rangle.$$

Somit besitzt f an der Stelle $x_0 = 0$ ein striktes lokales Minimum.

(b) Für die Funktion $f : \mathbb{R}^2 \to \mathbb{R}$, $f(x, y) := x^2 - y^2$ gilt

$$Df|_{(x,y)} = 0 \Leftrightarrow x = y = 0, \ \left(D_{ij} f|_{(x,y)}\right)_{1 \le i,j \le 2} = \begin{pmatrix} 2 & 0 \\ 0 & -2 \end{pmatrix}.$$

Da die HESSE-Matrix indefinit ist, besitzt f nirgends lokale Extremstellen.

5.2. Extremwerte unter Nebenbedingungen

Wir wenden uns jetzt der wichtigen Frage zu, wie man Extremwerte unter Nebenbedingungen finden kann. Ist zum Beispiel eine stetige Funktion $f : \mathbb{R}^n \to \mathbb{R}$ gegeben, so können wir fragen, für welche $x \in \mathbb{R}^n$ mit $\|x\| = 1$ die Funktion f maximal oder minimal wird.

5.2.1 Definition (Extrema unter Nebenbedingungen)

$f : \Omega \to \mathbb{R}$, $N : \Omega \to \mathbb{R}^m$ seien auf einer offenen Teilmenge $\Omega \subset \mathbb{R}^n$ gegeben und es sei $m < n$. Wir sagen f besitzt in $x_0 \in \Omega$ ein *lokales Maximum unter der Nebenbedingung* $N = 0$, wenn die folgenden beiden Bedingungen erfüllt sind.

(i) $N(x_0) = 0$.

(ii) Es existiert eine offene Umgebung $\Omega' \subset \Omega$ von x_0, sodass

$$f(x) \le f(x_0), \quad \text{für alle } x \in \Omega' \cap \{x \in \Omega : N(x) = 0\}.$$

Analog werden lokale Minima unter der Nebenbedingung $N = 0$ definiert.

5.2.2 Beispiel

Die Abbildung $f : \mathbb{R}^3 \to \mathbb{R}$, $f(x, y, z) := x$ besitzt unter der Nebenbedingung $N = 0$ mit $N(x, y, z) := x^2 + y^2 + z^2 - 1$ ein lokales Maximum an der Stelle $(1, 0, 0)$ und ein lokales Minimum an der Stelle $(-1, 0, 0)$.

Der nachfolgende Satz formuliert eine notwendige Bedingung für das Vorliegen innerer lokaler Extremstellen unter Nebenbedingungen.

5.2.3 Satz

$\Omega \subset \mathbb{R}^n$ *sei offen.* $f, N_1, \ldots, N_m : \Omega \to \mathbb{R}$ *seien stetig differenzierbar und es gelte* $m < n$. f *besitze in* x_0 *ein lokales Extremum unter der Nebenbedingung* $N := (N_1, \ldots, N_m) = 0$ *und* $DN|_{x_0}$ *habe maximalen Rang, das heißt der von den Spaltenvektoren der* JACOBI-*Matrix*

$$\mathrm{Jac}_N(x_0) = \begin{pmatrix} \frac{\partial N_1}{\partial x_1}(x_0) & \cdots & \frac{\partial N_1}{\partial x_n}(x_0) \\ \vdots & \ddots & \vdots \\ \frac{\partial N_m}{\partial x_1}(x_0) & \cdots & \frac{\partial N_m}{\partial x_n}(x_0) \end{pmatrix}$$

aufgespannte lineare Unterraum des $\mathbb{R}^n$ sei m-dimensional. Dann existieren m reelle Zahlen, genannt LAGRANGE-*Multiplikatoren, sodass die Gleichung*

$$Df|_{x_0} = \sum_{j=1}^{m} \lambda_j \, DN_j|_{x_0} \tag{5.2.1}$$

erfüllt ist. Im Spezialfall $m = 1$ existiert also ein $\lambda \in \mathbb{R}$ mit

$$\nabla f|_{x_0} = \lambda \nabla N|_{x_0}. \tag{5.2.2}$$

Beweis: Ohne Einschränkung können wir nach eventueller Umnummerierung der Koordinaten annehmen, dass

$$\det\left(\left(\frac{\partial N_i}{\partial x_j}(x_0) \right)_{\substack{1 \le i \le m \\ n-m+1 \le j \le n}} \right) \neq 0 \tag{$*$}$$

Wir setzen

$$z := (x_1, \ldots, x_{n-m}), \quad y := (x_{n-m+1}, \ldots, x_n)$$

und analog seien z_0, y_0 definiert. $(*)$ bedeutet, dass $D_2N|_{(z_0,y_0)}$ invertierbar ist. $D_2N|_{(z_0,y_0)} : \mathbb{R}^m \to \mathbb{R}^m$ ist also ein Isomorphismus und die Inverse ist insbesondere auch stetig. Aus dem Satz über implizite Funktionen folgt, dass in einer Umgebung von (z_0, y_0) die Gleichung $N(z, y) = 0$ durch eine differenzierbare Funktion $y(z)$ in der Form $N(z, y(z)) = 0$ dargestellt werden kann. Ebenfalls aus dem Satz über implizite Funktionen folgt für $Dy|_{z_0}$ die Gleichung

$$Dy|_{z_0} = -\left(D_2N|_{(z_0,y(z_0))} \right)^{-1} \circ D_1N|_{(z_0,y(z_0))}.$$

Die Funktion

$$F(z) := f(z, y(z))$$

hat im Punkt z_0 ein inneres lokales Extremum (ohne Nebenbedingung). Daher ist $DF|_{z_0} = 0$. Aus der Kettenregel ergibt sich

$$DF|_{z_0} = D_1f|_{(z_0,y(z_0))} + D_2f|_{(z_0,y(z_0))} \circ Dy|_{z_0} = 0,$$

also insgesamt

$$D_1f|_{(z_0,y(z_0))} - D_2f|_{(z_0,y(z_0))} \circ \left(D_2N|_{(z_0,y(z_0))} \right)^{-1} \circ D_1N|_{(z_0,y(z_0))} = 0.$$

Setzt man nun

$$\Lambda := (\lambda_1, \ldots, \lambda_m) := D_2f|_{(z_0,y(z_0))} \circ \left(D_2N|_{(z_0,y(z_0))} \right)^{-1},$$

so ist

$$D_1f|_{(z_0,y(z_0))} = \Lambda \circ D_1N|_{(z_0,y(z_0))}$$

und nach Definition von Λ auch

$$D_2f|_{(z_0,y(z_0))} = \Lambda \circ D_2N|_{(z_0,y(z_0))}.$$

Zusammen ergibt dies

$$Df|_{(z_0, y(z_0))} = \Lambda \circ DN|_{(z_0, y(z_0))}.$$

Dies war die Behauptung. $\qquad\qquad\qquad\qquad\qquad\qquad\qquad\qquad\square$

5.2.4 Beispiel
Es sei

$$\mathbb{S}^2 := \{(x, y, z) \in \mathbb{R}^3 : x^2 + y^2 + z^2 = 1\}$$

die Einheitssphäre in $\mathbb{R}^3$ und

$$f : \mathbb{R}^3 \to \mathbb{R}, \quad f(x, y, z) := x + y + z.$$

Wir suchen die Punkte $(x, y, z) \in \mathbb{S}^2$, für die f extremal wird. Hier ist also die Funktion für die Nebenbedingung durch $N : \mathbb{R}^3 \to \mathbb{R}$,

$$N(x, y, z) := x^2 + y^2 + z^2 - 1$$

gegeben. Wir berechnen

$$\nabla f(x, y, z) = \begin{pmatrix} 1 \\ 1 \\ 1 \end{pmatrix}, \quad \nabla N(x, y, z) = 2 \begin{pmatrix} x \\ y \\ z \end{pmatrix}.$$

Die Gleichung

$$\nabla f(x_0, y_0, z_0) = \lambda \nabla N(x_0, y_0, z_0)$$

mit einer Konstanten λ ist also nur für $x_0 = y_0 = z_0 \neq 0$ lösbar (und dann ist $\lambda = 1/x_0$). Da außerdem $(x_0, y_0, z_0) \in \mathbb{S}^2$ gelten muss, ist dort zusätzlich

$$1 = x_0^2 + y_0^2 + z_0^2 = 3x_0^2 = \frac{3}{\lambda^2}.$$

Wir haben gezeigt: Nur in den beiden Punkten

$$P_{1,2} := \pm \frac{1}{\sqrt{3}}(1, 1, 1) \in \mathbb{S}^2$$

können Extrema von f unter der Nebenbedingung $N = 0$ liegen. Da $\mathbb{S}^2$ eine kompakte Menge ist, und stetige Funktionen auf kompakten Mengen ihr Supremum und Infimum annehmen, muss es sich bei den Funktionswerten in den Punkten P_1, P_2 tatsächlich um das Maximum bzw. das Minimum handeln. Wir berechnen

$$f(P_1) = \sqrt{3}, \quad f(P_2) = -\sqrt{3}.$$

Insgesamt also

$$-\sqrt{3} \leq x + y + z \leq \sqrt{3}, \quad \text{für alle } (x, y, z) \in \mathbb{S}^2.$$

Aufgaben

Notwendige und hinreichende Kriterien

Aufgabe 5.1
Man bestimme Lage, Art und Größe der lokalen Extrema der folgenden Funktionen.

(a) $f(x,y) = \sin x + \sin y + \sin(x+y)$, $0 < x,y < \frac{\pi}{2}$.

(b) $f(x,y) = (x^2 + 2y^2)e^{-x^2-y^2}$, $x,y \in \mathbb{R}$.

(c) $f(x,y) = \frac{1}{y} - \frac{1}{x} - 4x + y$, $x,y \neq 0$.

Aufgabe 5.2
Wir setzen
$$\mathbb{R}^n_+ := \{(x_1, \ldots, x_n) \in \mathbb{R}^n : x_1, \ldots, x_n > 0\}$$
und definieren die Funktion $f : \mathbb{R}^n_+ \to \mathbb{R}$,
$$f(x_1, \ldots, x_n) := \frac{1}{x_1 \cdots x_n} + x_1 + \cdots + x_n.$$
Man zeige $f(x_1, \ldots, x_n) \geq n+1$ für alle $(x_1, \ldots, x_n) \in \mathbb{R}^n_+$ und beweise hiermit die Ungleichung zwischen geometrischem und arithmetischem Mittel:
$$\sqrt[n]{x_1 \cdots x_n} \leq \frac{x_1 + \cdots + x_n}{n}, \quad \text{für alle } (x_1, \ldots, x_n) \in \mathbb{R}^n_+.$$

Aufgabe 5.3
Es sei $f : \mathbb{R}^2 \to \mathbb{R}$ gegeben durch
$$f(x,y) := \sum_{j=1}^n (xp_j + y - q_j)^2,$$
wobei $(p_j, q_j) \in \mathbb{R}^2$, $j = 1, \ldots, n$, vorgegebene Werte sind. Man untersuche, unter welchen Bedingungen es genau einen Punkt $(a,b) \in \mathbb{R}^2$ gibt, in dem f ein Minimum hat und man bestimme in diesem Fall den Punkt (a,b).

Aufgabe 5.4
Man beweise die Ungleichung
$$\frac{x^2 + y^2}{4} \leq e^{x+y-2} \quad \text{, für alle } x,y \geq 0.$$

Aufgabe 5.5
(a) Es sei $f : \mathbb{R} \to \mathbb{R}$ eine differenzierbare Funktion, deren Ableitung genau in $a \in \mathbb{R}$ eine Nullstelle besitzt. Man zeige: Hat f in a ein lokales Minimum, so nimmt die Funktion f in a ihr Infimum an.

(b) Man verifiziere, dass die obige Aussage für differenzierbare Funktionen mehrerer reeller Veränderlicher im Allgemeinen nicht gilt, indem man die Funktion $f : \mathbb{R}^2 \to \mathbb{R}$, $f(x,y) := 2x^3 + 3e^{2y} - 6xe^y$, betrachte.

Extremwerte unter Nebenbedingungen

Aufgabe 5.6
(a) Man bestimme die lokalen Extrema von $f : \mathbb{R}^2 \to \mathbb{R}$, $f(x,y) := x^2 + y^2$, unter der Nebenbedingung $x^4 + y^4 = 1$.

(b) Man bestimme das Maximum und Minimum der Funktion

$$f : \mathbb{R}^3 \to \mathbb{R}, \quad f(x, y, z) := 5x + y - 3z,$$

auf der Menge $\{(x, y, z) \in \mathbb{R}^3 : x + y + z = 0 \text{ und } x^2 + y^2 + z^2 = 1\}$.

Aufgabe 5.7

Man bestimme den achsenparallelen Quader größten Volumens, der dem Ellipsoid

$$E := \left\{ (x, y, z) \in \mathbb{R}^3 : \frac{x^2}{a^2} + \frac{y^2}{b^2} + \frac{z^2}{c^2} = 1 \right\}$$

einbeschrieben ist.

Aufgabe 5.8

Man bestimme Maxima und Minima folgender Funktionen:

(a) $f : \mathbb{R}^2 \to \mathbb{R}$, $f(x, y) := x^2 + 12xy + 2y^2$ unter der Nebenbedingung $4x^2 + y^2 = 25$.

(b) $g : \mathbb{R}^3 \to \mathbb{R}$, $g(x, y, z) := x^2 + y^2 + z^2$ unter den Nebenbedingungen $x + y + z = 0$, $\frac{x^2}{9} + \frac{y^2}{4} + z^2 = 1$.

Aufgabe 5.9

Es seien $f : \mathbb{R}^2 \to \mathbb{R}$, $f(x, y) := xy$, $N : \mathbb{R}^2 \to \mathbb{R}$, $N(x, y) := 4x^2 + y^2 - 18$.

(a) Man zeige, dass f auf der Nullstellenmenge

$$\{(x, y) \in \mathbb{R}^2 : N(x, y) = 0\}$$

ein Minimum und ein Maximum besitzt.

(b) Man ermittle alle Extremstellen von f unter der Nebenbedingung $N(x, y) = 0$.

Aufgabe 5.10

Es seien $a_1, \ldots, a_n$ beliebige positive Zahlen und $p_1, \ldots, p_n$ seien positive Zahlen mit $p_1 + \cdots + p_n = 1$. Man zeige die Ungleichung

$$a_1^{p_1} \cdots a_n^{p_n} \leq p_1 a_1 + \cdots + p_n a_n.$$

Man minimiere hierzu die Funktion $f(p) := p_1 a_1 + \cdots + p_n a_n - a_1^{p_1} \cdots a_n^{p_n}$ unter der obigen Nebenbedingung. Für $n = 2$ ist das die YOUNGSCHE Ungleichung.

Lösungen ausgewählter Aufgaben

Lösung zu Aufgabe 5.1:

Man bestimme Lage, Art und Größe der lokalen Extrema der folgenden Funktionen.

(a) $f(x, y) = \sin x + \sin y + \sin(x + y)$, $0 < x, y < \frac{\pi}{2}$.

Für den Gradienten erhalten wir

$$\nabla f(x, y) = \begin{pmatrix} \cos x + \cos(x + y) \\ \cos y + \cos(x + y) \end{pmatrix}.$$

Aus $\nabla f(x, y) = 0$ ergibt sich daher notwendig $\cos x = \cos y$ und da $0 < x, y < \pi/2$, dann sogar $x = y$ und ferner $\cos x + \cos(2x) = 0$. Da $\cos(2x) = \cos^2 x - \sin^2 x = 2\cos^2 x - 1$, erhalten wir

$$2\cos^2 x + \cos x - 1 = 0 \Leftrightarrow \cos x = -\frac{1}{4} \pm \sqrt{\frac{1}{16} + \frac{1}{2}} = -\frac{1}{4} \pm \frac{3}{4}.$$

Daher bleibt nur $x = y = \frac{\pi}{3}$ als Möglichkeit übrig, denn wegen $0 < x < \pi/2$ ist $\cos x \neq -1$. Für den Funktionswert an dieser stelle berechnen wir

$$f\left(\frac{\pi}{3}, \frac{\pi}{3}\right) = 2\sin\frac{\pi}{3} + \sin\frac{2\pi}{3} = 2 \cdot \frac{\sqrt{3}}{2} + \frac{\sqrt{3}}{2} = \frac{3\sqrt{3}}{2}.$$

Um zu entscheiden, ob es sich um eine Extremstelle handelt, müssen wir noch die zweiten Ableitungen berechen. Für die HESSE-Matrix von f erhalten wir:

$$D^2 f(x,y) = -\begin{pmatrix} \sin x + \sin(x+y) & \sin(x+y) \\ \sin(x+y) & \sin y + \sin(x+y) \end{pmatrix}.$$

Diese Matrix ist für alle $0 < x, y < \pi/2$ negativ definit, insbesondere an der Stelle $x = y = \pi/3$, sodass an der Stelle $(x,y) = (\pi/3, \pi/3)$ ein lokales Maximum von f zum Wert $\frac{3\sqrt{3}}{2}$ liegt. Weitere lokale Extrema in dem Gebiet $0 < x, y < \pi/2$ gibt es nicht.

(b) $f(x,y) = (x^2 + 2y^2)e^{-x^2-y^2}$, $x, y \in \mathbb{R}$.

Die Funktion ist von der Form

$$f(x,y) = g(x,y)e^{-x^2-y^2}, \quad g(x,y) = x^2 + 2y^2.$$

Für deren ersten Ableitungen gilt

$$f_x = (g_x - 2xg)e^{-x^2-y^2}, \quad f_y = (g_y - 2yg)e^{-x^2-y^2}.$$

Nun berechnen wir

$$g_x(x,y) = 2x, \quad g_y(x,y) = 4y,$$

also ist

$$\nabla f(x,y) = 2e^{-x^2-y^2}\begin{pmatrix} x(1-x^2-2y^2) \\ y(2-x^2-2y^2) \end{pmatrix}.$$

Der Gradient verschwindet also genau in den Punkten

$$(x,y) = (0,0), (0,1), (0,-1), (1,0), (-1,0).$$

Insbesondere ist in diesen Punkten $xy = 0$. Für die zweiten Ableitungen von f erhalten wir

$$f_{xx} = (g_{xx} - 2g - 2xg_x - 2x(g_x - 2xg))e^{-x^2-y^2},$$
$$f_{xy} = (g_{xy} - 2xg_y - 2y(g_x - 2xg))e^{-x^2-y^2},$$
$$f_{yy} = (g_{yy} - 2g - 2yg_y - 2y(g_y - 2yg))e^{-x^2-y^2}.$$

Da hier

$$g_{xx}(x,y) = 2, \quad g_{xy}(x,y) = 0, \quad g_{yy}(x,y) = 4,$$

vereinfacht sich die HESSE-Matrix von f in den Punkten (x,y) mit $\nabla f(x,y) = 0$ zu

$$D^2 f(x,y) = \begin{pmatrix} 2 - 2g(1 + 2x^2) & 0 \\ 0 & 4 - 2g(1 + 2y^2) \end{pmatrix} e^{-x^2-y^2}.$$

Dies impliziert

$$D^2 f(0,0) = \begin{pmatrix} 2 & 0 \\ 0 & 4 \end{pmatrix}, \quad D^2 f(\pm 1, 0) = \begin{pmatrix} -4 & 0 \\ 0 & 2 \end{pmatrix} e^{-1}, \quad D^2 f(0, \pm 1) = \begin{pmatrix} -2 & 0 \\ 0 & -8 \end{pmatrix} e^{-1}.$$

Somit liegt bei $(0,0)$ ein lokales Minimum zum Wert $f(0,0) = 0$ und bei $(0, \pm 1)$ jeweils ein lokales Maximum zum Wert $f(0, \pm 1) = 2e^{-1}$. In den beiden anderen kritischen Punkten $(\pm 1, 0)$ liegen keine lokalen Extrema, sondern Sattelpunkte.

(c) $f(x, y) = \frac{1}{y} - \frac{1}{x} - 4x + y$, $x, y \neq 0$. Es gilt

$$f_x = \frac{1}{x^2} - 4, \quad f_y = -\frac{1}{y^2} + 1.$$

Die vier kritischen Punkte liegen bei:

$$(x, y) = \left(\pm\frac{1}{2}, 1\right), \left(\pm\frac{1}{2}, -1\right).$$

Wir berechnen die HESSE-Matrix und erhalten

$$D^2 f(x, y) = \begin{pmatrix} -\frac{2}{x^3} & 0 \\ 0 & \frac{2}{y^3} \end{pmatrix}.$$

Dies impliziert

$$D^2 f\left(\frac{1}{2}, 1\right) = \begin{pmatrix} -16 & 0 \\ 0 & 2 \end{pmatrix}, \qquad D^2 f\left(-\frac{1}{2}, 1\right) = \begin{pmatrix} 16 & 0 \\ 0 & 2 \end{pmatrix}$$

$$D^2 f\left(\frac{1}{2}, -1\right) = \begin{pmatrix} -16 & 0 \\ 0 & -2 \end{pmatrix}, \qquad D^2 f\left(-\frac{1}{2}, -1\right) = \begin{pmatrix} 16 & 0 \\ 0 & -2 \end{pmatrix}.$$

Daraus schließen wir, dass an der Stelle $(-1/2, , 1)$ ein lokales Minimum zum Wert 6 und an der Stelle $(1/2, -1)$ ein lokales Maximum zum Wert -6 liegt. An den beiden anderen Stellen liegen Sattelpunkte.

Bemerkung: Das lokale Maximum ist für diese Funktion kleiner als das lokale Minimum. Das ist kein Widerspruch, denn die Funktion ist auf der Menge $\{xy = 0\}$, das heißt auf der Vereinigung von x- und y-Achse, nicht definiert, und die Extremstellen liegen in verschiedenen Quadranten.

Lösung zu Aufgabe 5.3:

Es sei $f : \mathbb{R}^2 \to \mathbb{R}$ gegeben durch

$$f(x, y) := \sum_{j=1}^{n} (xp_j + y - q_j)^2,$$

wobei $(p_j, q_j) \in \mathbb{R}^2$, $j = 1, \dots, n$, vorgegebene Werte sind.

Wir untersuchen, unter welchen Bedingungen es genau einen Punkt $(a, b) \in \mathbb{R}^2$ gibt, in dem f ein Minimum besitzt, und bestimmen in diesem Fall den Punkt (a, b).

Da die Funktion offenbar wegen des quadratischen Ausdrucks konvex ist, können kritische Punkte nur lokale Minima sein. Die ersten Ableitungen von f sind

$$\frac{\partial f}{\partial x} = 2\sum_{j=1}^{n} p_j(xp_j + y - q_j), \quad \frac{\partial f}{\partial y} = 2\sum_{j=1}^{n}(xp_j + y - q_j).$$

Aus $\nabla f(x, y) = 0$ ergibt sich das folgende Gleichungssystem:

$$\sum_{j=1}^{n} p_j(xp_j + y - q_j) = 0, \quad \sum_{j=1}^{n}(xp_j + y - q_j) = 0.$$

Wir definieren

$$S_p := \sum_{j=1}^n p_j, \quad S_{p^2} := \sum_{j=1}^n p_j^2, \quad S_q := \sum_{j=1}^n q_j, \quad S_{pq} := \sum_{j=1}^n p_j q_j.$$

Damit lauten die Gleichungen:

$$x S_{p^2} + y S_p = S_{pq}, \quad x S_p + n y = S_q.$$

In Matrixform schreibt sich dieses System als

$$\begin{pmatrix} S_{p^2} & S_p \\ S_p & n \end{pmatrix} \begin{pmatrix} x \\ y \end{pmatrix} = \begin{pmatrix} S_{pq} \\ S_q \end{pmatrix}.$$

Die Gleichung besitzt genau dann eine eindeutige Lösung, wenn die Matrix invertierbar ist, also genau dann, wenn

$$\det \begin{pmatrix} S_{p^2} & S_p \\ S_p & n \end{pmatrix} = S_{p^2} \cdot n - S_p^2 \neq 0.$$

Dies ist genau dann erfüllt, wenn die p_j nicht alle gleich sind.

Es existiert also genau dann nur ein Punkt (a, b), in dem f ein lokales Minimum besitzt, wenn die p_j nicht alle gleich sind. In diesem Fall ergibt sich (a, b) durch Lösung des linearen Gleichungssystems, also

$$\begin{pmatrix} a \\ b \end{pmatrix} = \frac{1}{S_{p^2} \cdot n - S_p^2} \begin{pmatrix} n & -S_p \\ -S_p & S_{p^2} \end{pmatrix} \begin{pmatrix} S_{pq} \\ S_q \end{pmatrix} = \frac{1}{S_{p^2} \cdot n - S_p^2} \begin{pmatrix} n \cdot S_{pq} - S_p S_q \\ -S_p S_{pq} + S_q S_{p^2} \end{pmatrix}.$$

Lösung zu Aufgabe 5.5:

(a) Es sei $f : \mathbb{R} \to \mathbb{R}$ eine differenzierbare Funktion, deren Ableitung genau in $a \in \mathbb{R}$ eine Nullstelle besitzt. Wir zeigen: Hat f in a ein lokales Minimum, so nimmt die Funktion f in a ihr Infimum an.

BEWEIS: Da $f'(a) = 0$ und f in a ein lokales Minimum besitzt, folgt

$$\exists \delta > 0 \text{ derart, dass } f(x) \geq f(a) \quad \text{für alle } x \in (a - \delta, a + \delta).$$

Da f nur in a eine Nullstelle der Ableitung besitzt, ist $f'(x) \neq 0$ für alle $x \neq a$, also streng monoton in jedem Intervall, das a ausschließt. Das heißt, f ist außerhalb von a streng wachsend oder fallend, und nimmt daher dort keine weiteren lokalen Minima an.

Es folgt, dass $f(a) \leq f(x)$ für alle $x \in \mathbb{R}$, also ist $f(a) = \inf_{x \in \mathbb{R}} f(x)$. ⊛

(b) Wir verifizieren, dass die obige Aussage für differenzierbare Funktionen mehrerer reeller Veränderlicher im Allgemeinen nicht gilt, indem wir die Funktion $f : \mathbb{R}^2 \to \mathbb{R}$, $f(x, y) := 2x^3 + 3e^{2y} - 6xe^y$ betrachten.

Zunächst bestimmen wir den Gradienten:

$$\nabla f(x, y) = \begin{pmatrix} \frac{\partial f}{\partial x} \\ \frac{\partial f}{\partial y} \end{pmatrix} = 6 \begin{pmatrix} x^2 - e^y \\ e^{2y} - xe^y \end{pmatrix}.$$

Aus $\nabla f(x,y) = 0$ folgt dann $x = 1, y = 0$. An dieser Stelle liegt tatsächlich ein lokales Minimum, denn

$$D^2 f(x,y) = 6 \begin{pmatrix} 2x & -e^y \\ -e^y & 2e^{2y} - xe^y \end{pmatrix},$$

sodass

$$D^2 f(1,0) = \begin{pmatrix} 12 & -6 \\ -6 & 6 \end{pmatrix}$$

und dies ist eine positiv definite Matrix (wegen $12 > 0$ und $\det D^2 f(1,0) = 108 > 0$). Der Funktionswert an dieser Stelle beträgt $f(1,0) = -1$, aber $\inf_{\mathbb{R}^2} f = -\infty$, denn

$$\lim_{x \to -\infty} f(x,0) = \lim_{x \to -\infty} (2x^3 + 3 - 6x) = -\infty.$$

Die Aussage aus Teil (a) gilt also im mehrdimensionalen Fall nicht immer.

Lösung zu Aufgabe 5.7:

Wir bestimmen den achsenparallelen Quader größten Volumens, der dem Ellipsoid

$$E := \left\{ (x,y,z) \in \mathbb{R}^3 : \frac{x^2}{a^2} + \frac{y^2}{b^2} + \frac{z^2}{c^2} = 1 \right\}$$

einbeschrieben ist.

Es sei (x,y,z) diejenige Ecke des Quaders, für die $x,y,z > 0$. Die anderen 7 Ecken des Quaders unterscheiden sich dann nur in den Vorzeichen dieser Koordinaten. Das Volumen des Quaders ist somit

$$V(x,y,z) = 8xyz.$$

Es gilt also, das lokale Maximum der Funktion $V : \mathbb{R}^3 \to \mathbb{R}$ unter der Nebenbedingung $f(x,y,z) = 0$ zu bestimmen, wobei

$$f(x,y,z) = \frac{x^2}{a^2} + \frac{y^2}{b^2} + \frac{z^2}{c^2} - 1.$$

Dazu berechnen wir beide Gradienten:

$$\nabla v(x,y,z) = \begin{pmatrix} 8yz \\ 8xz \\ 8xy \end{pmatrix}, \quad \nabla f(x,y,z) = \begin{pmatrix} \frac{2x}{a^2} \\ \frac{2y}{b^2} \\ \frac{2z}{c^2} \end{pmatrix}.$$

In dem Punkt (x,y,z) muss es daher einen LAGRANGE-Multiplikator $\lambda \in \mathbb{R}$ mit

$$\begin{pmatrix} 8yz \\ 8xz \\ 8xy \end{pmatrix} = \lambda \begin{pmatrix} \frac{2x}{a^2} \\ \frac{2y}{b^2} \\ \frac{2z}{c^2} \end{pmatrix}$$

geben. Für die vier Unbekannten x,y,z,λ erhalten wir somit die vier Gleichungen

$$4yz = \lambda \cdot \frac{x}{a^2},$$

$$4xz = \lambda \cdot \frac{y}{b^2},$$

$$4xy = \lambda \cdot \frac{z}{c^2},$$

$$1 = \frac{x^2}{a^2} + \frac{y^2}{b^2} + \frac{z^2}{c^2}.$$

Durch Multiplikation der ersten Gleichung mit x, der zweiten mit y und der dritten mit z und anschließender Summation ergibt sich wegen der vierten Gleichung hieraus.

$$12xyz = \lambda.$$

Setzen wir dies jeweils in die ersten drei Gleichungen ein, ergibt sich

$$1 = \frac{3x^2}{a^2} = \frac{2y^2}{b^2} = \frac{3z^2}{c^2},$$

also

$$(x, y, z) = \frac{1}{\sqrt{3}}(a, b, c)$$

und dann $V(x, y, z) = \frac{8abc}{3\sqrt{3}}$ für das entsprechende Volumen.

Es handelt sich um ein Maximum, denn für die anderen kritischen Punkte von V unter dieser Nebenbedingung gilt jeweils $xyz = 0$ und an diesen Stellen verschwindet das Volumen V, weil die Quader dort entarten. Das maximale Volumen eines einbeschriebenen Quaders im Ellipsoid mit Halbachsen a, b, c ist somit $V = (2/\sqrt{3})^3 abc$.

Lösung zu Aufgabe 5.9:

Es seien $f : \mathbb{R}^2 \to \mathbb{R}$, $f(x, y) := xy$, $N : \mathbb{R}^2 \to \mathbb{R}$, $N(x, y) := 4x^2 + y^2 - 18$.

(a) Wir zeigen, dass f auf der Nullstellenmenge

$$\{(x, y) \in \mathbb{R}^2 : N(x, y) = 0\}$$

ein Minimum und ein Maximum besitzt.

BEWEIS: Die Nullstellenmenge $N = 0$ ist eine Ellipse, diese ist kompakt und weil stetige Funktionen auf kompakten Mengen ihr Infimum und Supremum annehmen, besitzt f auf N ein Minimum und ein Maximum. ✱

(b) Wir ermitteln alle Extremstellen von f unter der Nebenbedingung $N(x, y) = 0$.

Hierzu benötigen wir die Gradienten der beiden Funktionen. Es gilt

$$\nabla f(x, y) = \begin{pmatrix} y \\ x \end{pmatrix}, \quad \nabla N(x, y) = \begin{pmatrix} 8x \\ 2y \end{pmatrix}.$$

In den lokalen Extremstellen (x, y) von f unter der Nebenbedingung $N = 0$ existieren LAGRANGE-Multiplikatoren λ mit

$$\nabla f(x, y) = \lambda \nabla N(x, y),$$

also

$$y = 8\lambda x, \quad x = 2\lambda y.$$

Aus diesen beiden Gleichungen ergibt sich

$$8\lambda x^2 = 2\lambda y^2,$$

also entweder $\lambda = 0$ oder $4x^2 = y^2$. Aus $\lambda = 0$ ergibt sich jedoch $\nabla f(x, y) = 0$, also $x = y = 0$ und das verträgt sich nicht mit der Nebenbedingung. Folglich ist $\lambda \neq 0$ und $4x^2 = y^2$. Setzen wir die letzte Gleichung in die Nebenbedingung ein, so erhalten wir

$$y = \pm 3 \quad \Rightarrow \quad x = \pm\frac{3}{2} \quad \Rightarrow \quad \lambda = \mathrm{sign}(x/y) \cdot \frac{1}{4}$$

wobei die beiden Vorzeichen bei x, y unabhängig voneinander sind. Da die Funktionswerte von f an diesen vier Stellen durch $\pm 9/2$ gegeben sind, liegen an den Stellen

$$\left(\frac{3}{2}, 3\right), \quad \left(-\frac{3}{2}, -3\right)$$

die beiden lokalen und ebenfalls globalen Maxima und entsprechend an den anderen beiden Stellen

$$\left(\frac{3}{2}, -3\right), \quad \left(-\frac{3}{2}, 3\right)$$

die lokalen und sogar globalen Minima von f. Insbesondere zeigt dies, dass

$$-\frac{9}{2} \leq xy \leq \frac{9}{2}, \text{ für alle } x, y \text{ mit } 4x^2 + y^2 = 18.$$

Das kann man auch direkt sehen, denn

$$4x^2 + y^2 = 18 \quad \Leftrightarrow \quad 4\left(\frac{9}{2} \pm xy\right) = (2x \pm y)^2$$

und die rechte Seite des letzten Ausdrucks ist nicht-negativ und verschwindet genau in den Punkten (x, y) mit $2x = \pm y$, welche auf der Ellipse $\{N = 0\}$ liegen.

6. Untermannigfaltigkeiten

In diesem Kapitel werden wir die Niveaumengen von differenzierbaren Abbildungen $f : \mathbb{R}^n \to \mathbb{R}^k$ näher untersuchen. In vielen Fällen sind diese Mengen sehr schöne mathematische Objekte. Zum Beispiel ist die Nullstellenmenge der Funktion

$$f : \mathbb{R}^{n+1} \to \mathbb{R}, \quad f(x) := \|x\|^2 - 1$$

die Einheitssphäre $\mathbb{S}^n$. Eine Besonderheit dabei ist, dass in jedem Punkt $p \in \mathbb{S}^n$ die Menge $T_p \mathbb{S}^n$ der Tangentialvektoren (siehe Definition 4.1.3) einen n-dimensionalen reellen Vektorraum bildet. Das muss jedoch nicht bei allen Niveaumengen der Fall sein, wie wir bereits beim Doppelkegel im Beispiel 4.1.4(b) gesehen haben.

Intuitiv fassen wir $\mathbb{S}^n$ als ein *n-dimensionales* geometrisches Objekt innerhalb von $\mathbb{R}^{n+1}$ auf. Auf $\mathbb{S}^n$ könnte sich ein fiktiver Beobachter in n verschiedenen *Dimensionen* frei bewegen. Was man dabei genau unter einer räumlichen Dimension versteht, müssen wir mathematisch noch präzisieren. Wir werden weiter unten dazu den Begriff der *differenzierbaren Untermannigfaltigkeit* einführen.

6.1. Kritische Punkte und Werte

Ehe wir Untermannigfaltigkeiten definieren können, müssen wir uns zunächt mit den Differentialen von Abbildungen befassen.

Sei dazu $\Omega \subset \mathbb{R}^n$ offen und $f : \Omega \to \mathbb{R}^k$ eine differenzierbare Abbildung. In jedem Punkt $x_0 \in \Omega$ existiert das Differential $Df|_{x_0} : \mathbb{R}^n \to \mathbb{R}^k$. Bezüglich der Standardbasen von $\mathbb{R}^n$ und $\mathbb{R}^k$ kann $Df|_{x_0}$ als Matrix dargestellt werden, nämlich durch die JACOBI-Matrix $\mathrm{Jac}_f(x_0)$. Da es sich um eine lineare Abbildung handelt, hat die JACOBI-Matrix einen Rang. Dieser Rang ist höchstens $\min\{n, k\}$, da Zeilen- und Spaltenrang übereinstimmen. Daher ist die folgende Definition gerechtfertigt.

6.1.1 Definition (Rang differenzierbarer Abbildungen)
Mit den vorhergehenden Bezeichnungen ist der *Rang* einer differenzierbaren Abbildung $f : \Omega \to \mathbb{R}^k$ in $x_0 \in \Omega$, geschrieben $\mathrm{Rang}\, f|_{x_0}$, der Rang der JACOBI-Matrix von f im Punkt x_0.

(a) Falls der Rang von f in x_0 maximal ist, also

$$\mathrm{Rang}\, f|_{x_0} = \min\{n, k\},$$

so heißt x_0 *regulärer Punkt* von f. Anderenfalls nennen wir x_0 einen *kritischen Punkt* von f.

(b) Ein Punkt $y_0 \in \mathbb{R}^k$ heißt *regulärer Wert* von f, wenn $f^{-1}(y_0)$ keine kritischen Punkte von f enthält. Das gilt insbesondere für den Fall $f^{-1}(y_0) = \varnothing$. Anderenfalls nennen wir y_0 einen *kritischen Wert* von f.

Für die Menge $\mathrm{P}^{cr}[f]$ der kritischen Punkte und die Menge $\mathrm{W}^{cr}[f]$ der kritischen Werte gilt

$$\mathrm{W}^{cr}[f] = f(\mathrm{P}^{cr}[f]).$$

Außerdem ist für die Menge der regulären Punkte $\mathrm{P}^{reg}[f]$ und die Menge der regulären Werte $\mathrm{W}^{reg}[f]$

$$\mathrm{P}^{reg}[f] \cup \mathrm{P}^{cr}[f] = \Omega, \quad \mathrm{W}^{reg}[f] \cup \mathrm{W}^{cr}[f] = \mathbb{R}^k$$

und die Vereinigung ist jeweils disjunkt. Jedoch gilt wegen

$$f^{-1}(\mathrm{W}^{reg}[f]) \subset \mathrm{P}^{reg}[f]$$

im Allgemeinen nur $\mathrm{W}^{reg}[f] \cap f(\Omega) \subset f(\mathrm{P}^{reg}[f])$.

6.1.2 Beispiel

(a) Sei $f : \mathbb{R}^3 \to \mathbb{R}^2$ gegeben durch

$$f(x, y, z) := \frac{1}{3}(x + y + z, xy + xz + yz).$$

Die JACOBI-Matrix von f ist

$$\mathrm{Jac}_f(x, y, z) = \frac{1}{3} \begin{pmatrix} 1 & 1 & 1 \\ y + z & x + z & x + y \end{pmatrix}.$$

Damit ist für (x, y, z), $\mathrm{Rang}\, f|_{(x,y,z)} \in \{1, 2\}$ und

$$\mathrm{Rang}\, f|_{(x,y,z)} = 1 \Leftrightarrow x = y = z.$$

Also ist (x, y, z) genau dann ein kritischer Punkt, wenn $x = y = z$. Die Werte von f an diesen Stellen sind $f(x, x, x) = (x, x^2)$. Die Menge der regulären Werte von f ist demnach identisch mit $\mathbb{R}^2 \setminus P$, wobei $P := \{(\xi, \eta) \in \mathbb{R}^2 : \eta = \xi^2\}$ die Normalparabel bezeichne.

(b) Wir betrachten die Funktion $f(x, y, z) := x^2 + y^2 - z^2$. Es ist

$$\mathrm{Jac}_f(x, y, z) = 2 \begin{pmatrix} x & y & -z \end{pmatrix}.$$

Somit existiert nur ein kritischer Punkt an der Stelle $x = y = z = 0$, der zugehörige kritische Wert ist 0. In Abbildung 6.1 sind die Niveauflächen für die regulären Werte $1, -1$ und für den kritischen Wert 0 dargestellt. Der Doppelkegel besitzt im Ursprung eine Singularität.

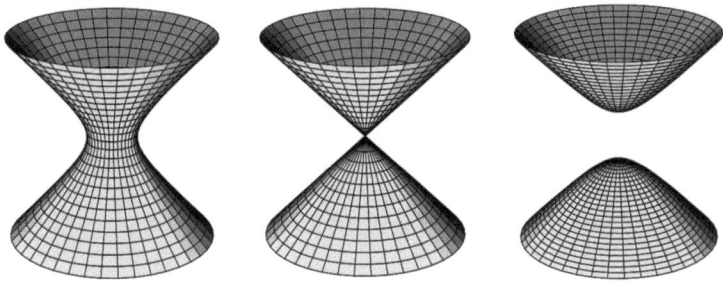

Abbildung 6.1.: Einschaliges Hyperboloid, Doppelkegel und zweischaliges Hyperboloid. Die Flächen sind Niveaumengen der Funktion $f(x, y, z) := x^2 + y^2 - z^2$ zu den Werten $1, 0, -1$.

(c) CHMUTOV-Quartik. Diesmal sei $f : \mathbb{R}^3 \to \mathbb{R}$ gegeben durch

$$f(x, y, z) := x^2(x^2 - 1) + y^2(y^2 - 1) + z^2(z^2 - 1).$$

Die JACOBI-Matrix von f ist jetzt

$$\mathrm{Jac}_f(x, y, z) = 2 \begin{pmatrix} 2x^3 - x & 2y^3 - y & 2z^3 - z \end{pmatrix}.$$

Folglich besteht die Menge der kritischen Punkte aus den insgesamt 27 Punkten (x, y, z) mit

$$x, y, z \in \left\{ -\frac{1}{\sqrt{2}}, \, 0, \, \frac{1}{\sqrt{2}} \right\}.$$

Die kritischen Werte bilden die Menge $\left\{ -\frac{3}{4}, -\frac{1}{2}, -\frac{1}{4}, 0 \right\}$.

(d) Die Funktion $f : \mathbb{R} \to \mathbb{R}$, $f(x) := e^{-\lambda x^2} \cdot \sin x$, $\lambda > 0$, hat unendlich viele kritische Punkte (siehe Abbildung 6.2). Die zugehörigen kritischen Werte sind

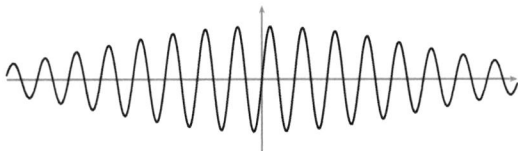

Abbildung 6.2.: Ein Beispiel für eine Funktion, bei der die Menge der kritischen Werte nicht abgeschlossen ist.

von Null verschieden, sodass Null ein regulärer Wert ist. Da es eine Folge von kritischen Punkten x_k mit $\lim_{k \to \infty} x_k = \infty$ und $\lim_{k \to \infty} f(x_k) = 0$ gibt, kann ein regulärer Wert der Grenzwert kritischer Werte sein, das heißt die Menge der kritischen Werte ist im Allgemeinen nicht abgeschlossen.

6.1.3 Definition (Immersion, Einbettung, Submersion)

$\Omega \subset \mathbb{R}^m$ sei offen und nicht leer und $f : \Omega \to \mathbb{R}^n$ sei stetig differenzierbar.

(a) $f : \Omega \to \mathbb{R}^n$ heißt *Immersion*, falls in jedem Punkt $x_0 \in \Omega$

$$\operatorname{Rang} f|_{x_0} = m.$$

(b) Eine Immersion $f : \Omega \to \mathbb{R}^n$ heißt *Einbettung*, wenn $f : \Omega \to f(\Omega)$ bezüglich der Relativtopologie auf $f(\Omega)$ ein Homöomorphismus ist.

(c) $f : \Omega \to \mathbb{R}^n$ heißt *Submersion*, falls in jedem Punkt $x_0 \in \Omega$

$$\operatorname{Rang} f|_{x_0} = n.$$

6.1.4 Bemerkung

(a) Natürlich gilt für jede differenzierbare Abbildung $f : \Omega \to \mathbb{R}^n$ die Abschätzung

$$\operatorname{Rang} f|_{x_0} \leq \min\{m, n\}.$$

Somit ist bei Immersionen und Einbettungen notwendig

$$m \leq n$$

und bei Submersionen

$$m \geq n.$$

(b) Einbettungen sind insbesondere injektive Immersionen. Die Umkehrung gilt im Allgemeinen nicht. Zum Beispiel ist die folgende Lissajous-Kurve

$$c : \mathbb{R} \to \mathbb{R}^2, \quad c(t) := (\sin t, \sin 2t)$$

eine Immersion, ihre Einschränkung auf $(0, 2\pi)$ eine injektive Immersion, aber

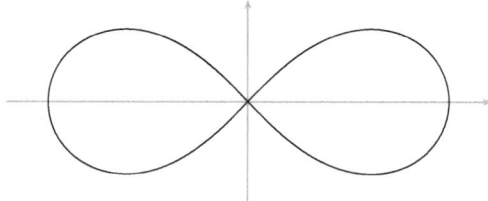

Abbildung 6.3.: Die Kurve ist nicht eingebettet, sondern nur immergiert.

keine Einbettung. Lokal ist jede Immersion eine Einbettung (siehe Satz 6.1.6).

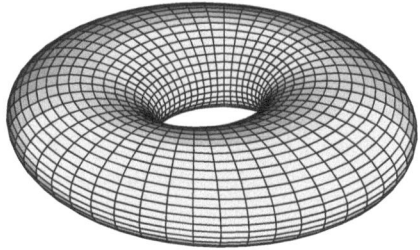

Abbildung 6.4.: Ein eingebetteter Torus in $\mathbb{R}^3$.

6.1.5 Beispiel

(a) Es sei $r > 1$ und für $f : \mathbb{R}^2 \to \mathbb{R}^3$ wähle man die Abbildung

$$f(x, y) := \big((r + \cos x) \cos y, (r + \cos x) \sin y, \sin x\big).$$

Das Bild unter f ist ein Rotationstorus in $\mathbb{R}^3$ (siehe Abbildung 6.4). Wir berechnen

$$\frac{\partial f}{\partial x} = \begin{pmatrix} -\sin x \cos y \\ -\sin x \sin y \\ \cos x \end{pmatrix}, \quad \frac{\partial f}{\partial y} = \begin{pmatrix} -(r + \cos x) \sin y \\ (r + \cos x) \cos y \\ 0 \end{pmatrix}.$$

Wegen $r > 1$ sind diese Vektoren immer linear unabhängig und der Rang von f ist 2. Somit ist f eine Immersion. Weil f nicht injektiv ist, liegt keine Einbettung vor. Allerdings ist die Einschränkung von f auf die offene Menge $(0, 2\pi) \times (0, 2\pi)$ injektiv und dann sogar eine Einbettung.

(b) Die Abbildung $f : \mathbb{R}^m \to \mathbb{R}$, $f(x) := \|x\|^2$, ist auf $\mathbb{R}^m \setminus \{0\}$ eine Submersion, auf $\mathbb{R}^m$ jedoch nicht, denn $Df(x) = 2x$.

Im Allgemeinen sind Immersionen keine Einbettungen, jedoch gilt dies immer lokal, wie der nachfolgende Satz zeigt.

6.1.6 Satz (Lokale Darstellung von Immersionen)

Sei $f : \Omega \to \mathbb{R}^n$ eine Immersion auf einer offenen Teilmenge $\Omega \subset \mathbb{R}^m$. Dann existiert zu jedem $p \in \Omega$ eine offene Umgebung $U \subset \Omega$ von p, sodass $f|_U$ eine Einbettung ist.

Beweis: Nach Voraussetzung ist $m \leq n$. Es sei $i_1 : \mathbb{R}^m \to \mathbb{R}^n$ die Injektion

$$i_1(x_1, \ldots, x_m) := (x_1, \ldots, x_m, 0, \ldots, 0)$$

und $\pi_1 : \mathbb{R}^n \to \mathbb{R}^m$ sei die Projektion

$$\pi_1(x_1, \ldots, x_m, x_{m+1}, \ldots, x_n) := (x_1, \ldots, x_m).$$

f hat in p maximalen Rang m. Wir nehmen ohne Einschränkung an, dass die Koordinaten so sortiert sind, dass

$$\det\left(\left(\frac{\partial f_i}{\partial x_j}(p)\right)_{1 \leq i,j \leq m}\right) \neq 0$$

und erweitern f zu einer stetig differenzierbaren Abbildung

$$F : \Omega \times \mathbb{R}^{n-m} \to \mathbb{R}^n$$

durch die Vorschrift

$$F(x_1, \ldots, x_m, x_{m+1}, \ldots, x_n) :=$$
$$f(x_1, \ldots, x_m) + (0, \ldots, 0, x_{m+1}, \ldots, x_n).$$

F besitzt an der Stelle $q := (p, 0_{n-m})$ maximalen Rang n, denn

$$\det\left(\left(\frac{\partial F_\alpha}{\partial x_\beta}(q)\right)_{1 \leq \alpha, \beta \leq n}\right) = \det\left(\left(\frac{\partial f_i}{\partial x_j}(p)\right)_{1 \leq i,j \leq m}\right) \neq 0.$$

Aus dem lokalen Diffeomorphiekriterium (Satz 4.3.2) folgt, dass es eine offene Umgebung $\Lambda \subset \mathbb{R}^n$ von $F(q)$ gibt, auf der eine stetig differenzierbare Umkehrabbildung F^{-1} existiert. Diese bildet Λ diffeomorph auf $F^{-1}(\Lambda)$ ab.

Wir setzen $U := \pi_1(F^{-1}(\Lambda)) \subset \Omega$. Da $f = F \circ i_1$ gilt, ist die Einschränkung $f|_U$ injektiv und ein Homöomorphismus auf ihr Bild. Das war zu zeigen. $\qquad\square$

6.2. Differenzierbare Untermannigfaltigkeiten

6.2.1 Definition (Differenzierbare Untermannigfaltigkeit)

(a) Unter einer *Karte* um $p \in \mathbb{R}^n$ verstehen wir einen Diffeomorphismus $y : V \to \Lambda$ zwischen offenen Teilmengen $V, \Lambda \subset \mathbb{R}^n$ mit $p \in V$.

(b) Eine nicht leere Teilmenge $M \subset \mathbb{R}^n$ heißt *m-dimensionale differenzierbare Untermannigfaltigkeit* des $\mathbb{R}^n$, wenn es zu jedem $p \in M$ eine Karte $y : V \to \Lambda$ um p gibt, sodass

$$y(M \cap V) = (\mathbb{R}^m \times \{0_{n-m}\}) \cap y(V).$$

Hierbei bezeichnet 0_{n-m} den Ursprung in $\mathbb{R}^{n-m}$. Die *Kodimension* von M ist die Differenz $n - m$.

(c) Eine Untermannigfaltigkeit der Dimension $m = 1$ heißt *Kurve*. Analog ist eine *Fläche* eine Untermannigfaltigkeit der Dimension $m = 2$. Unter einer *Hyperfläche* verstehen wir eine Untermannigfaltigkeit der Kodimension 1.

6.2.2 Satz

(a) $f : \Omega \to \mathbb{R}^n$ *sei eine Einbettung, $\Omega \subset \mathbb{R}^m$ offen. Dann ist $M := f(\Omega)$ eine m-dimensionale differenzierbare Untermannigfaltigkeit. Bilder von Einbettungen sind also differenzierbare Untermannigfaltigkeiten.*

(b) *Umgekehrt gilt: Ist $M \subset \mathbb{R}^n$ eine m-dimensionale differenzierbare Untermannigfaltigkeit, so existiert zu jedem $p \in M$ eine offene Umgebung $V \subset \mathbb{R}^n$ um p, eine offene Teilmenge $\Omega \subset \mathbb{R}^m$ und eine Einbettung $f : \Omega \to \mathbb{R}^n$ mit $f(\Omega) = M \cap V$. Differenzierbare Untermannigfaltigkeiten, sind also lokal die Bilder von Einbettungen.*

Beweis:

(a) Es sei $p \in f(\Omega)$ beliebig. Weil f eine Einbettung ist, existiert zu p genau ein $x_0 \in \Omega$ mit $f(x_0) = p$. Außerdem ist der Rang von f in x_0 maximal, das heißt Rang $f|_{x_0} = m$. Es seien $u_1, \dots, u_m$ die Vektoren mit

$$u_k := Df|_{x_0}(e_k), \quad k = 1, \dots, m,$$

wobei $\{e_1, \dots, e_m\}$ die Standardbasis des $\mathbb{R}^m$ bezeichnet. Weil $Df|_{x_0}$ maximalen Rang hat, sind die Vektoren $u_1, \dots, u_m \in \mathbb{R}^n$ linear unabhängig und spannen einen m-dimensionalen reellen Untervektorraum $U \subset \mathbb{R}^n$ auf. Das orthogonale Komplement von U bezüglich des Skalarprodukts $\langle \cdot, \cdot \rangle$ in $\mathbb{R}^n$ sei mit $U^\perp$ bezeichnet. Wir wählen eine beliebige Orthonormalbasis $\xi_1, \dots, \xi_{n-m}$ von $U^\perp$ und definieren anschließend die Abbildung $F : \Omega \times \mathbb{R}^{n-m} \to \mathbb{R}^n$ mit

$$F(x_1, \dots, x_m, x_{m+1}, \dots, x_n)$$
$$:= f(x_1, \dots, x_m) + \sum_{k=1}^{n-m} x_{m+k} \xi_k.$$

Weil f in x_0 maximalen Rang hat, gilt dies nun auch für F im Punkt $x_0 \times 0_{n-m}$, sodass F in einer kleinen offenen Umgebung $\Lambda \subset \Omega \times \mathbb{R}^{n-m}$ um $x_0 \times 0_{n-m}$ ein lokaler Diffeomorphismus ist. Wir setzen $V := F(\Lambda)$, insbesondere ist V eine offene Umgebung um p. Weil $F(x_1, \dots, x_m, 0, \dots, 0) = f(x_1, \dots, x_m)$, für $x = (x_1, \dots, x_m) \in \Omega$, gilt

$$M \cap V = F((\mathbb{R}^m \times \{0_{n-m}\}) \cap \Lambda),$$

oder äquivalent hierzu

$$F^{-1}(M \cap V) = (\mathbb{R}^m \times \{0_{n-m}\}) \cap \Lambda.$$

Setzt man daher $y := F^{-1}$, so bildet wegen $\Lambda = F^{-1}(V) = y(V)$ die Abbildung $y : V \to \Lambda$ eine Karte um p mit

$$y(M \cap V) = (\mathbb{R}^m \times \{0_{n-m}\}) \cap y(V).$$

Das war zu zeigen.

(b) Es sei $p \in M$ ein Punkt einer differenzierbaren Untermannigfaltigkeit $M \subset \mathbb{R}^n$. Dann existiert eine Karte $y : V \to \Lambda$ um p mit

$$y(M \cap V) = (\mathbb{R}^m \times \{0_{n-m}\}) \cap y(V).$$

Es sei $\pi_1 : \mathbb{R}^n \to \mathbb{R}^m$ die Projektion auf die ersten m Koordinaten, also

$$\pi_1(u_1, \dots, u_n) := (u_1, \dots, u_m).$$

Wir setzen $\Omega := \pi_1(y(M \cap V))$. Damit ist Ω offen und die Abbildung

$$f : \Omega \to \mathbb{R}^n, \quad f(x) := y^{-1}(x, 0_{n-m})$$

ist eine Einbettung mit $f(\Omega) = M \cap V$.

$\square$

6.2.3 Definition
$M \subset \mathbb{R}^n$ sei eine m-dimensionale differenzierbare Untermannigfaltigkeit. Eine lokale Einbettung $f : \Omega \to M \subset \mathbb{R}^n$ wie in Satz 6.2.2(b) heißt *lokale Parametrisierung* von M.

6.2.4 Beispiel
Die Abbildung $f : (-\pi/2, \pi/2) \times (0, 2\pi) \to \mathbb{S}^2$,

$$f(\alpha, \beta) := (\cos\alpha\cos\beta, \cos\alpha\sin\beta, \sin\alpha)$$

ist eine lokale Parametrisierung der Einheitssphäre $\mathbb{S}^2$, denn f ist injektiv, ihr Bild in $\mathbb{S}^2$ enthalten, und wegen

$$\frac{\partial f}{\partial \alpha} = \begin{pmatrix} -\sin\alpha\cos\beta \\ -\sin\alpha\sin\beta \\ \cos\alpha \end{pmatrix}, \quad \frac{\partial f}{\partial \beta} = \begin{pmatrix} -\cos\alpha\sin\beta \\ \cos\alpha\cos\beta \\ 0 \end{pmatrix}$$

ist f von maximalem Rang 2 und eine Einbettung. Es ist

$$f\big((-\pi/2, \pi/2) \times (0, 2\pi)\big) = \mathbb{S}^2 \setminus \{(x, y, z) \in \mathbb{S}^2 : x \geq 0 \text{ und } y = 0\}.$$

Von $\mathbb{S}^2$ fehlt also lediglich ein abgeschlossener Halbkreisbogen im Bild von f.

6.2.5 Satz
Sei $M \subset \mathbb{R}^n$ eine differenzierbare Untermannigfaltigkeit, $\dim M = m$, und $p \in M$ sei beliebig. Dann ist der Tangentialraum $T_p M$ von M in p ein m-dimensionaler reeller Untervektorraum des $\mathbb{R}^n$.

Beweis: Das ergibt sich aus Satz 6.2.2, denn ist $f : \Omega \to M$ eine lokale Einbettung mit $f(x_0) = p$, so werden sämtliche glatten Kurven $c : (-\epsilon, \epsilon) \to M$ mit $c(0) = p$ für genügend kleines $\epsilon > 0$ beschrieben durch Kurven der Form

$$c = f \circ \tilde{c}, \quad \tilde{c} : (-\epsilon, \epsilon) \to \Omega, \quad \tilde{c}(0) = x_0.$$

Daraus folgt, dass sich der Tangentialraum T_pM als Bild des $\mathbb{R}^m$ unter dem Differential $Df|_{x_0}$ beschreiben lässt, das heißt

$$T_pM = Df|_{x_0}(\mathbb{R}^m).$$

Jeder Tangentialvektor $v \in T_pM$ besitzt also eine Beschreibung der Form

$$v = \sum_{k=1}^{m} v_k \frac{\partial f}{\partial x_k}(x_0)$$

mit reellen Zahlen $v_1, \ldots, v_m$ und die Abbildung

$$\mathbb{R}^m \ni w \mapsto Df|_{x_0}(w) \in T_pM$$

ist ein Isomorphismus. $\qquad\qquad\qquad\qquad\qquad\qquad\qquad\qquad\qquad\qquad$ $\square$

6.2.6 Beispiel
$\Omega \subset \mathbb{R}^m$ sei offen und nicht leer und $u : \Omega \to \mathbb{R}$ sei glatt. Die lokale Einbettung

$$F : \Omega \to \mathbb{R}^{m+1}, \quad F(x) := (x, u(x))$$

beschreibt den Graphen von u über Ω. Der Tangentialraum T_pM von $M := F(\Omega)$ im Punkt $p = (x_0, u(x_0))$ wird dann aufgespannt durch die m linear unabhängigen Tangentialvektoren

$$\frac{\partial F}{\partial x_i}(x_0) = e_i + \frac{\partial u}{\partial x_i}(x_0)e_{m+1}, \quad i = 1, \ldots, m,$$

wobei $\{e_1, \ldots, e_{m+1}\}$ die Standardbasis des $\mathbb{R}^{m+1}$ bezeichnet.

6.3. Der Satz vom regulären Wert

6.3.1 Satz (Satz vom regulären Wert)
Sei $f : \Omega \to \mathbb{R}^k$ eine stetig differenzierbare Abbildung auf einer offenen, nichtleeren Teilmenge $\Omega \subset \mathbb{R}^n$ mit $n \geq k$, und sei $q \in f(\Omega)$ ein regulärer Wert von f. Dann ist die Urbildmenge

$$M := f^{-1}(q)$$

eine differenzierbare Untermannigfaltigkeit von $\mathbb{R}^n$ der Dimension $m = n - k$. Der Tangentialraum T_pM an M im Punkt $p \in M$ ist gegeben durch

$$T_pM = \mathrm{Kern}(Df|_p).$$

Beweis: Es sei $p \in M$ beliebig. Wir werden zeigen, dass es eine Karte $y : V \to \Lambda$ um p gibt, sodass $y(M \cap V) = (\mathbb{R}^m \times \{0_k\}) \cap y(V)$.

(i) Nach Voraussetzung ist $M = f^{-1}(q)$ nicht leer und f besitzt in jedem $p \in M$ maximalen Rang k.

(ii) Zunächst wählen wir Karten $\tilde{y} : \tilde{V} \to \tilde{\Lambda}$ um p und $z : W \to \Pi$ um q mit $\tilde{y}(p) = 0_n$, $z(q) = 0_k$ und $f(\tilde{V}) \subset W$. Die letzte Bedingung lässt sich dabei erfüllen, weil f in p stetig ist. Nach Voraussetzung besitzt die Abbildung

$$\tilde{f} := z \circ f \circ \tilde{y}^{-1} : \tilde{\Lambda} \to \Pi$$

maximalen Rang k im Punkt 0_n. Wir können daher ohne Einschränkung nach eventueller Umordnung der Koordinaten annehmen, dass (mit $\tilde{f}^A := z^A \circ f \circ \tilde{y}^{-1}$)

$$\det\left(\left(\frac{\partial \tilde{f}^A}{\partial \tilde{y}^\alpha}(0_n) \right)_{1 \le A, \alpha - m \le k} \right) \neq 0 .$$

(iii) Wir zerlegen $\mathbb{R}^n = \mathbb{R}^m \times \mathbb{R}^k$ und bezeichnen mit π_i, $i = 1, 2$, die Projektionen auf die beiden Faktoren. Außerdem seien

$$i_1 : \mathbb{R}^m \to \mathbb{R}^n, \quad i_2 : \mathbb{R}^k \to \mathbb{R}^n$$

die Injektionen mit

$$i_1(u) := (u, 0_k), \quad i_2(v) = (0_m, v).$$

(iv) Wir definieren eine glatte Abbildung

$$F : \tilde{\Lambda} \to \mathbb{R}^n, \quad F(\tilde{y}^1, \ldots, \tilde{y}^n) := (\tilde{y}^1, \ldots, \tilde{y}^m, \tilde{f}(\tilde{y}^1, \ldots, \tilde{y}^n)).$$

Damit wird

$$z \circ f = \pi_2 \circ F \circ \tilde{y} \tag{6.3.1}$$

und

$$
\left(\frac{\partial F^\alpha}{\partial \tilde{y}^\beta} \right)_{1 \le \alpha, \beta \le n}
$$
$$
= \begin{pmatrix}
\mathrm{Id}_{\mathbb{R}^m} & 0_{m \times k} \\[2mm]
\left(\dfrac{\partial \tilde{f}^A}{\partial \tilde{y}^\alpha} \right)_{\substack{1 \le A \le k \\ 1 \le \alpha \le m}} & \left(\dfrac{\partial \tilde{f}^A}{\partial \tilde{y}^\alpha} \right)_{\substack{1 \le A \le k \\ m+1 \le \alpha \le m+k}}
\end{pmatrix}
$$

sowie

$$\det\left(\left(\frac{\partial F^\alpha}{\partial \tilde{y}^\beta}(0_n) \right)_{1 \le \alpha, \beta \le n} \right) = \det\left(\left(\frac{\partial \tilde{f}^A}{\partial \tilde{y}^\alpha}(0_n) \right)_{1 \le A, \alpha - m \le k} \right),$$

also insbesondere

$$\det\left(\left(\frac{\partial F^\alpha}{\partial \tilde{y}^\beta}(0_n) \right)_{1 \le \alpha, \beta \le n} \right) \neq 0.$$

Folglich ist F um 0_n ein lokaler Diffeomorphismus und es existiert eine glatte lokale Inverse F^{-1} auf einer geeigneten offenen Umgebung $\Lambda \subset \mathbb{R}^m \times \Pi \subset \mathbb{R}^n$ um $0_n = (0_m, 0_k)$.

(v) Wir setzen

$$V := \tilde{y}^{-1} \circ F^{-1}(\Lambda), \quad y := F \circ \tilde{y}|_V : V \to \Lambda.$$

Weil F^{-1} auf Λ ein Diffeomorphismus ist, definiert y einen Diffeomorphismus von V auf Λ. Außerdem ist für jeden Punkt $\tilde{p} \in M \cap V$

$$\begin{aligned} y(\tilde{p}) &= (\tilde{y}^1(\tilde{p}), \ldots, \tilde{y}^m(\tilde{p}), (z \circ f)(\tilde{p})) \\ &= (\tilde{y}^1(\tilde{p}), \ldots, \tilde{y}^m(\tilde{p}), z(q)) = (\tilde{y}^1(\tilde{p}), \ldots, \tilde{y}^m(\tilde{p}), 0_k). \end{aligned}$$

Dies zeigt

$$y(M \cap V) \subset (\mathbb{R}^m \times \{0_k\}) \cap y(V).$$

Ist umgekehrt ein Punkt $\zeta \in (\mathbb{R}^m \times \{0_k\}) \cap y(V)$ gegeben, so existiert wegen $(\mathbb{R}^m \times \{0_k\}) \cap y(V) \subset y(V) = \Lambda$ und der Tatsache, dass $y : V \to \Lambda$ ein Diffeomorphismus ist, ein eindeutig bestimmter Punkt $\tilde{p} \in V$ mit $y(\tilde{p}) = \zeta$. Für diesen Punkt gilt

$$0_k = (\pi_2 \circ y)(\tilde{p}) = (\pi_2 \circ F \circ \tilde{y}|_V)(\tilde{p}) \overset{(6.3.1)}{=} (z \circ f)(\tilde{p}).$$

In der Karte z ist q jedoch der einzige Punkt, der auf 0_k abgebildet wird, sodass $f(\tilde{p}) = q$ und $\tilde{p} \in f^{-1}(q) = M$. Also folgt

$$(\mathbb{R}^m \times \{0_k\}) \cap y(V) \subset y(M \cap V).$$

Insgesamt haben wir eine Karte $y : V \to \Lambda$ um p mit

$$y(M \cap V) = (\mathbb{R}^m \times \{0_k\}) \cap y(V)$$

gefunden. Da $p \in M$ beliebig gewählt werden kann, ist M eine differenzierbare Untermannigfaltigkeit von N der Dimension $m = n - k$.

(vi) Ist $c : (-\epsilon, \epsilon) \to M$ eine glatte Kurve mit $c(0) = p$, so folgt aus der Kettenregel und aus $f \circ c = q$ die Gleichung

$$Df|_p(c'(0)) = 0,$$

also ist $T_p M \subset \text{Kern}(Df|_p)$. Weil f in p maximalen Rang hat, ist der Kern von $Df|_p$ andererseits ebenfalls m-dimensional, genau wie nach Satz 6.2.5 der Tangentialraum. Daher muss $T_p M = \text{Kern}(Df|_p)$ gelten.

$\square$

6.3.2 Beispiel

Wir betrachten die glatte Funktion

$$f : \mathbb{R}^3 \to \mathbb{R}, \quad f(x, y, z) := x^2 + y^2 - \sinh^2(z).$$

Der einzige kritische Punkt liegt bei $(x, y, z) = (0, 0, 0)$ mit zugehörigem kritischen Wert 0. Für alle anderen Werte $c \in \mathbb{R}^*$ ist $M_c := f^{-1}(c)$ eine differenzierbare Fläche in $\mathbb{R}^3$. Für $c = 1$ ist dies das *Katenoid* (siehe Abbildung 6.5). $M_0 = f^{-1}(0)$ ist hingegen keine differenzierbare Untermannigfaltigkeit, da dort eine Singularität an der Stelle $p = (0, 0, 0)$ vorliegt.

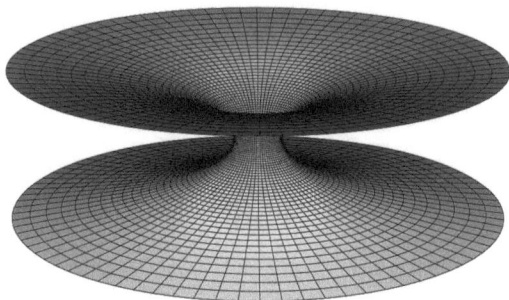

Abbildung 6.5.: Ein Katenoid in $\mathbb{R}^3$. Diese Fläche ist wichtig in der Differentialgeometrie (Minimalfläche).

Aufgaben

Kritische Punkte und Werte

Aufgabe 6.1

Für $R > 0$ betrachten wir die glatte Funktion

$$f : \mathbb{R}^3 \setminus \{(0,0,z) : z \in \mathbb{R}\} \to \mathbb{R}, \quad f(x,y,z) := \left(R - \sqrt{x^2 + y^2}\right)^2 + z^2.$$

(a) Man ermittle alle kritischen Punkte und Werte von f und $f^{-1}(q)$ für alle regulären Werte q.

(b) Sei nun $R = 2$ und

$$(x_0, y_0, z_0) \in \mathbb{T}^2 := \left\{(x,y,z) : \left(2 - \sqrt{x^2 + y^2}\right)^2 + z^2 = 1\right\}.$$

Man ermittle eine Gleichung für die affine Tangentialebene an $\mathbb{T}^2$ im Punkt (x_0, y_0, z_0) und eine Basis des zugehörigen Tangentialraums. Man überprüfe das Ergebnis explizit für die beiden Punkte $(x_0, y_0, z_0) = (3, 0, 0), (2, 0, 1)$.

Aufgabe 6.2

Sei $f : \mathbb{R}^3 \to \mathbb{R}$, $f(x,y,z) := x^4 + y^4 + z^4 + 4xyz$. Man ermittle alle kritischen Punkte und Werte von f. Für $M := f^{-1}(1)$ bestimme man den Tangentialraum T_pM, für $p = (1,0,0)$.

Aufgabe 6.3

Für $R > 0$ betrachten wir die glatte Funktion

$$f : \mathbb{R}^3 \to \mathbb{R}, \quad f(x,y,z) := \left(R - x^2 - y^2 - z^2\right)^2 + z^2.$$

Man ermittle alle kritischen Punkte und Werte von f und $f^{-1}(0)$.

Aufgabe 6.4

Welche der folgenden glatten Abbildungen ist eine Immersion, welche eine Submersion und welche eine Einbettung?

(a) $f : \mathbb{R} \to \mathbb{R}^2$, $f(x) := (\cos(7x) \cos x, \cos(7x) \sin x)$.

(b) $g : \mathbb{R} \to \mathbb{R}^2$, $g(x) := \left(\frac{x}{1+x^4}, \frac{x^3}{1+x^4}\right)$.

(c) $h : (0, \infty) \to \mathbb{R}^2$, $h(x) := \left(\frac{x}{1+x} \cos x, \frac{x}{1+x} \sin x \right)$.

(d) $k : \mathbb{R}^2 \setminus \{(0,0)\} \to \mathbb{R}^2$, $k(x,y) := (x^2 - y^2, 2xy)$.

Aufgabe 6.5

(a) Wir betrachten die Abbildung

$$f : \mathbb{R}^2 \to \mathbb{R}^3, \quad f(x,y) := ((2+y) \cos x, (1+2y) \sin x, y).$$

Zu jedem $(x,y) \in \mathbb{R}^2$ bestimme man den Rang von f und zeige, dass die Einschränkung $\tilde{f} := f|_{\mathbb{R} \times (-2, -1/2)}$ eine Immersion ist. Ist $\tilde{f}$ auch eine Einbettung?

(b) Sei nun $p \in \mathbb{R}$ und $g_p : \mathbb{R} \to \mathbb{R}^2$, $g_p(x) := ((2+p) \cos x, (1+2p) \sin x)$. Für welche p ist g_p eine Immersion? Für $p = \pm 1$ ermittle man $g_p(\mathbb{R})$.

Differenzierbare Untermannigfaltigkeiten

Aufgabe 6.6

Wir betrachten die Einheitssphäre $\mathbb{S}^3 \subset \mathbb{R}^4$ mit ihren Tangentialräumen. In

$$p = (x_1, x_2, x_3, x_4) \in \mathbb{S}^3$$

definieren wir die drei Vektoren

$$
\begin{aligned}
v_1 &:= -x_2 e_1 + x_1 e_2 + x_4 e_3 - x_3 e_4, \\
v_2 &:= -x_3 e_1 - x_4 e_2 + x_1 e_3 + x_2 e_4, \\
v_3 &:= -x_4 e_1 + x_3 e_2 - x_2 e_3 + x_1 e_4.
\end{aligned}
$$

Man zeige: v_1, v_2, v_3 bilden in jedem Punkt $p = (x_1, x_2, x_3, x_4) \in \mathbb{S}^3$ eine Orthonormalbasis von $T_p \mathbb{S}^3$.

Aufgabe 6.7

Man zeige, dass durch die folgende Abbildung $F : \mathbb{R}^2 \to \mathbb{R}^3$ eine Immersion gegeben ist. Das Bild von F ist die KLEINSCHE Flasche (siehe Abbildung 6.6).

$$F(u,v) := \big(x(u,v), y(u,v), z(u,v)\big), \text{ mit}$$

$$x(u,v) := 2(1 - \sin u) \cos u + (2 - \cos u) \cos v (2 e^{-\frac{u^2}{4} + \pi u - \pi^2} - 1),$$

$$y(u,v) := (2 - \cos u) \sin v,$$

$$z(u,v) := 6 \sin u + \frac{1}{2}(2 - \cos u) \sin u \cos v \cdot e^{-\frac{u^2}{4} + \pi u - \pi^2}.$$

Der Satz vom regulären Wert

Aufgabe 6.8

Zu $f : \mathbb{R}^3 \times \mathbb{R}^3 \to \mathbb{R}^3$, $f(x,y) := (\langle x, y \rangle, \langle x, x \rangle, \langle y, y \rangle)$ ermittle man sämtliche kritischen Punkte und Werte und zeige so, dass

$$M := \{(x,y) \in \mathbb{R}^3 \times \mathbb{R}^3 : \langle x, y \rangle = 0, \|x\| = \|y\| = 1\} = f^{-1}(0, 1, 1)$$

eine Untermannigfaltigkeit des $\mathbb{R}^3 \times \mathbb{R}^3$ ist.

Aufgabe 6.9

(a) Man zeige, dass durch

$$M := \{(x,y,z) : x^2(3 - 4x^2)^2 + y^2(3 - 4y^2)^2 + z^2(3 - 4z^2)^2 = 3/2\}$$

eine differenzierbare Untermannigfaltigkeit des $\mathbb{R}^3$ definiert wird.

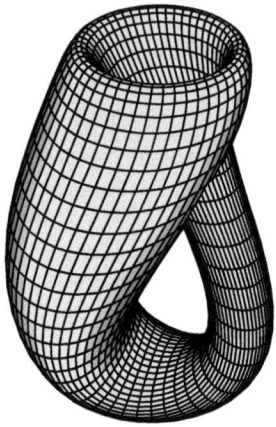

Abbildung 6.6.: Diese Kleinsche Flasche ist immergiert in $\mathbb{R}^3$.

(b) Es sei $f : \mathbb{R}^3 \to \mathbb{R}$, $f(x, y, z) := x^2 + y^2 + z^2(z^2 - 1)$. Für welche a ist $f^{-1}(a) \neq \varnothing$? Für welche $a \in \mathbb{R}$ ist $f^{-1}(a)$ eine differenzierbare Untermannigfaltigkeit des $\mathbb{R}^3$?

Aufgabe 6.10
Wir betrachten $f : \mathbb{R}^3 \to \mathbb{R}^2$, $f(x, y, z) := \frac{1}{3}(x + y + z, xy + xz + yz)$. Zu jedem $q \in \mathbb{R}^2$ bestimme man (falls möglich) die Untermannigfaltigkeit $f^{-1}(q)$.

Lösungen ausgewählter Aufgaben

Lösung zu Aufgabe 6.2:

Sei $f : \mathbb{R}^3 \to \mathbb{R}$, $f(x, y, z) := x^4 + y^4 + z^4 + 4xyz$. Wir ermitteln alle kritischen Punkte und Werte von f. Für $M := f^{-1}(1)$ bestimmen wir den Tangentialraum $T_p M$, für $p = (1, 0, 0)$.

Für den Gradienten von f in einem kritischen Punkt erhalten wir

$$\nabla f(x, y, z) = 4 \begin{pmatrix} x^3 + yz \\ y^3 + xz \\ z^3 + xy \end{pmatrix} = \begin{pmatrix} 0 \\ 0 \\ 0 \end{pmatrix}.$$

Aus

$$x^3 = -yz, \quad y^3 = -xz, \quad z^3 = -xy$$

erhalten wir durch Multiplikation it x, y, z die Gleichungen

$$x^4 = -xyz = y^4 = z^4,$$

Insbesondere folgt

$$|x| = |y| = |z|$$

und wegen $x^3 = -yz$ auch noch $|x|^2(|x| - 1) = 0$, sodass wir insgesamt nur die fünf kritischen Punkte

$$(0, 0, 0), \quad (-1, -1, -1), \quad (-1, 1, 1), \quad (1, -1, 1), \quad (1, 1, -1)$$

erhalten. Die zugehörigen kritischen Werte sind

$$f(0, 0, 0) = 0, \quad f(-1, -1, -1) = f(-1, 1, 1) = f(1, -1, 1) = f(1, 1, -1) = -1.$$

An der Stelle $p = (x, y, z) = (1, 0, 0)$ gilt

$$\nabla f(1, 0, 0) = \begin{pmatrix} 4 \\ 0 \\ 0 \end{pmatrix},$$

sodass wir für $M = f^{-1}(1)$

$$T_p M = (\nabla f(p))^\perp = [e_2, e_3]$$

erhalten, wobei $\{e_1, e_2, e_3\}$ die Standardbasis des $\mathbb{R}^3$ bezeichnet.

Lösung zu Aufgabe 6.4:

Wir untersuchen, welche der folgenden Abbildungen eine Immersion, eine Submersion oder eine Einbettung ist.

(a) $f : \mathbb{R} \to \mathbb{R}^2$, $f(x) := (\cos(7x) \cos x, \cos(7x) \sin x)$.

Es gilt

$$\nabla f(x, y) = -7 \sin(7x) \begin{pmatrix} \cos x \\ \sin x \end{pmatrix} + \cos(7x) \begin{pmatrix} -\sin x \\ \cos x \end{pmatrix}.$$

Das impliziert

$$\|\nabla f(x)\|^2 = 49 \sin^2(7x) + \cos^2(7x) = 1 + 48 \sin^2(7x) \neq 0.$$

Somit hat f maximalen Rang 1 und ist eine Immersion. Da die Abbildung auf $\mathbb{R}$ aber nicht injektiv ist, kann sie keine Einbettung sein.

(b) $g : \mathbb{R} \to \mathbb{R}^2$, $g(x) := \left(\frac{x}{1+x^4}, \frac{x^3}{1+x^4} \right)$. Hier gilt

$$\nabla g(x) = \frac{1}{(1+x^4)^2} \begin{pmatrix} 1 - 3x^4 \\ 3x^2 - x^6 \end{pmatrix}$$

Die erste Komponente des Gradienten verschwindet ganu für $x^4 = 1/3$, aber hierfür ist die zweite Komponente dann $\frac{8}{3} x^2 > 0$, also ist g überall von maximalem Rang und damit eine Immersion.

g ist auch injektiv, aber trotzdem keine topologische Einbettung, da $g(0) = (0, 0)$ und $\lim_{x \to \pm\infty} g(x) = (0, 0)$.

(c) $h : (0, \infty) \to \mathbb{R}^2$, $h(x) := \left(\frac{x}{1+x} \cos x, \frac{x}{1+x} \sin x \right)$.

Wir berechnen

$$\nabla h(x) = \frac{1}{(1+x)^2} \begin{pmatrix} \cos x \\ \sin x \end{pmatrix} + \frac{x}{1+x} \begin{pmatrix} -\sin x \\ \cos x \end{pmatrix},$$

sodass

$$\|\nabla h(x)\|^2 = \frac{1}{(1+x)^4} + \frac{x^2}{(1+x)^2} > 0.$$

Daraus ergibt sich, dass h eine Immersion ist. Da $\|h(x)\| = \frac{x}{1+x}$ streng monoton wachsend ist, folgt daraus die Injektivität von h. Die Abbildung ist eine Einbettung, aber es handelt sich nicht um eine eigentliche Einbettung im Sinne, dass die Urbilder kompakter Mengen immer kompakt wären. Zum Beispiel ist das Urbild der abgeschlossenen Einheitskreisscheibe das gesamte Intervall $(0, \infty)$ und daher nicht kompakt.

(d) $k : \mathbb{R}^2 \setminus \{(0,0)\} \to \mathbb{R}^2$, $k(x,y) := (x^2 - y^2, 2xy)$.

Für das Differential der Abbildung erhalten wir

$$D^2 k(x,y) = \begin{pmatrix} 2x & -2y \\ 2y & 2x \end{pmatrix}.$$

Da der Punkt $(0,0)$ nicht zum Definitionsbereich gehört, gilt

$$\det D^2 k(x,y) = 4(x^2 + y^2) > 0.$$

Dies zeigt, dass die Abbildung ein lokaler Diffeomorphismus ist und somit insbesondere eine Immersion. Da jedoch $k(-x,-y) = k(x,y)$ gilt, ist k nicht injektiv und folglich keine Einbettung. Da die Definitions- und Zielmenge die gleiche Dimension haben und die Abbildung den maximalen Rang besitzt, handelt es sich um eine Submersion.

Lösung zu Aufgabe 6.6:

Wir betrachten die Einheitssphäre $\mathbb{S}^3 \subset \mathbb{R}^4$ mit ihren Tangentialräumen. In

$$p = (x_1, x_2, x_3, x_4) \in \mathbb{S}^3$$

definieren wir die drei Vektoren

$$\begin{aligned} v_1 &:= -x_2 e_1 + x_1 e_2 + x_4 e_3 - x_3 e_4, \\ v_2 &:= -x_3 e_1 - x_4 e_2 + x_1 e_3 + x_2 e_4, \\ v_3 &:= -x_4 e_1 + x_3 e_2 - x_2 e_3 + x_1 e_4. \end{aligned}$$

Es gilt

$$\|v_1\|^2 = x_2^2 + x_1^2 + x_4^2 + x_3^2 = \|p\|^2 = 1$$

und analog $\|v_2\| = \|v_3\| = 1$. Außerdem ist

$$\langle v_1, v_2 \rangle = x_2 x_3 - x_1 x_4 + x_4 x_1 - x_3 x_2 = 0,$$

$$\langle v_1, v_3 \rangle = x_2 x_4 + x_1 x_3 - x_4 x_2 - x_3 x_1 = 0,$$

$$\langle v_2, v_3 \rangle = x_3 x_4 - x_4 x_3 - x_1 x_2 + x_2 x_1 = 0,$$

sodass $\{v_1, v_2, v_3\}$ orthonormal sind. Ferner gilt

$$\langle v_1, p \rangle = \langle v_2, p \rangle = \langle v_3, p \rangle = 0$$

und dies bedeutet, dass die Vektoren im Punkt p tangential an die Sphäre sind, denn für die Einheitssphäre ist der Positionsvektor p gleichzeitig die äußere Einheitsnormale. Man erhält also auf diese Weise drei Vektorfelder auf $\mathbb{S}^3$, welche in jedem Punkt p eine Orthonormalbasis des Tangentialraums bilden.

Lösung zu Aufgabe 6.8:

Zu $f : \mathbb{R}^3 \times \mathbb{R}^3 \to \mathbb{R}^3$, $f(x,y) := (\langle x, y \rangle, \langle x, x \rangle, \langle y, y \rangle)$ bestimmen wir sämtliche kritischen Punkte und Werte und zeigen so, dass

$$M := \{(x,y) \in \mathbb{R}^3 \times \mathbb{R}^3 : \langle x, y \rangle = 0, \|x\| = \|y\| = 1\} = f^{-1}(0,1,1)$$

eine Untermannigfaltigkeit des $\mathbb{R}^3 \times \mathbb{R}^3$ ist.

Für das Differential von f in (x, y) mit $x = (x_1, x_2, x_3)$ und $y = (y_1, y_2, y_3)$ erhalten wir

$$Df(x, y) = \begin{pmatrix} y_1 & y_2 & y_3 & x_1 & x_2 & x_3 \\ 2x_1 & 2x_2 & 2x_3 & 0 & 0 & 0 \\ 0 & 0 & 0 & 2y_1 & 2y_2 & 2y_3 \end{pmatrix}.$$

Damit sind die kritischen Punkte genau dort gegeben, wo wir eine nicht-triviale Lösung des Gleichungssystems

$$ay + 2bx = 0 \quad \text{und} \quad ax + 2cy = 0 \qquad (\star)$$

mit $(a, b, c) \neq (0, 0, 0)$ finden.

Sind x, y linear unabhängig, so gilt insbesondere $x, y \neq 0$ und aus der ersten Gleichung in $(\star)$ folgt zunächst $a = b = 0$ und dann mit der zweiten wegen $y \neq 0$ auch noch $c = 0$. In diesem Fall besitzt $Df(x, y)$ also maximalen Rang 3 und (x, y) ist ein regulärer Punkt.

Wir behaupten, dass die kritischen Punkte (x, y) von f genau dort liegen, wo x, y linear abhängig sind. Wir unterscheiden zwei Fälle: Ist entweder $x = 0$ oder $y = 0$, so ist klar, dass $(\star)$ eine nicht-triviale Lösung besitzt. In allen anderen Punkten gilt $x, y \neq 0$ und wegen der linearen Abhängigkeit von x und y existieren zwei von 0 verschiedene Konstanten ϵ, μ mit

$$\epsilon x + \mu y = 0.$$

Wir setzen

$$a := \epsilon, \quad b := \frac{\epsilon^2}{2\mu}, \quad c := \frac{\mu}{2}.$$

Dann ist

$$ax + 2cy = \epsilon x + \mu y = 0 \quad \text{und} \quad ay + 2bx = \epsilon y + \frac{\epsilon^2}{\mu} x = \frac{\epsilon}{\mu}(\mu y + \epsilon x) = 0$$

und wir haben eine nicht-triviale Lösung von $(\star)$ gefunden.

Man kann das so zusammenfassen: Die kritischen Punkte (x, y) von f sind gegeben durch die Menge

$$\{(x, \lambda x) : \lambda \in \mathbb{R}, x \in \mathbb{R}^3\} \cup \{(0, y) : y \in \mathbb{R}^3\}.$$

Die zugehörigen kritischen Werte haben dann die Form:

$$f(x, \lambda x) = \|x\|^2(\lambda, 1, \lambda^2), \quad f(0, y) = (0, 0, \|y\|^2).$$

Da der Wert $(0, 1, 1)$ nicht hierzu zählt, folgt aus dem Satz vom regulären Wert, dass $M = f^{-1}(0, 1, 1)$ eine differenzierbare Untermannigfaltigkeit des $\mathbb{R}^3 \times \mathbb{R}^3$ ist.

Lösung zu Aufgabe 6.10:

Wir betrachten $f : \mathbb{R}^3 \to \mathbb{R}^2$, $f(x, y, z) := \frac{1}{3}(x + y + z, xy + xz + yz)$. Zu jedem $q \in \mathbb{R}^2$ bestimmen wir (falls möglich) die Untermannigfaltigkeit $f^{-1}(q)$.

Das Differential von f ist

$$Df(x, y, z) = \frac{1}{3} \begin{pmatrix} 1 & 1 & 1 \\ y + z & x + z & x + y \end{pmatrix}.$$

Der Rang ist also genau dann nicht maximal, wenn $x = y = z$. An den Stellen (x, x, x) betragen die Werte

$$f(x, x, x) = (x, x^2),$$

das heißt die Menge der kritischen Werte von f ist die Normalparabel $P \subset \mathbb{R}^2$. Die Urbildmenge $f^{-1}(q)$ von regulären Werten $q \in \mathbb{R}^2 \setminus P$ ist damit, falls nicht leer, eine differenzierbare Kurve in $\mathbb{R}^3$.

6. Untermannigfaltigkeiten

Die Abbildung f ist nicht surjektiv, denn aus

$$f(x, y, z) = (a, b)$$

folgt beispielsweise $9a^2 - 6b = (x + y + z)^2 - 2(xy + xz + yz) = x^2 + y^2 + z^2 \geq 0$.

7. Gewöhnliche Differentialgleichungen

Viele Prozesse in der Natur lassen sich durch Differentialgleichungen beschreiben. Die einfachsten unter ihnen sind diejenigen, die nur von einer einzigen Variablen abhängen. Man bezeichnet sie daher als *gewöhnliche Differentialgleichungen*.

Ein typisches Beispiel ist die Beschreibung der Bahnkurve eines Teilchens im Raum: Hierbei ist die unabhängige Variable die Zeit, und die Lösung der Differentialgleichung beschreibt den Ort des Teilchens zum Zeitpunkt t. Auch spezielle Kurven im Raum, wie Geodäten oder Kurven mit konstanter Krümmung und Torsion, erfüllen oft bestimmte Differentialgleichungen.

Ziel dieses Kapitels ist es, grundlegende Existenz- und Eindeutigkeitssätze sowie einfache Methoden zur Lösung solcher Gleichungen vorzustellen.

7.1. Explizite gewöhnliche Differentialgleichungen

Gegeben seien eine natürliche Zahl $n \geq 1$, ein Gebiet[1)]

$$\Omega \subset \mathbb{R} \times \underbrace{\mathbb{R}^k \times \cdots \times \mathbb{R}^k}_{n\text{-mal}},$$

sowie eine stetige Funktion

$$f : \Omega \to \mathbb{R}^k.$$

Gesucht ist eine n-mal stetig differenzierbare Abbildung

$$y : I \to \mathbb{R}^k$$

auf einem Intervall $I \subset \mathbb{R}$, sodass für alle $x \in I$ gilt:

$$(x, y(x), y'(x), \ldots, y^{(n-1)}(x)) \in \Omega,$$

und y das folgende *explizite System gewöhnlicher Differentialgleichungen* der *Ordnung* n löst:

$$y^{(n)}(x) = f(x, y(x), y'(x), \ldots, y^{(n-1)}(x)). \tag{7.1.1}$$

Die Abbildung f wird häufig als *rechte Seite* (RS) der Gleichung bezeichnet.

[1)] Ein Gebiet ist eine nicht leere, offene und zusammenhängende Teilmenge

Für $k \geq 2$ handelt es sich bei Gleichung (7.1.1) um ein *System* gewöhnlicher Differentialgleichungen. Im Fall $k = 1$ hingegen beschreibt die Gleichung lediglich eine skalare Funktion y, also eine einzelne Gleichung.

Der Vollständigkeit halber sei noch erwähnt, dass ein *implizites System gewöhnlicher Differentialgleichungen* ein Gleichungssystem der Form

$$F(x, y, y', \ldots, y^{(n)}) = 0$$

ist.

Differentialgleichungen, die Ableitungen nach mehreren Variablen enthalten, heißen *partielle Differentialgleichungen*. Diese sind in der Regel deutlich schwieriger zu analysieren und werden in diesem Kapitel nicht behandelt.

In bestimmten Fällen lassen sich Lösungen gewöhnlicher Differentialgleichungen explizit angeben. Die einfachste Gleichung

$$y'(x) = 0$$

hat nur konstante Lösungen der Form $y(x) = y(0)$ (dies folgt beispielsweise aus dem Mittelwertsatz).

Aufbauend darauf kann man auch die Lösung der Gleichung

$$y'(x) = y(x)$$

bestimmen. Multipliziert man beide Seiten mit e^{-x}, so ergibt sich mit $h(x) := e^{-x}y(x)$:

$$h'(x) = e^{-x}y'(x) - e^{-x}y(x) = e^{-x}(y'(x) - y(x)) = 0.$$

Daraus folgt

$$e^{-x}y(x) = h(x) = h(0) = y(0) \quad \Leftrightarrow \quad y(x) = y(0)e^{x}.$$

In den meisten Fällen ist jedoch eine explizite Lösung eines Systems gewöhnlicher Differentialgleichungen entweder sehr schwierig zu finden oder gar nicht möglich. Für viele Anwendungen ist dies aber auch nicht erforderlich – oft genügt es, die *Existenz*, die *Eindeutigkeit* und bestimmte *Eigenschaften* einer Lösung zu kennen.

Ein Reduktionsprinzip für Systeme n-ter Ordnung

Systeme gewöhnlicher Differentialgleichungen n-ter Ordnung lassen sich oft in Systeme gewöhnlicher Differentialgleichungen erster Ordnung überführen. Dieses wichtige Prinzip möchten wir an dieser Stelle kurz vorstellen, da es uns später erlauben wird, ohne Einschränkung nur noch Systeme erster Ordnung zu behandeln.

Man überführt ein System höherer Ordnung in ein System erster Ordnung, indem man zusätzliche Variablen einführt.

Nehmen wir beispielsweise an, wir möchten das folgende System n-ter Ordnung für eine Abbildung $y : I \to \mathbb{R}^k$ lösen:

$$y^{(n)} = f(x, y', \ldots, y^{(n-1)}). \tag{7.1.2}$$

Wir definieren ein System erster Ordnung durch

$$Y' = F(x, Y) \tag{7.1.3}$$

mit einer Abbildung

$$Y = \begin{pmatrix} Y_1 \\ \vdots \\ Y_{nk} \end{pmatrix}$$

mit Werten in $\mathbb{R}^{nk}$ und einer stetigen Abbildung $F : \Omega \to \mathbb{R}^{nk}$, indem wir

$$F(x, Y) := \begin{pmatrix} Y_{k+1} \\ \vdots \\ Y_{nk} \\ f_1(x, Y) \\ \vdots \\ f_k(x, Y) \end{pmatrix}$$

setzen. Hierbei sind $f_1, \ldots, f_k$ die Komponenten der Abbildung f.

Es sei nun $I \subset \mathbb{R}$ ein Intervall und $u : I \to \mathbb{R}^k$ eine Lösung von (7.1.2). Wir definieren eine Funktion $U : I \to \mathbb{R}^{nk}$ durch

$$U(x) = \begin{pmatrix} u_1(x) \\ \vdots \\ u_k(x) \\ u_1'(x) \\ \vdots \\ u_k'(x) \\ \vdots \\ u_1^{(n-1)}(x) \\ \vdots \\ u_k^{(n-1)}(x) \end{pmatrix}.$$

Dann ist U eine Lösung von (7.1.3). Umgekehrt gilt: Ist

$$U = \begin{pmatrix} U_1 \\ \vdots \\ U_{nk} \end{pmatrix}$$

eine Lösung von (7.1.3), so ist

$$u(x) := \begin{pmatrix} U_1(x) \\ \vdots \\ U_k(x) \end{pmatrix}$$

eine Lösung von (7.1.2).

BEWEIS: Aus den ersten $(n-1)k$ Gleichungen von (7.1.3) erhalten wir

$$u'(x) = \begin{pmatrix} U_{k+1}(x) \\ \vdots \\ U_{2k}(x) \end{pmatrix}$$

und iterativ

$$u^{(n-1)}(x) = \begin{pmatrix} U_{(n-1)k+1}(x) \\ \vdots \\ U_{nk}(x) \end{pmatrix}.$$

Daher gilt

$$u^{(n)}(x) = \begin{pmatrix} f_1(x,U) \\ \vdots \\ f_k(x,U) \end{pmatrix} = f(x,u,u'(x),\ldots,u^{(n-1)}(x)).$$

$\circledast$

7.1.1 Beispiel

Es sei q ein Teilchen der Masse m in $\mathbb{R}^3$, welches sich in der Zeit unter der Kraft $F(t,q,\dot{q})$ bewegt. NEWTONS Gesetz impliziert, dass die Kraft F dem Produkt aus Masse m und Beschleunigung $\ddot{q}$ gleicht, sodass wir folgendes System gewöhnlicher Differentialgleichungen zweiter Ordnung bestehend aus drei Gleichungen erhalten:

$$m\ddot{q} = F(t,q,\dot{q}).$$

Erstetzt man $\dot{q}$ durch v (Geschwindigkeit), so erhalten wir nun ein System erster Ordnung mit insgesamt sechs Gleichungen, nämlich

$$\begin{cases} \dot{q} = v, \\ \dot{v} = \frac{1}{m}F(t,q,v). \end{cases}$$

Wohldefiniertheit von Differentialgleichungen

Wenn man eine Differentialgleichung betrachtet, sollte zunächst die Existenz einer Lösung gewährleistet sein. Darüber hinaus ist es in den meisten Fällen wünschenswert, dass die Lösung eindeutig ist. Dies kann jedoch im Allgemeinen nur dann erwartet werden, wenn die Lösung an einem bestimmten Punkt oder am Rand des Gebiets Ω bereits bekannt ist. Zum Beispiel wird die Eindeutigkeit einer Lösung u eines Systems gewöhnlicher Differentialgleichungen erster Ordnung durch den *Anfangswert* $\eta = u(\xi)$ an einem bestimmten Punkt $(\xi, \eta) \in \Omega$ bestimmt.

Da die Lösungen gewöhnlicher Differentialgleichungen häufig von Anfangswerten abhängen, die empirisch, beispielsweise durch Messungen, ermittelt werden und diese Messungen mit natürlichen Ungenauigkeiten behaftet sind, ist es zudem notwendig, die Abhängigkeit der Lösungen von den Anfangsdaten zu verstehen. Besonders wichtig ist, dass die Lösung zumindest stetig von diesen Anfangswerten abhängt.

Ein System gewöhnlicher Differentialgleichungen nennt man daher *wohldefiniert*, wenn die folgenden drei Kriterien erfüllt sind:

  (i) Existenz einer Lösung.

 (ii) Eindeutigkeit der Lösung in Abhängigkeit von den Anfangsdaten.

(iii) Stabilität der Lösung (stetige Abhängigkeit von den Anfangsdaten).

In den meisten Fällen sind diese Kriterien tatsächlich erfüllt.

7.2. Existenz und Eindeutigkeit

Die Resultate des letzten Abschnitts erlauben es, ein System der Ordnung n auf ein System erster Ordnung zu reduzieren. Daher brauchen wir ab jetzt nur noch Systeme erster Ordnung näher zu untersuchen. Ist $(\xi, \eta) \in \Omega$ ein fester Punkt in einem Gebiet von $\mathbb{R} \times \mathbb{R}^k$ und ist $f : \Omega \to \mathbb{R}^k$ eine gegebene Abbildung, so möchten wir wenigstens eine Lösung $y : I \to \mathbb{R}^k$ auf einem genügend kleinen Intervall I um ξ des Anfangswertproblems

$$\begin{cases} y' = f(x, y), \\ y(\xi) = \eta. \end{cases}$$

finden.

Wie sich herausstellt, ist die Existenz einer Lösung schon unter sehr milden Bedingungen garantiert. Wir erwähnen in diesem Zusammenhang ohne Beweis den Satz von PEANO.

7.2.1 Satz (Peano)
Gegeben seien $a, b > 0$ und $\xi \in \mathbb{R}, \eta \in \mathbb{R}^k$. Ferner sei $f : V \to \mathbb{R}^k$ eine stetige

Abbildung auf der Menge

$$V := \{(x,y) \in \mathbb{R} \times \mathbb{R}^k : |x - \xi| \le a, \|y - \eta\| \le b\}.$$

Dann existiert wenigstens eine Lösung $y : [\xi - \epsilon, \xi + \epsilon] \to \mathbb{R}^k$ *des Anfangswertproblems*

$$\begin{cases} y' = f(x,y), \\ y(\xi) = \eta, \end{cases}$$

wobei

$$\epsilon := \min\left(a, \frac{b}{M}\right), \quad M := \max_{(x,y)\in V} \|f(x,y)\|_\infty.$$

Da wir uns im Wesentlichen nur für eindeutig bestimmte Lösungen interessieren, werden wir nun den außerordentlich wichtigen Satz von PICARD–LINDELÖF beweisen. Sein Beweis liefert uns nicht nur eine Existenz- und Eindeutigkeitsaussage, sondern auch ein einfaches iteratives Verfahren zur Bestimmung der Lösung.

Bevor wir den Satz formulieren, greifen wir noch einmal das Konzept der LIPSCHITZ-Stetigkeit auf, da es eine zentrale Rolle in der Argumentation spielen wird.

7.2.2 Definition
$f : \Omega \to \mathbb{R}^k$ sei eine Abbildung auf einem Gebiet $\Omega \subset \mathbb{R} \times \mathbb{R}^k$. Wir sagen, f ist im zweiten Argument *lokal* LIPSCHITZ-*stetig*, falls zu jedem $(\xi, \eta) \in \Omega$ eine Umgebung $\tilde{\Omega}$ und eine positive Konstante L existiert, sodass für alle $(x,y), (x,\tilde{y}) \in \tilde{\Omega} \cap \Omega$ die Abschätzung

$$\|f(x,y) - f(x,\tilde{y})\| \le L\|y - \tilde{y}\| \tag{7.2.1}$$

gültig ist.

Es ist klar, dass eine Abbildung $f(x,y)$, welche in y lokal LIPSCHITZ-stetig ist, insbesondere in y stetig ist. Außerdem gilt das folgende Lemma.

7.2.3 Lemma
$f : \Omega \to \mathbb{R}^k$ *sei eine stetig differenzierbare Abbildung auf einem Gebiet* $\Omega \subset \mathbb{R} \times \mathbb{R}^k$. *Dann ist* f *im zweiten Argument insbesondere lokal* LIPSCHITZ-*stetig*.

Beweis:

(i) $(\xi, \eta) \in \Omega$ sei fest gewählt und $r > 0$ sei so klein, dass die kompakte Menge

$$V := \{(x,y) \in \Omega : |x - \xi| \le r, \|y - \eta\| \le r\}$$

in Ω enthalten sei. Wir definieren

$$J(x,y) := \left(\frac{\partial f_i}{\partial y_l}(x,y)\right)_{i,l=1,\ldots,k}$$

und

$$L := \sup_{(x,y)\in V} \|J(x,y)\|,$$

wobei

$$\|J(x,y)\| := \sqrt{\sum_{i,l=1}^{k} \left(\frac{\partial f_i}{\partial y_l}(x,y)\right)^2}.$$

Weil $f \in C^1(\Omega, \mathbb{R}^k)$, ist $L < \infty$.

(ii) Wir behaupten, dass für je zwei Punkte $(x,y_0), (x,y_1) \in V$

$$\|f(x,y_0) - f(x,y_1)\| \le L\|y_0 - y_1\|. \tag{7.2.2}$$

Um dies zu zeigen, definieren wir die Funktion

$$s : [0,1] \to \mathbb{R}, \quad s(t) := \langle u, f(x,y_0 + t(y_1 - y_0))\rangle,$$

wobei u ein noch zu wählender Vektor in $\mathbb{R}^k$ sei. Da s differenzierbar ist, können wir mit der Kettenregel und dem Mittelwertsatz schließen, dass ein $\delta \in (0,1)$ existiert mit

$$
\begin{aligned}
&\quad |\langle u, f(x,y_1) - f(x,y_0)\rangle| \\
&= |s(1) - s(0)| \\
&= \left|\int_0^1 \frac{ds}{dt} dt\right| = \left|\int_0^1 \langle u, J(x,y_0 + t(y_1 - y_0))(y_1 - y_0)\rangle dt\right| \\
&\le \|u\| \, \|J(x,y_0 + \delta(y_1 - y_0))(y_1 - y_0)\| \\
&\le \|u\| \, L \, \|y_1 - y_0\|.
\end{aligned}
$$

Die Aussage des Lemmas folgt nun mit $u := f(x,y_1) - f(x,y_0)$. $\qquad\square$

Wir kommen zum Existenz- und Eindeutigkeitssatz von PICARD–LINDELÖF.

7.2.4 Satz (Picard-Lindelöf)

Sei $f : \Omega \to \mathbb{R}^k$ eine stetige Abbildung auf einem Gebiet $\Omega \subset \mathbb{R} \times \mathbb{R}^k$, die im zweiten Argument lokal LIPSCHITZ-stetig ist. Dann gibt es zu jedem Punkt $(\xi, \eta) \in \Omega$ ein $\epsilon > 0$ sowie eine eindeutig bestimmte, stetig differenzierbare Abbildung

$$u : [\xi - \epsilon, \xi + \epsilon] \to \mathbb{R}^k,$$

die die gewöhnliche Differentialgleichung

$$u' = f(x,u)$$

mit der Anfangsbedingung

$$u(\xi) = \eta$$

erfüllt.

Beweis: Wir unterteilen den Beweis in mehrere Teilschritte.

(i) Wir wählen zunächst $r > 0$ so klein, dass

$$\tilde{\Omega} := \{(x, y) \in \mathbb{R} \times \mathbb{R}^k : |x - \xi| \leq r, \|y - \eta\| \leq r\}$$

in Ω enthalten ist und f im zweiten Argument in $\tilde{\Omega}$ die lokale LIPSCHITZ-Bedingung erfüllt, das heißt für ein $L > 0$ gelte

$$\|f(x, y) - f(x, \tilde{y})\| \leq L\|y - \tilde{y}\|, \text{ für alle } (x, y), (x, \tilde{y}) \in \tilde{\Omega}.$$

Da f stetig und $\tilde{\Omega}$ kompakt ist, muss f auf $\tilde{\Omega}$ beschränkt sein, es gilt also

$$\|f(x, y)\| \leq C, \text{ für alle } (x, y) \in \tilde{\Omega}$$

mit einem $C > 0$.

(ii) Wir definieren $I := [\xi - \epsilon, \xi + \epsilon]$ mit $\epsilon := \min\{r, r/C\}$. Eine stetige Abbildung $u : I \to \mathbb{R}^k$ ist genau dann eine Lösung von $u'(x) = f(x, u(x))$ mit $u(\xi) = \eta$, wenn

$$u(x) = \eta + \int_\xi^x f(t, u(t))dt, \text{ für alle } x \in I. \tag{7.2.3}$$

Somit muss u die Fixpunktgleichung

$$u = Tu,$$

$$\text{mit} \qquad (Tu)(x) := \eta + \int_\xi^x f(t, u(t))dt \tag{7.2.4}$$

erfüllen. Unser Ziel wird es nun sein, einen Fixpunkt für den Operator T zu bestimmen.

(iii) Wir definieren eine Folge stetiger Abbildungen $u_n : I \to \mathbb{R}^k$ rekursiv durch

$$u_0 := \eta,$$
$$u_{n+1} := Tu_n.$$

Um zu zeigen, dass die Abbildung T wohldefiniert ist, genügt es nachzuweisen, dass für alle $x \in I$ gilt:

$$\|u_n(x) - \eta\| \leq r.$$

Der Fall $n = 0$ ist nach Definition von u_0 trivial. Für $n > 0$ gehen wir per vollständiger Induktion über n vor und erhalten induktiv die Abschätzung

$$\begin{aligned}
\|u_{n+1}(x) - \eta\| &= \left\|\int_\xi^x f(t, u_n(t))dt\right\| \\
&\leq \left|\int_\xi^x \|f(t, u_n(t))\|dt\right| \\
&\leq C|x - \xi| \leq C\epsilon = C\min\{r, r/C\} \leq r.
\end{aligned}$$

(iv) Wir behaupten

$$\|u_n(x) - (Tu_n)(x)\| \leq CL^n \frac{|x - \xi|^{n+1}}{(n+1)!}, \text{ für alle } n \in \mathbb{N}, x \in I.$$

Dies beweisen wir erneut per Induktion über n. Für $n = 0$ folgt die Aussage aus

$$\|u_0(x) - (Tu_0)(x)\| = \left\|\int_\xi^x f(t, \eta)dt\right\| \leq C|x - \xi|$$

Nun gelte die Ungleichung für ein n. Wir schätzen mit der LIPSCHITZ-Stetigkeit im zweiten Argument ab:

$$\|u_{n+1}(x) - (Tu_{n+1})(x)\|$$

$$= \left\|\int_\xi^x f(t, u_n(t)) - f(t, (Tu_n)(t))dt\right\|$$

$$\leq \left|\int_\xi^x \|f(t, u_n(t)) - f(t, (Tu_n)(t))\|dt\right|$$

$$\leq \left|\int_\xi^x L\|u_n(t) - (Tu_n)(t)\|dt\right|$$

$$\leq \left|\int_\xi^x CL^{n+1} \frac{|t - \xi|^{n+1}}{(n+1)!}dt\right|$$

$$= CL^{n+1} \frac{|x - \xi|^{n+2}}{(n+2)!}.$$

Somit ist die Ungleichung auch für $n + 1$ erfüllt.

(v) Die Reihe $\sum_{n=0}^{\infty}(u_{n+1} - u_n)$ kann durch die konvergente Reihe

$$C \sum_{n=0}^{\infty} \frac{L^n \epsilon^{n+1}}{(n+1)!} = \frac{C}{L}(e^{L\epsilon} - 1)$$

majorisiert werden. Somit konvergiert u_n auf I gleichmäßig gegen eine stetige Abbildung

$$u(x) := \lim_{n \to \infty} u_n(x) = \eta + \sum_{n=0}^{\infty}(u_{n+1} - u_n).$$

Die LIPSCHITZ-Stetigkeit im zweiten Argument von f ergibt

$$\|f(x, u_{n+1}(x)) - f(x, u_n(x))\| \leq L\|u_{n+1}(x) - u_n(x)\|$$

und somit muss $f(x, u_n(x))$ gleichmäßig gegen $f(x, u(x))$ konvergieren. Dies ergibt

$$u = \lim_{n \to \infty} u_{n+1} = \lim_{n \to \infty} Tu_n = T(\lim_{n \to \infty} u_n) = Tu,$$

sodass

$$Tu = u$$

und wir haben einen gesuchten Fixpunkt von T gefunden.

(vi) Um die Eindeutigkeit nachzuweisen, seien $u, v : I \to \mathbb{R}^k$ zwei stetige Abbildungen und wir schätzen mit der LIPSCHITZ-Stetigkeit im zweiten Argument von f wie folgt ab:

$$\|(Tu)(x) - (Tv)(x)\|$$

$$= \left\| \int_\xi^x \big(f(t, u(t)) - f(t, v(t)) \big) dt \right\|$$

$$\leq L \left| \int_\xi^x \|u(t) - v(t)\| dt \right|$$

$$\leq L|x - \xi| \|u - v\|_\infty,$$

also auch

$$\|Tu - Tv\|_\infty \leq L\epsilon \|u - v\|_\infty.$$

Sind nun sowohl u als auch v Lösungen der gewöhnlichen Differentialgleichung mit derselben Anfangsbedingung, so gilt $Tu = u$ und $Tv = v$. Aus der oben hergeleiteten Abschätzung folgt dann unmittelbar:

$$\|u - v\|_\infty \leq L\epsilon \|u - v\|_\infty.$$

Diese Ungleichung impliziert offensichtlich $u = v$, sofern ϵ so klein gewählt wurde, dass $L\epsilon < 1$ gilt. Damit haben wir gezeigt, dass $u = v$ zumindest in einer kleinen Umgebung von ξ erfüllt ist.

Ein analoges Argument zeigt, dass die Menge

$$A := \{x \in I \mid u(x) = v(x)\}$$

offen ist. Da A nicht leer ist, und wegen der Stetigkeit von u und v auch abgeschlossen in I, folgt $A = I$. Also gilt $u = v$ auf ganz I. Dies beweist die Eindeutigkeit der Lösung zu gegebenem Anfangswert.

$\square$

7.2.5 Bemerkung

(a) Manchmal ist es möglich, die Lösung von $y'(x) = f(x, y(x))$ durch das im Beweis des Satzes von PICARD–LINDELÖF benutzte Iterationsverfahren explizit zu bestimmen. Wir betrachten die Gleichung

$$y'(x) = kx^{k-1} y(x)$$

mit einem $k \in \mathbb{N}^*$. Sei $\eta \in \mathbb{R}$ beliebig und $\xi := 0$. Wir suchen also nach der eindeutigen Lösung zur Anfangsbedingung $y(0) = \eta$. Es sei $y_0 := \eta$ und iterativ y_{n+1} durch

$$y_{n+1}(x) := (Ty_n)(x) = \eta + \int_\xi^x f(t, y_n(t)) dt$$

$$= \eta + \int_0^x kt^{k-1} y_n(t) dt$$

festgelegt. Wir erhalten durch direktes Integrieren

$$y_1(x) = \eta + \int_0^x kt^{k-1}\eta \, dt = \eta + \eta t^k \Big|_0^x = \eta(1 + x^k).$$

Per Induktion beweist man

$$y_n(x) = \eta \sum_{l=0}^n \frac{(x^k)^l}{l!}$$

und damit

$$y(x) = \lim_{n \to \infty} y_n(x) = \eta \sum_{l=0}^\infty \frac{(x^k)^l}{l!} = \eta e^{x^k}.$$

In der Tat ist

$$y'(x) = \eta k x^{k-1} e^{x^k} = k x^{k-1} y(x), \quad y(0) = \eta.$$

(b) Man kann nicht auf die LIPSCHITZ-Bedingung im zweiten Argument von f verzichten. Wir betrachten hierzu die Abbildung

$$f(x, y) = \sqrt{2|y|}.$$

Die gewöhnliche Differentialgleichung

$$y'(x) = f(x, y(x)) = \sqrt{2|y(x)|}$$

besitzt zur Anfangsbedingung $y(0) = 0$ die beiden Lösungen

$$y_1(x) = 0 \quad \text{und} \quad y_2(x) = \frac{\operatorname{sign}(x) x^2}{2}.$$

Die Abbildung f ist an der Stelle $y = 0$ im zweiten Argument nicht LIPSCHITZ-stetig, jedoch $1/2$-HÖLDER-stetig. Daher sind die Voraussetzungen im Satz von PICARD–LINDELÖF hier nicht erfüllt.

7.2.6 Korollar (Picard-Lindelöf für n-te Ordnung)

Gegeben seien $n \in \mathbb{N}$, zwei Gebiete $\Omega_1 \subset \mathbb{R}$ und $\Omega_2 \subset \mathbb{R}^{kn}$ sowie Punkte $\xi \in \Omega_1$ und $\eta_0, \ldots, \eta_{n-1} \in \mathbb{R}^k$ mit $\eta := (\eta_0, \ldots, \eta_{n-1}) \in \Omega_2$.

Sei $f : \Omega_1 \times \Omega_2 \to \mathbb{R}^k$ eine stetige Funktion, die in (ξ, η) eine lokale LIPSCHITZ-Bedingung im zweiten Argument erfüllt. Dann existiert ein $\epsilon > 0$ sowie eine eindeutig bestimmte, n-mal stetig differenzierbare Abbildung $y : [\xi - \epsilon, \xi + \epsilon] \to \mathbb{R}^k$, welche die folgende gewöhnliche Differentialgleichung n-ter Ordnung erfüllt:

$$\begin{cases} y^{(n)}(x) = f(x, y(x), y'(x), \ldots, y^{(n-1)}(x)), \\ y^{(j)}(\xi) = \eta_j, \quad \text{für jedes } j = 0, \ldots, n-1. \end{cases} \tag{7.2.5}$$

Beweis: Wir reduzieren die gewöhnliche Differentialgleichung n-ter Ordnung auf eine gewöhnliche Differentialgleichung erster Ordnung. Sei hierzu $y \in C^n(\Omega_1, \mathbb{R}^k)$ und $\phi := (y, y', \ldots, y^{(n-1)})$. Dann gilt $\phi \in C^1(\Omega_1, \mathbb{R}^{kn})$.

Die Abbildung $F : \Omega := \Omega_1 \times \Omega_2 \to \mathbb{R}^{kn}$ sei definiert durch

$$F(x, y_0, \ldots, y_{n-1}) := (y_1, \ldots, y_{n-1}, f(x, y_0, \ldots, y_{n-1})),$$

für alle $y_0, \ldots, y_{n-1}$, für die die rechte Seite definiert ist.

Eine Abbildung $y \in C^n(\Omega_1, \mathbb{R}^k)$ ist genau dann eine Lösung von (7.2.5), wenn $\phi \in C^1(\Omega_1, \mathbb{R}^{kn})$ die folgende Gleichung erfüllt:

$$\begin{cases} \phi'(x) = F(x, \phi(x)), \\ \phi(\xi) = \eta. \end{cases} \tag{7.2.6}$$

Die Behauptung folgt nun unmittelbar aus Satz 7.2.4. $\qquad\square$

7.3. Maximale Lösungen

In diesem Abschnitt werden wir insbesondere der Frage nachgehen, wie groß das Intervall I gewählt werden kann, auf dem die Lösungen gewöhnlicher Differentialgleichungen existieren. Dazu beweisen wir als Erstes das Lemma von GRONWALL.

7.3.1 Lemma (Gronwall)
Sei $\phi : [0, c] \to \mathbb{R}$ eine stetige Funktion und seien $\alpha, \beta \geq 0$ Konstanten, sodass

$$\phi(x) \leq \alpha + \beta \int_0^x \phi(t)\, dt \quad \text{für alle } x \in [0, c]. \tag{7.3.1}$$

Dann gilt die Abschätzung

$$\phi(x) \leq \alpha\, e^{\beta x} \quad \text{für alle } x \in [0, c]. \tag{7.3.2}$$

Beweis: Für ein beliebiges $\epsilon > 0$ sei

$$h_\epsilon(x) := \phi(x) - (\alpha + \epsilon)e^{\beta x}.$$

Die Funktion $(\alpha + \epsilon)e^{\beta x}$ erfüllt

$$(\alpha + \epsilon)e^{\beta x} = \alpha + \epsilon + \beta \int_0^x (\alpha + \epsilon)e^{\beta t} dt,$$

also

$$\begin{aligned} h_\epsilon(x) &= \phi(x) - \alpha - \epsilon - \beta \int_0^x (\alpha + \epsilon)e^{\beta t} dt \\ &\leq -\epsilon + \beta \int_0^x h_\epsilon(t) dt < \beta \int_0^x h_\epsilon(t) dt. \end{aligned}$$

Wir behaupten, dass $h_\epsilon(x) < 0$ für alle $x \in [0, c]$ gilt. Angenommen, dies wäre nicht der Fall. Da $h_\epsilon(0) \leq -\epsilon < 0$ ist, existierte dann ein $x_0 \in (0, c]$, sodass $h_\epsilon(x_0) = 0$ und $h_\epsilon(x) < 0$ für alle $x \in [0, x_0)$.

Dies führt zu einem Widerspruch, denn andererseits gilt:

$$0 = h_\epsilon(x_0) < \beta \int_0^{x_0} h_\epsilon(t)\, dt \leq 0.$$

Da $\epsilon > 0$ beliebig war, erhalten wir die gewünschte Abschätzung durch Grenzübergang $\epsilon \to 0$.

$\square$

7.3.2 Korollar

$I \subset \mathbb{R}$ sei ein Intervall und $\xi \in I$ ein fester Punkt. Falls eine nicht-negative Funktion $\psi : I \to [0, \infty)$ die Ungleichung

$$\psi(x) \leq \alpha + \beta \left| \int_\xi^x \psi(t)dt \right| \tag{7.3.3}$$

für alle $x \in I$ erfüllt, so ist

$$\psi(x) \leq \alpha\, e^{\beta|x-\xi|} \quad \text{für alle } x \in I. \tag{7.3.4}$$

Beweis: Wir setzen

$$
\begin{aligned}
I_+ &:= \{s \geq 0 : \xi + s \in I\} \\
I_- &:= \{s \geq 0 : \xi - s \in I\}
\end{aligned}
$$

und definieren anschließend die Funktionen

$$
\begin{aligned}
\phi_+ : I_+ \to \mathbb{R}, \quad \phi_+(s) &:= \psi(\xi + s), \\
\phi_- : I_- \to \mathbb{R}, \quad \phi_-(s) &:= \psi(\xi - s).
\end{aligned}
$$

ϕ_+ und ϕ_- sind nicht-negative Funktionen, welche die Voraussetzungen im Lemma von GRONWALL erfüllen und (7.3.4) ergibt sich daher direkt aus (7.3.2) für ϕ_+, ϕ_-.

$\square$

Das maximale Existenzintervall

7.3.3 Definition

Sei $f : \Omega \to \mathbb{R}^k$ stetig auf einem Gebiet $\Omega \subset \mathbb{R} \times \mathbb{R}^k$ und f sei im zweiten Argument lokal LIPSCHITZ-stetig. Ferner sei

$$
\begin{cases}
u' = f(x, u), \\
u(\xi) = \eta
\end{cases}
\tag{AWP}
$$

das zugehörige Anfangswertproblem. Das *maximale Existenzintervall*

$$I_{\max}(\xi, \eta) \subset \mathbb{R}$$

der Lösung von Gleichung (AWP) ist das maximale offene Intervall $(\xi - a, \xi + b)$ mit $0 < a, b \leq \infty$, sodass (AWP) eine Lösung $u_{\max}$ auf dem Intervall $(\xi - a, \xi + b)$ annimmt. Die Lösung $u_{\max}$, welche auf $I_{\max}(\xi, \eta)$ erklärt ist, nennen wir die *maximale Lösung des Anfangswertproblems*.

7.3.4 Bemerkung

Der Satz von PICARD–LINDELÖF fimpliziert, dass dies wohldefiniert ist. Für jede Lösung $u : I \to \mathbb{R}$ des Anfangswertproblems (AWP) auf einem offenen Intervall I um ξ gilt $I \subset I_{\max}(\xi, \eta)$ und $u \equiv u_{\max}$ auf I.

7.3.5 Definition

Sei $u : I \to \mathbb{R}^k$ eine stetige Abbildung auf einem offenen Intervall $I \subset \mathbb{R}$ und sei $\Omega \subset \mathbb{R} \times \mathbb{R}^k$ ein Gebiet. Wir sagen I *wird durch u kompakt in Ω eingebettet* und schreiben hierfür

$$I \underset{u}{\Subset} \Omega,$$

falls die Menge

$$\Omega_{u,I} := \{(x, u(x)) : x \in I\}$$

in einer kompakten Teilmenge von Ω enthalten ist. $\Omega_{u,I}$ ist dann also beschränkt mit $\overline{\Omega_{u,I}} \subset \Omega$, das heißt $\overline{\Omega_{u,I}}$ ist eine relativ kompakte Teilmenge von Ω.

7.3.6 Satz (Fortsetzungssatz)

Sei $u : (a, b) \to \mathbb{R}^k$ eine Lösung des Anfangswertproblems (AWP) *und es gelte $(a, b) \underset{u}{\Subset} \Omega$. Dann existiert ein $\epsilon > 0$ und eine Lösung*

$$v : (a - \epsilon, b + \epsilon) \to \mathbb{R}^k$$

desselben Anfangswertproblems mit $v|_{(a,b)} \equiv u$.

Beweis: Wir unterteilen den Beweis in zwei Schritte.

(i) Zunächst zeigen wir, dass man die Lösung u durch eine C^1-Abbildung auf ganz $[a, b]$ fortsetzen kann.

Nach Annahme existiert eine kompakte Teilmenge $K \subset \Omega$, sodass

$$\Omega_{u,(a,b)} := \{(x, u(x)) \in \Omega : x \in (a, b)\}$$

in K enthalten ist. Da f auf Ω stetig ist und weil K beschränkt ist, schließen wir, dass die Grenzwerte

$$\eta_a = \eta + \lim_{x \to a} \int_\xi^x f(t, u(t)) dt, \quad \eta_b = \eta + \lim_{x \to b} \int_\xi^x f(t, u(t)) dt$$

existieren. Wir definieren

$$\overline{u}(x) := \begin{cases} \eta_a & , \, x = a \\ u(x) & , \, x \in (a,b) \\ \eta_b & , \, x = b. \end{cases}$$

$\overline{u}$ ist stetig auf $[a,b]$. Da u nämlich das Anfangswertproblem (AWP) löst, ist für $x \in (a,b)$

$$\overline{u}(x) = u(x) = \eta + \int_\xi^x f(t, u(t))dt = \eta + \int_\xi^x f(t, \overline{u}(t))dt$$

und daraus ergibt sich die Stetigkeit in a, b nach Definition von $\overline{u}$ und η_a, η_b. Die Abbildung $\overline{u}$ ist aber auch in a von rechts bzw. in b von links differenzierbar. Dies folgt direkt aus

$$\overline{u}'(x) = f(x, \overline{u}(x)),$$

für alle $x \in (a,b)$ und aus der Stetigkeit von f sowie der Stetigkeit von $\overline{u}$ in $[a,b]$. Damit ist $\overline{u}$ eine auf $[a,b]$ stetig differenzierbare Lösung von (AWP).

(ii) Es existieren ein $\epsilon \in (0, b-a)$ sowie eine eindeutige bestimmte stetig differenzierbare Abbildung $v : (a - \epsilon, a + \epsilon) \to \mathbb{R}^k$, sodass v das Anfangswertproblem

$$\begin{cases} v'(x) = f(x, v(x)) \\ v(a) = \eta_a \end{cases} \tag{7.3.5}$$

löst. Da $v'(a) = f(a, \eta_a) = \lim_{x \downarrow a} \overline{u}'(x)$ und $v(a) = \overline{u}(a) = \eta_a$, erhalten wir eine C^1-Abbildung $v_2 : (a - \epsilon, a + \epsilon) \to \mathbb{R}^k$ durch die Vorschrift

$$v_2(x) := \begin{cases} v(x) & , \, x \in (a - \epsilon, a] \\ \overline{u}(x) & , \, x \in (a, a + \epsilon) \end{cases},$$

welche ebenfalls eine Lösung von (7.3.5) ist. Aus dem Satz von PICARD–LINDELÖF folgt $v(x) = u(x)$, für $x \in (a, a + \epsilon)$. Somit haben wir eine Fortsetzung der Lösung über die linke Seite des Intervalls $[a,b]$ hinaus gefunden. Die Fortsetzung zur rechten Seite lässt sich analog konstruieren.

Damit ist der Satz bewiesen. □

7.3.7 Bemerkung

Bei der Fortsetzung von Lösungen muss man sorgfältig vorgehen. Ist $u : (a,b) \to \mathbb{R}^k$ eine Lösung eines Anfangswertproblems auf einem Intervall (a,b) und bleibt u für $x \to a$ bzw. für $x \to b$ beschränkt, dann impliziert dies noch nicht notwendig die Existenz einer Fortsetzung von u auf ein größeres Intervall. Als Beispiel betrachte man etwa das Anfangswertproblem

$$\begin{cases} u'(x) = \frac{x}{1-u} =: f(x, u), \\ u(0) = 0. \end{cases}$$

Die Lösung ist gegeben durch die Abbildung

$$u(x) = 1 - \sqrt{1 - x^2}$$

und das maximale offene Existenzintervall ist folglich $I_{\max}(0,0) = (-1, 1)$. Andererseits ist $\lim_{|x| \to 1} u(x) = 1$, aber $\lim_{x \to \pm 1} u'(x) = \pm\infty$. Das Intervall $(-1, 1)$ lässt sich durch u nicht kompakt in ein Gebiet $\Omega \subset \mathbb{R}^2$ einbetten, auf dem f stetig und im zweiten Argument lokal LIPSCHITZ-stetig ist.

Linear beschränkte Systeme

7.3.8 Definition
Sei $I \subset \mathbb{R}$ ein Intervall. Eine Abbildung $f : I \times \mathbb{R}^k \to \mathbb{R}^k$ heißt *linear beschränkt*, falls es stetige Funktionen $a, b : I \to [0, \infty)$ gibt, sodass für alle $(x, y) \in I \times \mathbb{R}^k$ die Abschätzung

$$\|f(x, y)\| \leq a(x)\|y\| + b(x) \tag{7.3.6}$$

gültig ist.

7.3.9 Satz
$I \subset \mathbb{R}$ *sei ein offenes Intervall,* $f : I \times \mathbb{R}^k \to \mathbb{R}^k$ *sei stetig, linear beschränkt und im zweiten Argument lokal LIPSCHITZ-stetig. Dann existiert für jede Wahl von* $(\xi, \eta) \in I \times \mathbb{R}^k$ *die eindeutig bestimmte Lösung* u *des Anfangswertproblems (AWP) auf ganz* I.

Beweis: Wir wählen das maximale Existenzintervall $I_{\max} \subset I$, auf dem die eindeutig bestimmte Lösung $u : I_{\max}(\xi, \eta) \to \mathbb{R}^k$ des Anfangswertproblems (AWP) existiert. Dann schätzen wir wie folgt ab:

$$
\begin{aligned}
\|u(x)\| &= \left\| \eta + \int_\xi^x f(t, u(t))dt \right\| \\
&\leq \|\eta\| + \left| \int_\xi^x \|f(t, u(t))\| dt \right| \\
&\leq \|\eta\| + \left| \int_\xi^x \big(a(t)\|u(t)\| + b(t)\big) dt \right| \\
&\leq A(x) + B(x) \left| \int_\xi^x \|u(t)\| dt \right|,
\end{aligned}
$$

wobei

$$A(x) := \|\eta\| + \left| \int_\xi^x b(t)dt \right|, \quad B(x) := \max\{a(t) : |t - \xi| \leq |x - \xi|\}.$$

Wir müssen $I = I_{\max}$ zeigen. Da $I_{\max} \subset I$, reicht es zu zeigen, dass alle kompakten Intervalle $[d, \xi] \subset I$ mit $d < \xi$ bzw. $[\xi, d] \subset I$ mit $d > \xi$ auch jeweils in $I_{\max}$ enthalten sind.

Nehmen wir also zum Beispiel an, es gäbe eine Konstante $d < \xi$ mit $[d, \xi] \subset I$ und $[d, \xi] \not\subset I_{\max}$. Die Stetigkeit der Funktionen A, B und die Kompaktheit des Intervalls $[d, \xi]$ implizieren, dass $\alpha, \beta > 0$ mit

$$\|u(x)\| \leq \alpha + \beta \left| \int_\xi^x \|u(t)\| dt \right|, \quad \text{für alle } x \in [d, \xi] \cap I_{\max}$$

existieren. Das Korollar zum Lemma von GRONWALL (Korollar 7.3.2) ergibt

$$\|u(x)\| \leq \alpha e^{\beta|x-\xi|} \quad , \text{auf } [d, \xi] \cap I_{\max}.$$

Insbesondere lässt sich das offene Intervall $(\tilde{d}, \xi)$ mit $\tilde{d} := \inf\{x \in [d, \xi] : x \in I_{\max}\}$ durch u kompakt in $I \times \mathbb{R}^k$ einbetten. Mit Satz 7.3.6 können wir somit u auf ein etwas größeres Intervall $(\tilde{d} - \epsilon, \xi) \subset I$ erweitern. Dies ist ein Widerspruch zur Definition von $I_{\max}$. Analog schließt man den Fall $d > \xi$ mit $[\xi, d] \subset I$ und $[\xi, d] \not\subset I_{\max}$ aus. $\qquad\square$

7.3.10 Beispiel
Wir betrachten die Bewegungsgleichung eines Pendels (siehe Abbildung 7.1).

$$\ddot{\phi}(t) = -\frac{g}{L} \sin \phi(t). \tag{7.3.7}$$

Hierbei bezeichnen g die Gravitationskonstante, L die Länge und ϕ die Auslenkung

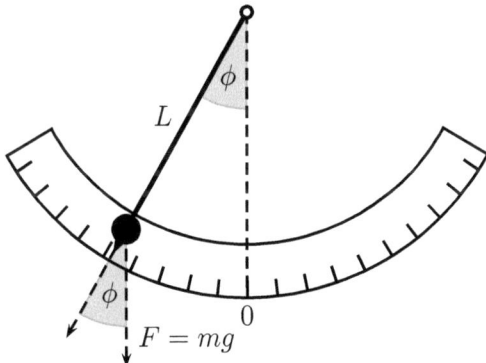

Abbildung 7.1.: Die Schwingung eines mathematischen Pendels der Länge L und Masse m unter der Einwirkung der Schwerkraft.

des Pendels. Diese gewöhnliche Differentialgleichung zweiter Ordnung lässt sich mit $U := (u_1, u_2) := (\phi, \dot{\phi})$ zu folgendem System erster Ordnung reduzieren:

$$\dot{U}(t) = (\dot{u}_1(t), \dot{u}_2(t)) = \left(u_2(t), -\frac{g}{L} \sin u_1(t) \right) =: f(t, U(t)).$$

Wir berechnen

$$
\begin{aligned}
\|f(t, U(t))\|^2 &= u_2^2(t) + \frac{g^2}{L^2} \sin^2(u_1(t)) \\
&\leq u_2^2(t) + \frac{g^2}{L^2} \\
&\leq \frac{g^2}{L^2} + \|U(t)\|^2 \leq \left(\frac{g}{L} + \|U(t)\|\right)^2.
\end{aligned}
$$

Somit ist dieses System linear beschränkt auf ganz $\mathbb{R}$ und wir stellen fest, dass jede Lösung von (7.3.7) für alle Zeiten existiert.

Komplexe gewöhnliche Differentialgleichungen

Bisher haben wir lediglich reelle Systeme gewöhnlicher Differentialgleichungen betrachtet. In manchen Fällen ist es jedoch einfacher, zunächst komplexe Lösungen zu bestimmen und mit diesen danach die reellen Lösungen. Um Systeme komplexer gewöhnlicher Differentialgleichungen zu untersuchen, benötigen wir einige Vorbereitungen.

Eine komplexe Funktion $z(x)$ einer reellen Variablen x besteht aus einem Paar reeller Funktionen $u(x), v(x)$, sodass für jedes x

$$
z(x) = u(x) + iv(x).
$$

u und v heißen Real- bzw. Imaginärteil von z und werden mit

$$
\begin{aligned}
u &= \operatorname{Re} z, \\
v &= \operatorname{Im} z
\end{aligned}
$$

bezeichnet.

Ähnlich können vektorwertige Abbildungen $z : I \to \mathbb{C}^k$ auf einem Intervall $I \subset \mathbb{R}$ als die Summe zweier reeller Funktionen dargestellt werden:

$$
z = u + iv,
$$

wobei $u, v : I \to \mathbb{R}^k$ die Real- und Imaginärteile von z sind und jeweils reellwertige Abbildungen darstellen. Eine Abbildung z ist genau dann stetig, LIPSCHITZ-stetig, differenzierbar usw., wenn diese Eigenschaften auch für die Real- und Imaginärteile u und v zutreffen.

Analog zum reellen Fall ist ein explizites komplexes System gewöhnlicher Differentialgleichungen n-ter Ordnung auf einem Gebiet $\Omega \subset \mathbb{R} \times \mathbb{C}^{nk}$ gegeben durch

$$
z^{(n)} = h(x, z, \ldots, z^{(n-1)}), \tag{7.3.8}
$$

wobei hier $h = f + ig : \Omega \to \mathbb{C}^k$ eine stetige und komplexwertige Abbildung ist. Jedem solchen System können wir ein reelles System zuordnen. In der Tat: Gilt

$z = u + iv$ und ersetzen wir in (7.3.8) die komplexen Variablen jeweils durch reelle Variablen, so erhalten wir ein System der Form

$$\begin{cases} u^{(n)} = f(x, u, \ldots, u^{(n-1)}, v, \ldots, v^{(n-1)}), \\ v^{(n)} = g(x, u, \ldots, u^{(n-1)}, v, \ldots, v^{(n-1)}). \end{cases} \tag{7.3.9}$$

Der nachfolgende Satz zur Existenz- und Eindeutigkeit von Lösungen von (7.3.8) zu gegebenen Anfangsdaten ist daher lediglich die komplexe Version des Satzes von PICARD–LINDELÖF.

7.3.11 Satz (Picard–Lindelöf)
Sei $h : \Omega \to \mathbb{C}^k$ eine stetige Abbildung auf einem Gebiet $\Omega \subset \mathbb{R} \times \mathbb{C}^{nk}$, wobei $h(x, Z)$ bezüglich Z lokal LIPSCHITZ-stetig ist. Dann existieren für jedes $\xi \in \mathbb{R}$ sowie $\eta_0, \ldots, \eta_{n-1} \in \mathbb{C}^k$ mit $(\xi, \eta_0, \ldots, \eta_{n-1}) \in \Omega$ ein $\epsilon > 0$ und eine eindeutig bestimmte differenzierbare Abbildung $z : [\xi - \epsilon, \xi + \epsilon] \to \mathbb{C}^k$, die die komplexe gewöhnliche Differentialgleichung

$$z^{(n)} = h(x, z, \ldots, z^{(n-1)})$$

mit den Anfangsbedingungen

$$z(\xi) \quad = \quad \eta_0,$$
$$\vdots \qquad \vdots$$
$$z^{(n-1)}(\xi) \quad = \quad \eta_{n-1}$$

löst.

7.4. Homogene lineare Systeme

Im Folgenden bezeichne $\mathbb{F}$ stets entweder den Körper der reellen Zahlen oder den Körper der komplexen Zahlen, das heißt es ist $\mathbb{F} = \mathbb{R}$ oder $\mathbb{F} = \mathbb{C}$. Ferner sei $\Omega \subset \mathbb{R} \times \mathbb{F}^{nk}$ ein Gebiet und

$$f : \Omega \to \mathbb{F}^k$$

eine stetige Abbildung.

Wir betrachten im Folgenden Systeme gewöhnlicher Differentialgleichungen, welche sich in der Form

$$y^{(n)}(x) = \sum_{i=0}^{n-1} A_{(i)}(x) y^{(i)} \tag{7.4.1}$$

mit $\mathbb{F}$-linearen Operatoren

$$A_{(i)}(x) : \mathbb{F}^k \to \mathbb{F}^k, \ i = 0, \ldots, n-1$$

schreiben lassen. Dabei werden wir stets annehmen, dass die $\mathbb{F}$-linearen Operatoren $A_{(i)}(x)$ stetig von x abhängen.

Wir nennen (7.4.1) ein *homogenes System linearer Differentialgleichungen.* der Ordnung n.

Die Aussage des folgenden Lemmas lässt sich leicht verifizieren.

7.4.1 Lemma

Sind u_1, u_2 zwei Lösungen des linearen homogenen Systems

$$y^{(n)} = \sum_{i=0}^{n-1} A_{(i)} y^{(i)}, \qquad (7.4.2)$$

welche auf demselben Intervall I definiert sind und sind $a_1, a_2 \in \mathbb{F}$, so ist

$$u := a_1 u_1 + a_2 u_2$$

ebenfalls eine Lösung von (7.4.2) auf I.

Das letzte Lemma besagt, dass die Menge der Lösungen eines linearen homogenen Systems einen Vektorraum

$$L_{\mathrm{hom}}(I) := \left\{ u : I \to \mathbb{F}^k : u^{(n)} = \sum_{i=0}^{n-1} A_{(i)} u^{(i)} \right\} \qquad (7.4.3)$$

bildet.

7.4.2 Bemerkung

Für jeden Punkt $(\xi, \eta) \in \Omega$ existiert ein offenes Intervall $I \subset \mathbb{R}$ mit $\xi \in I$ und $I \times \{\eta\} \subset \Omega$. Insbesondere sind nach Annahme sämtliche $\mathbb{F}$-linearen Abbildungen $A_{(i)}(x), 0 \le i \le n-1$ auf I definiert und dort stetig. Da lineare Systeme insbesondere linear beschränkte Systeme sind, ergibt sich aus Satz 7.3.9, dass die Lösungen linearer gewöhnlicher Differentialgleichungen auf dem gesamten oben genannten Intervall I existieren.

Wir untersuchen zunächst den linearen Raum $L_{\mathrm{hom}}(I)$ etwas genauer.

7.4.3 Satz

Der Lösungsraum $L_{\mathrm{hom}}(I)$ des linearen homogenen Systems (7.4.2) ist ein Vektorraum über dem Körper $\mathbb{F}$ der Dimension nk.

Beweis: Wir unterteilen den Beweis in einzelne Schritte.

(i) Ein lineares homogenes System der Ordnung n mit Werten in $\mathbb{F}^k$ lässt sich auf ein System erster Ordnung mit Werten in $\mathbb{F}^{nk}$ reduzieren. Daher reicht es aus, die Behauptung für den Fall $n = 1$ zu beweisen, das heißt für die lineare Gleichung

$$u'(x) = A(x)u(x) + b(x) \qquad (7.4.4)$$

mit Abbildungen $u, b : I \to \mathbb{F}^k$ und einer quadratischen $k \times k$ Matrix $A(x)$, $x \in I$, mit Einträgen in $\mathbb{F}$.

(ii) Es ist klar (vergleiche mit Lemma 7.4.1), dass $L_{\mathrm{hom}}(I)$ ein Vektorraum über $\mathbb{F}$ ist. Es seien

$$u_1, \ldots, u_l \in L_{\mathrm{hom}}(I)$$

linear unabhängig, das heißt es existiert kein Tupel

$$(c_1, \ldots, c_l) \in \mathbb{F}^l \backslash \{0\}$$

mit

$$\sum_{i=1}^l c_i u_i(x) = 0, \text{ für alle } x \in I.$$

Wir behaupten, dass dann für jedes feste $x \in I$ die Vektoren

$$u_1(x), \ldots, u_l(x) \in \mathbb{F}^k$$

ebenfalls linear unabhängig sind. Um dies zu beweisen, nehmen wir an, dass $\xi \in I$ existiert, sodass $u_1(\xi), \ldots, u_l(\xi) \in \mathbb{F}^k$ linear abhängig sind. Dann gibt es also

$$(c_1, \ldots, c_l) \in \mathbb{F}^l \backslash \{0\}$$

mit

$$\sum_{i=1}^l c_i u_i(\xi) = 0.$$

Die Funktion $u := \sum_{i=1}^l c_i u_i$ erfüllt für die Gleichung (7.4.4) das Anfangswertproblem $u(\xi) = 0$. Da aber $v \equiv 0$ ebenfalls eine Lösung zu diesem Anfangswertproblem ist, folgt aus der Eindeutigkeit der Lösungen $u \equiv 0$. Dies ist ein Widerspruch. Also haben wir insbesondere damit gezeigt, dass $L_{\mathrm{hom}}(I)$ endliche Dimension besitzt und dass

$$\dim_{\mathbb{F}}(L_{\mathrm{hom}}(I)) \leq \dim_{\mathbb{F}}(\mathbb{F}^k) = k.$$

(iii) Um nachzuweisen, dass $\dim_{\mathbb{F}}(L_{\mathrm{hom}}(I)) = k$, müssen wir lediglich k linear unabhängige Lösungen $u_1, \ldots, u_l \in L_{\mathrm{hom}}(I)$ finden. Sei hierzu $\xi \in I$ fest und sei u_i die Lösung zum Anfangswertproblem $u_i(\xi) = e_i$, wobei e_i der i-te Einheitsvektor in $\mathbb{F}^k$ ist. Diese Lösung existiert nach Bemerkung 7.4.2 auf ganz I. Da $\{e_1, \ldots, e_k\}$ eine Basis des $\mathbb{F}^k$ ist, schließen wir wie oben, dass $u_1, \ldots, u_k \in L_{\mathrm{hom}}(I)$ auch linear unabhängig sind und daher bilden diese Funktionen dann ebenfalls eine Basis von $L_{\mathrm{hom}}(I)$.

$\square$

Ein Resultat aus dem letzten Beweis halten wir fest:

7.4.4 Korollar
Sind $u_1, \ldots, u_l \in L_{\mathrm{hom}}(I)$ linear unabhängige Lösungen eines Systems erster Ordnung mit Werten in $\mathbb{F}^k$, so ist $l \leq k$ und in jedem Punkt $x \in I$ sind die Vektoren $u_1(x), \ldots, u_l(x)$ ebenfalls linear unabhängig in $\mathbb{F}^k$.

7.4.5 Definition

Nach Satz 7.4.3 besitzt der Vektorraum $L_{\text{hom}}(I)$, definiert wie in (7.4.3), die Dimension nk. Jede Basis

$$\{u_1, \ldots, u_{nk}\} \subset L_{\text{hom}}(I)$$

nennen wir ein *Fundamentalsystem* von Lösungen von (7.4.2).

Da sich das homogene lineare System n-ter Ordnung

$$u^{(n)} = \sum_{i=0}^{n-1} A_{(i)} u^{(i)}, \quad u : I \to \mathbb{F}^k$$

mit dem Reduktionsprinzip auf ein homogenes lineares System erster Ordnung

$$y' = Ay, \quad y : I \to \mathbb{F}^{nk},$$

reduzieren lässt und weil beide Lösungsräume dieselbe Dimension nk besitzen, existiert ein Isomorphismus zwischen den Lösungsräumen. Aus diesem Grund brauchen wir nur noch die Lösungsräume linearer Gleichungssysteme der Form $y' = Ay$ zu bestimmen.

7.4.6 Beispiel

Wir betrachten die homogene lineare gewöhnliche Differentialgleichung n-ter Ordnung

$$u^{(n)}(x) = \sum_{i=0}^{n-1} a_i(x) u^{(i)}(x), \quad u : I \to \mathbb{F} \tag{7.4.5}$$

mit Koeffizienten $a_0, \ldots, a_{n-1}$. Diese Gleichung lässt sich auf das folgende homogene lineare System erster Ordnung reduzieren:

$$y' = Ay, \quad y : I \to \mathbb{F}^n \tag{7.4.6}$$

mit der $n \times n$ Matrix

$$A(x) = \begin{pmatrix} 0 & 1 & 0 & \cdots & & 0 \\ \vdots & 0 & \ddots & \ddots & & \vdots \\ \vdots & \vdots & \ddots & \ddots & & 0 \\ 0 & 0 & \cdots & 0 & & 1 \\ a_0(x) & a_1(x) & \cdots & a_{n-2}(x) & & a_{n-1}(x) \end{pmatrix}.$$

Die Abbildung

$$\Phi(u) := y := \begin{pmatrix} u \\ u' \\ \vdots \\ u^{(n-1)} \end{pmatrix}$$

liefert den Isomorphismus zwischen den Lösungsräumen. Die Umkehrabbildung hierzu ist

$$\Psi(y) := \langle y, e_1 \rangle,$$

wobei e_1 der erste Einheitsvektor in $\mathbb{F}^n$ ist. Zum Beispiel ist das System erster Ordnung zur Gleichung

$$u'' = 2u' - u \tag{7.4.7}$$

gegeben durch

$$y' = \begin{pmatrix} 0 & 1 \\ -1 & 2 \end{pmatrix} y. \tag{7.4.8}$$

Die beiden Abbildungen

$$y_1 := \begin{pmatrix} e^x \\ e^x \end{pmatrix}, \quad y_2 := \begin{pmatrix} xe^x \\ e^x + xe^x \end{pmatrix}$$

bilden ein Fundamentalsystem von Lösungen für (7.4.8). Die Funktionen

$$u_1 := \langle y_1, e_1 \rangle = e^x, \quad u_2 := \langle y_2, e_1 \rangle = xe^x$$

bilden damit ein Fundamentalsystem von Lösungen für (7.4.7).

7.4.a. Homogene lineare Gleichungen mit konstanten Koeffizienten

In diesem Abschnitt betrachten wir als Spezialfall homogene lineare Gleichungen n-ter Ordnung mit konstanten Koeffizienten. Genauer untersuchen wir homogene komplexwertige Gleichungen der Form

$$z^{(n)} = -a_{n-1}z^{(n-1)} - \cdots - a_1 z' - a_0 z, \quad z : I \to \mathbb{C}, \tag{7.4.9}$$

wobei z die gesuchte komplexe Funktion in $x \in I$ ist und die Koeffizienten

$$a_0, \ldots, a_{n-1} \in \mathbb{C}$$

feste komplexe Konstanten sind.

Natürlich lassen sich Gleichungen der Form in (7.4.9) wieder zu Systemen erster Ordnung reduzieren, sodass es sich um einen Spezialfall der allgemeinen Gleichung $y' = Ay, y : I \to \mathbb{C}^n$ handelt. Hier gilt

$$A = \begin{pmatrix} 0 & 1 & 0 & \cdots & 0 \\ \vdots & 0 & \ddots & \ddots & \vdots \\ \vdots & \vdots & \ddots & \ddots & 0 \\ 0 & 0 & \cdots & 0 & 1 \\ -a_0 & -a_1 & \cdots & -a_{n-2} & -a_{n-1} \end{pmatrix}.$$

Unser Ziel wird es sein, zunächst ein Fundamentalsystem von Lösungen dieses homogenen Systems zu finden.

Es stellt sich heraus, dass hierfür die Nullstellen des folgenden Polynoms eine große Rolle spielen.

7.4.7 Definition
Das Polynom

$$L(p) := p^n + a_{n-1}p^{n-1} + \cdots + a_1 p + a_0, \quad p \in \mathbb{C}$$

heißt das *charakteristische Polynom* von Gleichung (7.4.9).

Ersetzt man in diesem Polynom die Variable p durch den Differentialoperator $\frac{\partial}{\partial x}$, so wird $L\left(\frac{\partial}{\partial x}\right)$ zu dem gewöhnlichen Differentialoperator n-ter Ordnung

$$L\left(\frac{\partial}{\partial x}\right) = \frac{\partial^n}{\partial x^n} + a_{n-1}\frac{\partial^{n-1}}{\partial x^{n-1}} + \cdots + a_1 \frac{\partial}{\partial x} + a_0$$

und eine Funktion $z : I \to \mathbb{C}$ ist genau dann Lösung von (7.4.9), wenn

$$L\left(\frac{\partial}{\partial x}\right) z = 0.$$

Der Wert dieser Beobachtung wird deutlich, wenn man sich vergegenwärtigt, dass ein komplexes Polynom n-ten Grades nach dem Fundamentalsatz der Algebra stets in ein Produkt aus n Monomen zerfällt, da es jeweils genau n komplexe Nullstellen besitzt (mit Vielfachheiten gezählt). Für geeignete $\lambda_1, \ldots, \lambda_n \in \mathbb{C}$ gilt also

$$L(p) = p^n + a_{n-1}p^{n-1} + \cdots + a_1 p + a_0 = \prod_{i=1}^{n}(p - \lambda_i)$$

und dann ebenso

$$L\left(\frac{\partial}{\partial x}\right) = \prod_{i=1}^{n}\left(\frac{\partial}{\partial x} - \lambda_i\right).$$

Ist jetzt für eine Funktion $z : I \to \mathbb{C}$ zum Beispiel

$$\left(\frac{\partial}{\partial x} - \lambda_i\right) z = 0,$$

also

$$z' - \lambda_i z = 0,$$

so erfüllt z die Gleichung

$$L\left(\frac{\partial}{\partial x}\right) z = 0$$

und löst damit (7.4.9). Dies werden wir ausnutzen, um das Fundamentalsystem von Lösungen zu bestimmen. Dabei werden wir aber zwischen einfachen und mehrfachen Nullstellen des charakteristischen Polynoms unterscheiden müssen.

Für spätere Zwecke halten wir noch eine weitere nützliche Eigenschaft fest. Da

$$\frac{\partial}{\partial x} e^{\lambda x} = \lambda \cdot e^{\lambda x}, \text{ für alle } \lambda \in \mathbb{C},$$

erhält man die Formel

$$L\left(\frac{\partial}{\partial x}\right) e^{\lambda x} = L(\lambda) \cdot e^{\lambda x}. \tag{7.4.10}$$

Lösungen bei einfachen Nullstellen des charakteristischen Polynoms

Mit Gleichung (7.4.10) sehen wir, dass eine Funktion $e^{\lambda x}$ genau dann eine Lösung von (7.4.9) bildet, wenn λ eine Nullstelle des charakteristischen Polynoms $L(p)$ ist. Falls alle Nullstellen von $L(p)$ einfach sind, also die n Nullstellen paarweise verschieden sind, erhalten wir den folgenden Satz.

7.4.8 Satz
Sind die Nullstellen $\lambda_1, \ldots, \lambda_n$ des charakteristischen Polynoms der linearen homogenen Gleichung

$$z^{(n)} + a_{n-1} z^{(n-1)} + \cdots + a_1 z' + a_0 z = 0 \tag{7.4.11}$$

paarweise verschieden, so existieren zu jeder Lösung z von (7.4.11) eindeutig bestimmte Konstanten $c_1, \ldots, c_n \in \mathbb{C}$ mit

$$z(x) = c_1 e^{\lambda_1 x} + \cdots + c_n e^{\lambda_n x}, \quad \text{für alle } x \in \mathbb{R}. \tag{7.4.12}$$

$c_1, \ldots, c_n$ *nennt man die Integrationskonstanten von z.*

Beweis: Mit dem Reduktionsprinzip für Gleichungen n-ter Ordnung auf Systeme erster Ordnung und mithilfe der Aussage von Satz 7.3.9 über das maximale Existenzintervall linear beschränkter Systeme schließen wir, dass jede Lösung von (7.4.11) auf ganz $\mathbb{R}$ existiert. Satz 7.4.3 zeigt, dass die Dimension des Lösungsraums n beträgt. Sind sämtliche Nullstellen $\lambda_1, \ldots, \lambda_n$ des charakteristischen Polynoms verschieden, so sind die Funktionen $e^{\lambda_1 x}, \ldots, e^{\lambda_n x}$ linear unabhängig und bilden daher ein Fundamentalsystem von Lösungen für (7.4.12), denn der Lösungsraum hat die Dimension n. Folglich lässt sich jede Lösung z als Linearkombination aus diesen Funktionen schreiben. $\square$

7.4.9 Beispiel
Wir betrachten die homogene lineare Gleichung

$$z^{(3)} = 2z'' - z' + 2z. \tag{7.4.13}$$

Das charakteristische Polynom ist gegeben durch

$$L(p) = p^3 - 2p^2 + p - 2.$$

Da

$$L(p) = (p - i)(p + i)(p - 2),$$

sind die Nullstellen dieses Polynoms

$$\lambda_1 = i, \quad \lambda_2 = -i, \quad \lambda_3 = 2.$$

Insbesondere sind sie paarweise verschieden. Die Funktionen

$$z_1(x) = e^{ix}, \quad z_2(x) = e^{-ix}, \quad z_3(x) = e^{2x}$$

bilden ein Fundamentalsystem von Lösungen und jede weitere Lösung z von (7.4.13) kann folglich geschrieben werden als

$$z(x) = c_1 e^{ix} + c_2 e^{-ix} + c_3 e^{2x},$$

mit komplexen Zahlen c_1, c_2, c_3.

Reelle Lösungen bei einfachen Nullstellen des charakteristischen Polynoms

Ist (7.4.11) eine reelle Gleichung, das heißt sind $a_0, \dots, a_{n-1}$ reell, so ist man insbesondere auch an den reellen Lösungen interessiert. Wir werden jetzt erklären, wie man das reelle Fundamentalsystem und die zugehörigen reellen Lösungen erhält.

Zunächst lässt sich feststellen, dass in diesem Fall das charakteristische Polynom $L(p)$ selbst ein reelles Polynom n-ten Grades ist. Dieses Polynom hat zwar ebenfalls n komplexe Nullstellen, allerdings müssen nicht n reelle Nullstellen existieren.

Satz 7.4.3 besagt, dass der Raum der reellen Lösungen von (7.4.11) einen reellen Vektorraum der reellen Dimension n bildet und dass entsprechend der Raum der komplexen Lösungen einen komplexen Vektorraum der komplexen Dimension n formt. Genauer bildet der Raum der reellen Lösungen einen n-dimensionalen reellen Untervektorraum des Raums der komplexen Lösungen, welcher selbst die reelle Dimension $2n$ besitzt.

Wir erinnern an ein elementares Resultat zu den Nullstellen reeller Polynome. Ist

$$p^n + a_{n-1} p^{n-1} + \cdots + a_1 p + a_0$$

ein reelles Polynom und ist $\lambda \in \mathbb{C}$ eine komplexe Nullstelle, so ist die komplex konjugierte Zahl $\bar{\lambda} \in \mathbb{C}$ ebenfalls eine komplexe Nullstelle. Allerdings bedeutet dies nicht, dass reelle Nullstellen λ, wegen $\bar{\lambda} = \lambda$, dann jeweils doppelt auftreten.

Sind daher $\lambda_1, \dots, \lambda_n$ die komplexen Nullstellen eines reellen Polynoms vom Grad n, so können wir stets annehmen, dass $k \geq 0$ existiert mit

$$\begin{cases} \lambda_{2j-1} = \bar{\lambda}_{2j}, \quad \lambda_{2j+1} \notin \mathbb{R} & , 1 \leq j \leq k, \\ \lambda_j \in \mathbb{R} & , 2k+1 \leq j \leq n. \end{cases}$$

Der nächste Satz macht eine Aussage darüber, wie man die reellen Lösungen von (7.4.11) bestimmt.

7.4.10 Satz

Seien die Nullstellen $\lambda_1, \ldots, \lambda_n$ des charakteristischen Polynoms der reellen homogenen linearen Differentialgleichung

$$y^{(n)} + a_{n-1} y^{(n-1)} + \cdots + a_1 y' + a_0 y = 0 \qquad (7.4.14)$$

paarweise verschieden und besitzen die Darstellung

$$\lambda_1 = \mu_1 + i\omega_1, \qquad \lambda_2 = \mu_1 - i\omega_1,$$

$$\vdots \qquad \qquad \vdots$$

$$\lambda_{2k-1} = \mu_k + i\omega_k, \qquad \lambda_{2k} = \mu_k - i\omega_k,$$

$$\lambda_{2k+1}, \quad \ldots \quad , \lambda_n \in \mathbb{R}.$$

Dann existieren zu jeder reellen Lösung y von Gleichung (7.4.14) eindeutig bestimmte reelle Konstanten

$$b_1, \ldots, b_k, c_1, \ldots, c_k, d_{2k+1}, \ldots, d_n$$

mit

$$y(x) = \sum_{j=1}^{k} e^{\mu_j x} \big(b_j \cos(\omega_j x) + c_j \sin(\omega_j x) \big) + \sum_{j=2k+1}^{n} d_j e^{\lambda_j x}.$$

Beweis: Es sei z eine komplexe Lösung von (7.4.14). Weil $\bar{z}' = \overline{z'}$ und weil die Koeffizienten $a_0, \ldots, a_{n-1}$ reell sind, ist mit z auch die konjugierte Funktion $\bar{z}$ eine komplexe Lösung von (7.4.14). Nach Satz 7.4.8 wird der Raum der komplexwertigen Lösungen aufgespannt durch die Funktionen

$$z_1(x) = e^{\lambda_1 x}, \ldots, z_n(x) = e^{\lambda_n x}.$$

Somit sind

$$\frac{1}{2}(z_{2j} + z_{2j-1}) = \operatorname{Re}(z_{2j-1}) \quad \text{und} \quad \frac{i}{2}(z_{2j} - z_{2j-1}) = \operatorname{Im}(z_{2j-1})$$

reelle Lösungen für $1 \leq j \leq k$. Außerdem sind

$$\operatorname{Re}(z_{2j-1}) = e^{\mu_j x} \cos(\omega_j x), \quad \operatorname{Im}(z_{2j-1}) = e^{\mu_j x} \sin(\omega_j x),$$

sodass die n linear unabhängigen Funktionen

$$y_1(x) = e^{\mu_1 x} \cos(\omega_1 x), \qquad y_2(x) = e^{\mu_1 x} \sin(\omega_1 x),$$

$$\vdots \qquad \qquad \vdots$$

$$y_{2k-1}(x) = e^{\mu_k x} \cos(\omega_k x), \qquad y_{2k}(x) = e^{\mu_k x} \sin(\omega_k x)$$

$$y_{2k+1}(x) = e^{\lambda_{2k+1} x}, \quad \ldots \quad , y_n(x) = e^{\lambda_n x}$$

ein reelles Fundamentalsystem von Lösungen bilden. Daraus ergibt sich sofort die Aussage des Satzes. $\qquad \square$

7.4.11 Korollar

Unter den Voraussetzungen von Satz 7.4.10 existiert zu jeder reellen Lösung y von
(7.4.14) genau eine Darstellung der Form

$$y(x) = \sum_{j=1}^{k} r_j e^{\mu_j x} \cos(\omega_j x + \alpha_j) + \sum_{j=2k+1}^{n} d_j e^{\lambda_j x}, \qquad (7.4.15)$$

mit reellen Zahlen $r_1, \ldots, r_k, \alpha_1, \ldots, \alpha_k, d_{2k+1}, \ldots, d_n$.

Beweis: Das ergibt sich direkt aus Satz 7.4.10 mit der Formel

$$\cos(\omega_j x + \alpha_j) = \cos(\omega_j x)\cos(\alpha_j) - \sin(\omega_j x)\sin(\alpha_j).$$

$\square$

7.4.12 Beispiel (Harmonischer Oszillator)
Wir möchten die Bewegungsgleichung eines Massepartikels **P** mit Masse m entlang
einer horizontalen Linie unter einer Krafteinwirkung **F** studieren, welche anziehend
in Richtung eines Punkts **O** auf dieser Linie wirkt und deren Größe proportional
zum Abstand x (mit Vorzeichen) zwischen **O** und **P** ist. Physikalisch lässt sich die
Kraft zum Beispiel durch eine Feder mit einem Elastizitätskoeffizienten k realisieren
(siehe Abbildung 7.2). Die Bewegungsgleichung ist

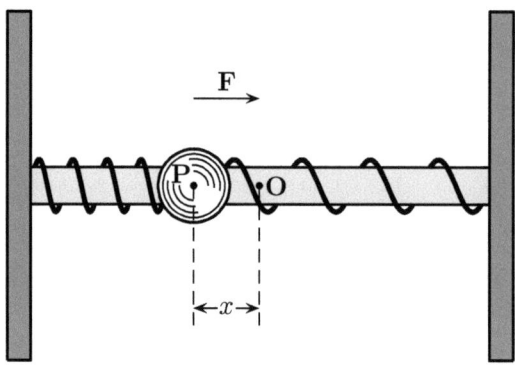

Abbildung 7.2.: Ein harmonischer Oszillator.

$$m\ddot{x}(t) = -kx(t),$$

wobei $x(t)$ den Ort des Massepartikels **P** auf der x-Achse zur Zeit t angibt. Wir
erwarten, dass der Massepunkt **P** auf der horizontalen Linie hin- und herschwingt

(*harmonischer Oszillator*). Man definiert die *Frequenz* ω durch

$$\omega := \sqrt{\frac{k}{m}}.$$

Damit kann die Bewegungsgleichung auch in der Form

$$\ddot{x} + \omega^2 x = 0 \tag{7.4.16}$$

geschrieben werden. Dies ist eine homogene lineare gewöhnliche Differentialgleichung zweiter Ordnung. Das charakteristische Polynom ist

$$L(p) = p^2 + \omega^2,$$

welches die beiden Wurzeln $\lambda_1 = i\omega, \lambda_2 = -i\omega$ besitzt. Daher ist der komplexe Lösungsraum gegeben durch alle Funktionen der Form

$$z(t) = c_1 e^{i\omega t} + c_2 e^{-i\omega t},$$

mit Konstanten $c_1, c_2 \in \mathbb{C}$. Der entsprechende reelle Lösungsraum ist hingegen gegeben durch alle Funktionen der Form

$$x(t) = a_1 \cos(\omega t) + a_2 \sin(\omega t),$$

mit $a_1, a_2 \in \mathbb{R}$. Mit Korollar 7.4.11 sehen wir noch, dass sich jede Lösung des harmonischen Oszillators auch in der Form

$$x(t) = r \cos(\omega t + \alpha),$$

mit reellen Konstanten r, α schreiben lässt. Diese Konstanten nennt man die *Amplitude* bzw. die *Phase* des Oszillators. Amplitude und Phase lassen sich aus den Anfangsbedingungen zum Zeitpunkt $t = 0$ ablesen, denn es gilt $x(0) = r \cos \alpha$, $\dot{x}(0) = -\omega r \sin \alpha$.

Lösungen bei mehrfachen Nullstellen des charakteristischen Polynoms

Ist $L(p)$ ein Polynom vom Grad n, so ist die *Vielfachheit* oder auch *Multiplizität* einer Nullstelle λ die Zahl k mit $1 \leq k \leq n$, sodass sich $L(p)$ als Produkt

$$L(p) = M(p)(p - \lambda)^k$$

schreiben lässt, wobei $M(p)$ ein Polynom vom Grad $n - k$ mit $M(\lambda) \neq 0$ ist. Jede Nullstelle der Vielfachheit $k > 1$ heißt eine *mehrfache Nullstelle*.

Besitzt das charakteristische Polynom L einer komplexen homogenen gewöhnlichen Differentialgleichung mehrfache Nullstellen, so ist das Fundamentalsystem von Lösungen nicht nur durch die Funktionen $e^{\lambda x}$ mit $L(\lambda) = 0$ bestimmt, da diese Funktionen nun nicht mehr linear unabhängig sind.

Das folgende heuristische Argument zeigt uns aber, mit welchen Funktionen wir stattdessen arbeiten können. Sind λ_1, λ_2 zwei verschiedene Nullstellen des charakteristischen Polynoms L, so ist die Funktion

$$\frac{e^{\lambda_1 x} - e^{\lambda_2 x}}{\lambda_1 - \lambda_2}$$

eine Lösung der linearen gewöhnlichen Differentialgleichung. Aus

$$\lim_{\lambda_2 \to \lambda_1} \frac{e^{\lambda_1 x} - e^{\lambda_2 x}}{\lambda_1 - \lambda_2} = x e^{\lambda_1 x}$$

kann man nun schließen, dass die Funktion $x e^{\lambda_1 x}$ eine Lösung einer homogenen linearen gewöhnlichen Differentialgleichung ist, bei der λ_1 wenigstens eine doppelte Nullstelle ist. Analog schließen wir, dass die Funktionen

$$e^{\lambda x}, \, x e^{\lambda x}, \ldots, \, x^{k-1} e^{\lambda x}$$

Lösungen sind, wenn die Vielfachheit der Nullstelle bei λ mindestens k beträgt.

Bevor wir jetzt den nächsten Satz formulieren können, benötigen wir noch dieses nützliche Lemma.

7.4.13 Lemma

$\lambda \in \mathbb{C}$ *sei beliebig, $L(p)$ sei ein Polynom vom Grad n und $f(x)$ sei eine n-mal stetig differenzierbare Funktion. Dann gilt die folgende Formel:*

$$L\left(\frac{\partial}{\partial x}\right)(e^{\lambda x} f(x)) = e^{\lambda x} \cdot L\left(\frac{\partial}{\partial x} + \lambda\right) f(x). \qquad (7.4.17)$$

Beweis: Wir beweisen das zunächst für Polynome $L(p) = cp + d$, mit $c, d \in \mathbb{C}$. Dann ist

$$
\begin{aligned}
L\left(\frac{\partial}{\partial x}\right)(e^{\lambda x} f(x)) &= \left(c\frac{\partial}{\partial x} + d\right)(e^{\lambda x} f(x)) \\
&= c\lambda e^{\lambda x} f(x) + c e^{\lambda x} f'(x) + d e^{\lambda x} f(x) \\
&= e^{\lambda x}\left(c\left(\frac{\partial}{\partial x} + \lambda\right) + d\right)(f(x)) \\
&= e^{\lambda x} L\left(\frac{\partial}{\partial x} + \lambda\right) f(x).
\end{aligned}
$$

Im allgemeinen Fall lässt sich (7.4.17) durch vollständige Induktion über den Grad n des Polynoms $L(p)$ beweisen. Nehmen wir daher an, dass (7.4.17) für alle Polynome vom Grad $n - 1$ erfüllt ist. Wir splitten ein Polynom $L(p)$ vom Grad n in ein Produkt

$$L(p) = L_1(p) L_2(p)$$

von zwei Polynomen auf, wobei $L_1(p)$ den Grad 1 und $L_2(p)$ den Grad $n-1$ besitzt (das ist wegen des Fundamentalsatzes der Algebra möglich). Jetzt berechnen wir

$$
\begin{aligned}
L\left(\frac{\partial}{\partial x}\right)(e^{\lambda x}f(x)) &= L_1\left(\frac{\partial}{\partial x}\right)\left(L_2\left(\frac{\partial}{\partial x}\right)(e^{\lambda x}f(x))\right) \\
&= L_1\left(\frac{\partial}{\partial x}\right)\left(e^{\lambda x}L_2\left(\frac{\partial}{\partial x}+\lambda\right)f(x)\right) \\
&= e^{\lambda x}L_1\left(\frac{\partial}{\partial x}+\lambda\right)\left(L_2\left(\frac{\partial}{\partial x}+\lambda\right)f(x)\right) \\
&= e^{\lambda x}\left(L_1\left(\frac{\partial}{\partial x}+\lambda\right)L_2\left(\frac{\partial}{\partial x}+\lambda\right)\right)f(x) \\
&= e^{\lambda x}L\left(\frac{\partial}{\partial x}+\lambda\right)f(x).
\end{aligned}
$$

Damit ist das Lemma bewiesen. $\qquad\square$

7.4.14 Satz

L sei das charakteristische Polynom der homogenen linearen Differentialgleichung

$$z^{(n)} + a_{n-1}z^{(n-1)} + \cdots + a_1 z' + a_0 z = 0. \tag{7.4.18}$$

$\lambda_1,\ldots,\lambda_k$ seien die paarweise verschiedenen Nullstellen von L mit Vielfachheiten $m_1,\ldots,m_k$, sodass $m_1+\cdots+m_k = n$. Dann besteht der Lösungsraum von (7.4.18) aus allen Funktionen z der Form

$$z(x) = p_1(x)e^{\lambda_1 x} + \cdots + p_k(x)e^{\lambda_k x}, \tag{7.4.19}$$

wobei jedes $p_j(x)$, $1 \le j \le k$, ein komplexes Polynom in x ist, dessen Grad jeweils strikt kleiner als m_j ist. Jede Lösung besitzt genau eine Darstellung wie in Gleichung (7.4.19).

Beweis: Es sei $d \in \mathbb{N}$. Wir definieren

$$q_d(x) := L\left(\frac{\partial}{\partial x}\right)(x^d e^{\lambda x}).$$

Lemma 7.4.13 impliziert

$$q_d(x) = e^{\lambda x}L\left(\frac{\partial}{\partial x}+\lambda\right)x^d. \tag{7.4.20}$$

Wir nehmen an, λ sei eine Nullstelle von L der Vielfachheit m, sodass ein Polynom M existiert mit

$$L(p) = M(p)(p-\lambda)^m, \quad M(\lambda) \ne 0. \tag{7.4.21}$$

Dann folgt aus (7.4.20) und (7.4.21)

$$q_d(x) = e^{\lambda x}M\left(\frac{\partial}{\partial x}+\lambda\right)\left(\frac{\partial^m}{\partial x^m}\right)x^d.$$

Da $\left(\frac{\partial^m}{\partial x^m}\right) x^d = 0$ für $d < m$, erhalten wir

$$q_d(x) = 0, \text{ für } d = 0, \ldots, m-1. \tag{7.4.22}$$

Ist also λ eine Nullstelle des charakteristischen Polynoms mit Vielfachheit m, so ist jede Funktion $x^d e^{\lambda x}$ mit $0 \le d \le m-1$ eine Lösung von (7.4.18) und da der Raum der Lösungen ein linearer Raum ist, sind ebenfalls alle Funktionen $p(x)e^{\lambda x}$ Lösungen, wenn $p(x)$ ein Polynom ist, welches höchstens den Grad $m-1$ besitzt. Da nun der Raum der Polynome vom Grad kleiner oder gleich $m-1$ ein Vektorraum der Dimension m ist und weil nach Voraussetzung $m_1 + \cdots + m_k = n = \dim(L_{\text{hom}})$, bilden die Funktionen in (7.4.19) einen Vektorraum von Lösungen der Dimension n. Damit ist alles bewiesen. $\square$

7.4.15 Beispiel
(a) Wir betrachten die Gleichung

$$z^{(4)} + 2z^{(2)} + z = 0. \tag{7.4.23}$$

Das charakteristische Polynom ist

$$L(p) = p^4 + 2p^2 + 1 = (p-i)^2(p+i)^2$$

und besitzt die beiden Nullstellen $\lambda_1 = i, \lambda_2 = -i$, beide mit Vielfachheit $m_1 = m_2 = 2$. Aufgrund von Satz 7.4.14 sind die Lösungen von (7.4.23) dann

$$z(x) = (a + bx)e^{ix} + (c + dx)e^{-ix},$$

wobei $a, b, c, d \in \mathbb{C}$ beliebige komplexe Zahlen sind.

(b) Das charakteristische Polynom der Gleichung

$$z^{(n)} = 0. \tag{7.4.24}$$

ist

$$L(p) = p^n.$$

Dieses besitzt die Nullstelle $\lambda = 0$ mit Multiplizität $m = n$. Daher sind sämtliche Lösungen von (7.4.24) der Form

$$z(x) = (c_0 + c_1 x + \cdots + c_{n-1} x^{n-1})e^{0 \cdot x} = c_0 + c_1 x + \cdots + c_{n-1} x^{n-1}.$$

z ist somit genau dann eine Lösung von (7.4.24), wenn z ein komplexes Polynom vom Grad $d < n$ ist.

Reelle Lösungen bei mehrfachen Nullstellen des charakteristischen Polynoms

Wir möchten nun ebenfalls die reellen Lösungen von (7.4.18) bestimmen, falls das charakteristische Polynom ein reelles Polynom ist, dessen Nullstellen Vielfachheiten aufweisen. Dabei können wir im Beweis ganz ähnlich vorgehen wie bei Satz 7.4.10 für reelle Polynome mit einfachen Nullstellen. Die Details überlassen wir dem Leser als Übung.

7.4.16 Satz
Sei L das charakteristische Polynom der homogenen linearen Gleichung

$$y^{(n)} + a_{n-1}y^{(n-1)} + \cdots + a_1 y' + a_0 y = 0 \qquad (7.4.25)$$

mit reellen Koeffizienten $a_0, \ldots, a_{n-1}$. Es seien $\lambda_1, \ldots, \lambda_k$ die paarweise verschiedenen Nullstellen von L mit $\mathrm{Im}(\lambda_j) > 0$, $j = 1, \ldots, k$ und $\lambda_{k+1}, \ldots, \lambda_{k+l}$ seien die paarweise verschiedenen reellen Nullstellen von L. Die Vielfachheiten der Nullstellen λ_j seien jeweils m_j, für $j = 1, \ldots, k + l$. Dann besteht der reelle Lösungsraum von (7.4.25) aus allen Funktionen der Form

$$
\begin{aligned}
y(x) &= \sum_{j=1}^{k} e^{\mu_j x}\big(b_j(x)\cos(\omega_j x) + c_j(x)\sin(\omega_j x)\big) \\
&\quad + \sum_{j=k+1}^{k+l} d_j(x) e^{\lambda_j x}
\end{aligned}
\qquad (7.4.26)
$$

mit reellen Polynomen $b_j(x), c_j(x), d_j(x)$, welche jeweils höchstens den Grad $m_j - 1$ besitzen. Hierbei gilt $\lambda_j = \mu_j + i\omega_j$, für $j = 1, \ldots, k$.

7.4.17 Beispiel
Wir untersuchen die Differentialgleichung

$$y^{(7)} + 3y^{(6)} + 5y^{(5)} + 7y^{(4)} + 7y^{(3)} + 5y'' + 3y' + y = 0.$$

Das charakteristische Polynom zerfällt in das Produkt

$$L(p) = (p+1)^3 (p-i)^2 (p+i)^2.$$

Es existiert eine komplexe Nullstelle λ_1 mit $\mathrm{Im}(\lambda_1) > 0$, nämlich $\lambda_1 = i$. Diese besitzt die Vielfachheit $m_1 = 2$. Die einzige reelle Nullstelle ist $\lambda_2 = -1$, mit Multiplizität 3. Damit besteht der reelle Lösungsraum der Gleichung aus allen Funktionen y der Form

$$y(x) = (b_0 + b_1 x)\cos x + (c_0 + c_1 x)\sin x + (d_0 + d_1 x + d_2 x^2)e^{-x},$$

mit reellen Zahlen $b_0, b_1, c_0, c_1, d_0, d_1, d_2$.

7.4.b. Homogene lineare Systeme erster Ordnung mit konstanten Koeffizienten

Im letzten Abschnitt haben wir erklärt, wie man homogene und inhomogene lineare Gleichungen mit konstanten Koeffizienten löst. An einigen Stellen erforderte dies die Lösung eines Systems erster Ordnung der Form

$$y' = Ay, \tag{7.4.27}$$

wobei die Matrix A aber von einer speziellen Form war, nämlich

$$A = \begin{pmatrix} 0 & 1 & 0 & \cdots & & 0 \\ \vdots & 0 & \ddots & \ddots & & \vdots \\ \vdots & \vdots & \ddots & \ddots & & 0 \\ 0 & 0 & \cdots & 0 & & 1 \\ -a_0 & -a_1 & \cdots & -a_{n-2} & & -a_{n-1} \end{pmatrix}$$

und $a_0, \ldots, a_{n-1}$ dabei die konstanten Koeffizienten der linearen homogenen gewöhnlichen Differentialgleichung (7.4.9) waren.

Allgemeiner möchten wir den Fall $A \in M(n \times n, \mathbb{C})$ untersuchen, das heißt, wenn A eine beliebige $n \times n$ Matrix mit konstanten komplexen Einträgen ist. Wie wir dieses homogene System lösen, müssen wir noch überlegen.

Für beliebige $\lambda \in \mathbb{C}$ und $c \in \mathbb{C}^n$ definieren wir die Abbildung

$$u(x) := e^{\lambda x} c.$$

Differenzieren wir u, ergibt dies

$$u' - Au = \lambda u - Au = e^{\lambda x}(\lambda \operatorname{Id} - A)c, \tag{7.4.28}$$

wobei wir hier mit $\operatorname{Id} \in M(n \times n, \mathbb{C})$ die Einheitsmatrix bezeichnen. Damit ist das folgende Lemma bewiesen

7.4.18 Lemma
Für $\lambda \in \mathbb{C}, c \in \mathbb{C}^n, c \neq 0$ ist die Abbildung $u(x) := e^{\lambda x} c$ genau dann eine Lösung von $u' = Au$, wenn λ ein Eigenwert von A und c ein Eigenvektor bezüglich λ ist.

7.4.19 Definition
Das *charakteristische Polynom* $L(p)$ der quadratischen $n \times n$ Matrix A ist gegeben durch

$$L(p) := \det(A - p\operatorname{Id}) = \begin{vmatrix} a_{11} - p & a_{12} & \cdots & a_{1n} \\ a_{21} & a_{22} - p & \cdots & a_{2n} \\ \vdots & \vdots & \ddots & \vdots \\ a_{n1} & a_{n2} & \cdots & a_{nn} - p \end{vmatrix}.$$

Die Eigenwerte der Matrix A stimmen folglich mit den Nullstellen des charakteristischen Polynoms überein.

7.4.20 Bemerkung

Für die lineare homogene Differentialgleichung n-ter Ordnung

$$z^{(n)} + a_{n-1} z^{(n-1)} + \cdots + a_1 z' + a_0 = 0,$$

ist das zugehörige charakteristische Polynom $M(p)$, so wie in Definition 7.4.7 festgelegt, durch

$$M(p) = p^n + a_{n-1} p^{n-1} + \cdots + a_1 p + a_0$$

gegeben. Andererseits erlaubt das Reduktionsprinzip, die homogene Gleichung n-ter Ordnung auf das System $y' = Ay$ erster Ordnung zu reduzieren, wobei $A \in M(n \times n, \mathbb{C})$ die Matrix

$$A = \begin{pmatrix} 0 & 1 & 0 & \cdots & & 0 \\ \vdots & 0 & \ddots & \ddots & & \vdots \\ \vdots & \vdots & \ddots & \ddots & & 0 \\ 0 & 0 & \cdots & 0 & & 1 \\ -a_0 & -a_1 & \cdots & -a_{n-2} & & -a_{n-1} \end{pmatrix}$$

ist. Das charakteristische Polynom $L(p)$ von A erfüllt die Gleichung

$$L(p) = (-1)^n M(p),$$

sodass die beiden charakteristischen Polynome bis aufs Vorzeichen übereinstimmen und die Nullstellenmenge dieselbe ist.

Wie der nächste Satz zeigt, ist das Bestimmen der Lösungen von $y' = Ay$ leicht, falls es eine Basis aus Eigenvektoren von A gibt. Dies ist aber nicht immer der Fall, da dies zum Beispiel für die Matrix

$$A = \begin{pmatrix} \lambda & 1 \\ 0 & \lambda \end{pmatrix} \in M(2 \times 2, \mathbb{C})$$

mit $\lambda \in \mathbb{C}$ nicht so ist. Für diese Matrix ist λ ein Eigenwert der Multiplizität 2 und

$$V := \left\{ \begin{pmatrix} a \\ 0 \end{pmatrix} : a \in \mathbb{C} \right\}$$

bildet den Eigenraum, welcher aber nur die Dimension 1 besitzt.

7.4.21 Satz

$\lambda_1, \ldots, \lambda_n$ seien die Eigenwerte von $A \in M(n \times n, \mathbb{C})$. Ferner sei $c_1, \ldots, c_n \in \mathbb{C}^n$ eine Basis aus Eigenvektoren, das heißt der Vektor c_j sei Eigenvektor von λ_j, $j = 1, \ldots, n$. Dann bilden die Abbildungen

$$u_j(x) := e^{\lambda_j x} c_j, \quad j = 1, \ldots, n$$

ein Fundamentalsystem von Lösungen des Systems $y' = Ay$.

Beweis: Die Abbildungen u_j sind nach Lemma 7.4.18 Lösungen der gewöhnlichen Differentialgleichung. Weil $c_1, \ldots, c_n \in \mathbb{C}^n$ eine Basis bilden, sind $u_1, \ldots, u_n$ zudem linear unabhängig und spannen einen n-dimensionalen Vektorraum auf. Da andererseits der Lösungsraum der Gleichung nach Satz 7.4.3 selbst n-dimensional ist, stimmen die beiden Räume überein. $\qquad\square$

Weil die Eigenvektoren zu verschiedenen Eigenwerten automatisch linear unabhängig sind, erhalten wir hieraus als Spezialfall das folgende Korollar.

7.4.22 Korollar

$A \in M(n \times n, \mathbb{C})$ *besitze* n *verschiedene Eigenwerte* $\lambda_1, \ldots, \lambda_n$. *Hierzu seien* $c_1, \ldots, c_n$ *jeweils Eigenvektoren. Dann bilden*

$$u_j(x) = e^{\lambda_j x} c_j, \quad j = 1, \ldots, n$$

ein Fundamentalsystem von Lösungen der Gleichung $y' = Ay$.

7.4.23 Beispiel

Wir betrachten das lineare System $y' = Ay$ gewöhnlicher Differentialgleichungen erster Ordnung, gegeben durch

$$
\begin{aligned}
y_1' &= y_1 - 3y_2, \\
y_2' &= 5y_3, \\
y_3' &= -5y_2 + 6y_3.
\end{aligned}
$$

Hier ist somit

$$
y = \begin{pmatrix} y_1 \\ y_2 \\ y_3 \end{pmatrix}, \quad A = \begin{pmatrix} 1 & -3 & 0 \\ 0 & 0 & 5 \\ 0 & -5 & 6 \end{pmatrix}.
$$

Für das charakteristische Polynom $L(p)$ erhalten wir

$$L(p) = \det(A - p\,\mathrm{Id}) = (1 - p)(p^2 - 6p + 25),$$

sodass die Nullstellen verschieden sind, nämlich

$$\lambda_1 = 1, \quad \lambda_2 = 3 + 4i, \quad \lambda_3 = 3 - 4i.$$

Man überzeugt sich leicht davon, dass die Vektoren

$$
c_1 = \begin{pmatrix} 1 \\ 0 \\ 0 \end{pmatrix}, \quad c_2 = \begin{pmatrix} -9 \\ 25 \\ 10 \end{pmatrix} + i \begin{pmatrix} 12 \\ 4 \\ 20 \end{pmatrix}, \quad c_3 = \begin{pmatrix} -9 \\ 25 \\ 10 \end{pmatrix} - i \begin{pmatrix} 12 \\ 4 \\ 20 \end{pmatrix}
$$

jeweils Eigenvektoren hierzu sind. Das Fundamentalsystem von Lösungen ist daher

$$u_1(x) \;=\; e^x \begin{pmatrix} 1 \\ 0 \\ 0 \end{pmatrix},$$

$$u_2(x) \;=\; e^{(3+4i)x}\left(\begin{pmatrix} -9 \\ 25 \\ 10 \end{pmatrix} + i \begin{pmatrix} 12 \\ 4 \\ 20 \end{pmatrix} \right),$$

$$u_3(x) \;=\; e^{(3-4i)x}\left(\begin{pmatrix} -9 \\ 25 \\ 10 \end{pmatrix} - i \begin{pmatrix} 12 \\ 4 \\ 20 \end{pmatrix} \right).$$

Ist $A \in M(n \times n, \mathbb{R})$ eine reelle Matrix, so treten die Eigenwerte von A, welche nicht reell sind, auch wieder in Paaren $\lambda = \mu + i\omega$, $\bar{\lambda} = \mu - i\omega$, $\omega > 0$, auf.

7.4.24 Lemma

Sei $A \in M(n \times n, \mathbb{R})$ eine beliebige reelle Matrix und $\lambda = \mu + i\omega$, $\omega \neq 0$, sei ein komplexer Eigenwert mit Eigenvektor $c = a + ib \in \mathbb{C}^n$. Dann sind die beiden Abbildungen

$$e^{\mu x}(\cos(\omega x)a - \sin(\omega x)b), \quad e^{\mu x}(\sin(\omega x)a + \cos(\omega x)b)$$

linear unabhängige reelle Lösungen von $y' = Ay$.

Beweis: Mit λ ist auch $\bar{\lambda}$ ein Eigenwert, denn die Matrix A ist reell. Weil $\omega \neq 0$, gilt $\lambda \neq \bar{\lambda}$. Die Abbildungen $e^{\lambda x}c$, $e^{\bar{\lambda} x}\bar{c}$ sind linear unabhängige komplexe Lösungen von $y' = Ay$ und das Resultat ergibt sich durch Aufsplitten dieser Lösungen in Real- und Imaginärteile. $\qquad\square$

Dieses Lemma ist nun nützlich, um den reellen Lösungsraum von $y' = Ay$ zu bestimmen, falls A reell ist und eine Basis aus Eigenvektoren existiert.

7.4.25 Satz

Sei $A \in M(n \times n, \mathbb{R})$ gegeben. $\lambda_j = \mu_j + i\omega_j$, $j = 1, \ldots, k$, seien die komplexen Eigenwerte von A mit $\mathrm{Im}(\lambda_j) > 0$ und $\lambda_{2k+1}, \ldots, \lambda_n \in \mathbb{R}$ seien die reellen Eigenwerte. Ferner seien $c_j = a_j + ib_j$ Eigenvektoren zu λ_j, $j = 1, \ldots, k$ und $a_{2k+1}, \ldots, a_n \in \mathbb{R}^n$ seien reelle Eigenvektoren von $\lambda_{2k+1}, \ldots, \lambda_n$. Die Vektoren $c_1, \ldots, c_k, \bar{c}_1, \ldots, \bar{c}_k$, $a_{2k+1}, \ldots, a_n$ seien eine Basis von $\mathbb{C}^n$. Dann ergeben die folgenden Abbildungen ein reelles Fundamentalsystem von Lösungen der Gleichung $y' = Ay$:

$$y_j(x) \;:=\; e^{\mu_j x}(\cos(\omega_j x)a_j - \sin(\omega_j x)b_j), \; j = 1, \ldots, k,$$

$$y_{k+j}(x) \;:=\; e^{\mu_j x}(\sin(\omega_j x)a_j + \cos(\omega_j x)b_j), \; j = 1, \ldots, k,$$

$$y_{2k+j}(x) \;:=\; e^{\lambda_{2k+j} x}a_{2k+j}, \; j = 1, \ldots, n - 2k.$$

Beweis: Die Eigenwerte von A sind

$$\lambda_1, \ldots, \lambda_k, \bar{\lambda}_1, \ldots, \bar{\lambda}_k, \lambda_{2k+1}, \ldots, \lambda_n$$

mit Eigenvektoren

$$c_1, \ldots, c_k, \bar{c}_1, \ldots, \bar{c}_k, a_{2k+1}, \ldots, a_n.$$

Der Satz folgt daher aus Satz 7.4.21 und Lemma 7.4.24. $\qquad\square$

7.4.26 Beispiel

Wir bestimmen die reellen Lösungen zur Gleichung in Beispiel 7.4.23. Dort gilt $k = 1$, $\lambda_1 = 3 + 4i, \lambda_2 = \bar{\lambda}_1 = 3 - 4i, \lambda_3 = 1$. Somit folgt

$$\mu_1 = 3, \quad \omega_1 = 4, \quad a_1 = \begin{pmatrix} -9 \\ 25 \\ 10 \end{pmatrix}, \quad b_1 = \begin{pmatrix} 12 \\ 4 \\ 20 \end{pmatrix}$$

und das reelle Fundamentalsystem von Lösungen ist

$$y_1(x) = e^{3x}\left(\cos(4x)\begin{pmatrix} -9 \\ 25 \\ 10 \end{pmatrix} - \sin(4x)\begin{pmatrix} 12 \\ 4 \\ 20 \end{pmatrix}\right),$$

$$y_2(x) = e^{3x}\left(\sin(4x)\begin{pmatrix} -9 \\ 25 \\ 10 \end{pmatrix} + \cos(4x)\begin{pmatrix} 12 \\ 4 \\ 20 \end{pmatrix}\right),$$

$$y_3(x) = e^{x}\begin{pmatrix} 1 \\ 0 \\ 0 \end{pmatrix}.$$

Die in Satz 7.4.21 beschriebene Konstruktion des Lösungsraums kann nur dann auf diese Weise durchgeführt werden, wenn eine Basis aus Eigenvektoren von A existiert. Wie bereits weiter oben erwähnt wurde, ist dies aber nicht für alle Matrizen der Fall, zum Beispiel nicht für Matrizen der Form

$$A = \begin{pmatrix} \lambda & 1 \\ 0 & \lambda \end{pmatrix} \in M(2 \times 2, \mathbb{C}).$$

Die folgende Beobachtung ist für das weitere Vorgehen wichtig.

Ist $C \in M(n \times n, \mathbb{C})$ eine invertierbare Matrix, dann liefert die Abbildung

$$y \mapsto z := C^{-1}y$$

einen Isomorphismus zwischen dem Lösungsraum von $y' = Ay$ und dem Lösungsraum von $z' = Bz$ mit $B := C^{-1}AC$, denn

$$z' = C^{-1}y' = C^{-1}Ay = C^{-1}ACz = Bz.$$

Die Inverse von diesem Isomorphismus ist die Abbildung

$$z \mapsto y := Cz.$$

Besitzt A insgesamt n linear unabhängige Eigenvektoren $c_1, \ldots, c_n$, dann ist die Matrix $C := (c_1, \ldots, c_n)$ invertierbar und erfüllt die Gleichung

$$AC = (Ac_1, \ldots, Ac_n) = (\lambda_1 c_1, \ldots, \lambda_n c_n) = CD,$$

mit $D = \operatorname{diag}(\lambda_1, \ldots, \lambda_n)$. Daher ist die Matrix $B = C^{-1}AC = D$ in diesem Fall diagonal und das gekoppelte lineare System $y' = Ay$ transformiert sich durch den Isomorphismus $y \mapsto z = C^{-1}y$ in das entkoppelte System $z' = Dz$, das heißt in das System

$$
\begin{aligned}
z_1' &= \lambda_1 z_1 \\
&\;\;\vdots \\
z_n' &= \lambda_n z_n.
\end{aligned}
$$

Dieses entkoppelte System lässt sich natürlich sehr einfach lösen, indem man die Lösungen zu den einzelnen Gleichungen bestimmt. Ein Fundamentalsystem von Lösungen für $z' = Dz$ ist daher gegeben durch die Spalten der Matrix

$$Z(x) := (z_1(x), \ldots, z_n(x)) = \begin{pmatrix} e^{\lambda_1 x} & 0 & \cdots & 0 \\ 0 & \ddots & \ddots & 0 \\ \vdots & \ddots & \ddots & 0 \\ 0 & \cdots & 0 & e^{\lambda_n x} \end{pmatrix}.$$

Hieraus ergibt sich aber nun ebenfalls leicht das bereits in Korollar 7.4.22 ermittelte Fundamentalsystem von Lösungen der ursprünglichen Gleichung $y' = Ay$ als Spalten der Matrix

$$Y(x) := CZ(x) = (Cz_1(x), \ldots, Cz_n(x)) = (e^{\lambda_1 x} c_1, \ldots, e^{\lambda_n x} c_n).$$

Wie aber lässt sich das Fundamentalsystem von Lösungen bestimmen, falls A keine Basis aus Eigenvektoren besitzt? Zu diesem Zweck erinnern wir an die JORDANSCHE Normalform und an ein Resultat aus der linearen Algebra, welches wir an dieser Stelle ohne Beweis erwähnen.

7.4.27 Satz (Jordansche Normalform)

Zu $A \in M(n \times n, \mathbb{C})$ existiert eine invertierbare Matrix $C \in M(n \times n, \mathbb{C})$, sodass die Matrix $B := C^{-1}AC$ die JORDANSCHE *Normalform besitzt. Dies bedeutet*

$$B = \begin{pmatrix} \boxed{J_1} & 0 & \cdots & 0 \\ 0 & \ddots & \ddots & 0 \\ \vdots & \ddots & \ddots & 0 \\ 0 & \cdots & 0 & \boxed{J_k} \end{pmatrix},$$

wobei jede JORDAN-*Matrix J_j eine quadratische Matrix der Gestalt*

$$J_j = \begin{pmatrix} \lambda_j & 1 & \cdots & 0 \\ 0 & \ddots & \ddots & 0 \\ \vdots & \ddots & \ddots & 1 \\ 0 & \cdots & 0 & \lambda_j \end{pmatrix} \in M(r_j \times r_j, \mathbb{C})$$

ist. Es gilt $r_1 + \cdots + r_k = n$ und λ_j, $j = 1, \ldots, k$, sind Eigenwerte von A.

7.4.28 Bemerkung

Wir bemerken, dass für $i \neq j$ durchaus $\lambda_i = \lambda_j$ gelten darf. Zum Beispiel ist die Identität

$$\mathrm{Id} = \begin{pmatrix} 1 & 0 & \cdots & 0 \\ 0 & \ddots & \ddots & 0 \\ \vdots & \ddots & \ddots & 0 \\ 0 & \cdots & 0 & 1 \end{pmatrix}$$

in der JORDANSCHEN Normalform mit $J_1 = \cdots = J_n = (1)$, $r_1 = \cdots = r_n = 1$.

Die Differentialgleichung $z' = Jz$ mit der JORDAN-Matrix J aus r Spalten mit Diagonalelement λ ist

$$z_1' = \lambda z_1 + z_2,$$
$$\vdots \qquad \vdots$$
$$z_{r-1}' = \lambda z_{r-1} + z_r,$$
$$z_r' = \lambda z_r.$$

Das Fundamentalsystem von Lösungen lässt sich hierfür leicht berechnen. Es sind die Spaltenvektoren der Matrix

$$Z(x) = \begin{pmatrix} e^{\lambda x} & x e^{\lambda x} & \frac{x^2}{2} e^{\lambda x} & \cdots & \frac{1}{(r-1)!} x^{r-1} e^{\lambda x} \\ 0 & e^{\lambda x} & x e^{\lambda x} & \cdots & \frac{1}{(r-2)!} x^{r-2} e^{\lambda x} \\ 0 & 0 & e^{\lambda x} & \cdots & \frac{1}{(r-3)!} x^{r-3} e^{\lambda x} \\ \vdots & \vdots & \ddots & \ddots & \vdots \\ 0 & 0 & \cdots & \cdots & e^{\lambda x} \end{pmatrix}.$$

Damit wird es aber ebenso einfach, das Fundamentalsystem von Lösungen bei einer Matrix B in JORDANSCHER Normalform

$$B = \begin{pmatrix} \boxed{J_1} & 0 & \cdots & 0 \\ 0 & \ddots & \ddots & 0 \\ \vdots & \ddots & \ddots & 0 \\ 0 & \cdots & 0 & \boxed{J_k} \end{pmatrix}$$

zu bestimmen. Ist zum Beispiel

$$B = \begin{pmatrix} \begin{array}{ccc} \lambda & 1 & 0 \\ 0 & \lambda & 1 \\ 0 & 0 & \lambda \end{array} & & \\ & \mu & \\ & & \begin{array}{cc} \nu & 1 \\ 0 & \nu \end{array} \end{pmatrix}.$$

so liefert dies

$$Z(x) = \begin{pmatrix} \begin{array}{ccc} e^{\lambda x} & xe^{\lambda x} & \frac{x^2}{2}e^{\lambda x} \\ 0 & e^{\lambda x} & xe^{\lambda x} \\ 0 & 0 & e^{\lambda x} \end{array} & & \\ & e^{\mu x} & \\ & & \begin{array}{cc} e^{\nu x} & xe^{\nu x} \\ 0 & e^{\nu x} \end{array} \end{pmatrix}.$$

Wie schon weiter oben bemerkt, liefern die Spalten der Matrix $Y := CZ$ dann das Fundamentalsystem von Lösungen der Ausgangsgleichung $y' = Ay$.

7.4.29 Beispiel

Es sei $n = 2$. Wir betrachten das Gleichungssystem

$$y' = \begin{pmatrix} 1 & -1 \\ 4 & -3 \end{pmatrix} y. \tag{7.4.29}$$

Die Matrix

$$A := \begin{pmatrix} 1 & -1 \\ 4 & -3 \end{pmatrix}$$

besitzt nur den Eigenwert $\lambda = -1$ mit Multiplizität 2 und der zugehörige Eigenraum ist die lineare Hülle des Vektors

$$v := \begin{pmatrix} 1 \\ 2 \end{pmatrix}.$$

Wir müssen das Gleichungssystem zunächst in die JORDANSCHE Normalform transformieren. Mit

$$C := \begin{pmatrix} 1 & 0 \\ 2 & -1 \end{pmatrix}$$

wird

$$B := C^{-1}AC = \begin{pmatrix} -1 & 1 \\ 0 & -1 \end{pmatrix}.$$

Außerdem gilt hier $C^{-1} = C$. Das Fundamentalsystem von Lösungen für

$$z' = Bz$$

ist gegeben durch die Spalten der Matrix

$$Z(x) := \begin{pmatrix} e^{-x} & xe^{-x} \\ 0 & e^{-x} \end{pmatrix}$$

und folglich besteht das Fundamentalsystem von Lösungen der Ausgangsgleichung (7.4.29) aus den Spalten der Matrix

$$Y(x) := CZ(x) = \begin{pmatrix} e^{-x} & xe^{-x} \\ 2e^{-x} & (2x-1)e^{-x} \end{pmatrix}.$$

7.5. Inhomogene lineare Systeme

Ein *inhomogenes lineares System gewöhnlicher Differentialgleichungen der Ordnung n* auf einem Intervall $I \subset \mathbb{R}$ ist eine Gleichung der Form

$$y^{(n)}(x) = \sum_{i=0}^{n-1} A_{(i)}(x) y^{(i)} + b(x), \quad x \in I \tag{7.5.1}$$

mit $\mathbb{F}$-linearen Operatoren

$$A_{(i)}(x) : \mathbb{F}^k \to \mathbb{F}^k, \, i = 0, \ldots, n-1$$

und einer Funktion $b : I \to \mathbb{F}^k$. Dabei werden wir wieder annehmen, dass die $\mathbb{F}$-linearen Operatoren $A_{(i)}(x)$ und auch $b(x)$ stetig von $x \in I$ abhängen.

Die Aussage des folgenden Lemmas ist offensichtlich.

7.5.1 Lemma

(a) *Sind u_1, u_2 zwei Lösungen des inhomogenen linearen Systems*

$$y^{(n)} = \sum_{i=0}^{n-1} A_{(i)} y^{(i)} + b \tag{7.5.2}$$

    auf I, so ist

$$u := u_1 - u_2$$

    eine Lösung des zugehörigen homogenen Systems (7.4.2) auf I.

(b) *Ist u_1 eine Lösung des inhomogenen Systems (7.5.2) und ist u_2 eine Lösung des zugehörigen homogenen Systems (7.4.2) auf demselben Intervall I, so ist*

$$u := u_1 + u_2$$

    eine Lösung von (7.5.2) auf I.

Das vorangehende Lemma zeigt, dass die Menge der Lösungen des inhomogenen linearen Differentialgleichungssystems

$$L_{\text{in}}(I) := \left\{ u : I \to \mathbb{F}^k \,\middle|\, u^{(n)} = \sum_{i=0}^{n-1} A_{(i)} \, u^{(i)} + b \right\} \tag{7.5.3}$$

einen affinen Raum bildet, dessen zugrunde liegender Vektorraum die Lösungsmenge des zugehörigen homogenen Systems ist:

$$L_{\text{hom}}(I) := \left\{ u : I \to \mathbb{F}^k \,\middle|\, u^{(n)} = \sum_{i=0}^{n-1} A_{(i)} \, u^{(i)} \right\}. \tag{7.5.4}$$

Es gilt also:

$$L_{\text{in}}(I) = v + L_{\text{hom}}(I), \tag{7.5.5}$$

wobei $v \in L_{\text{in}}(I)$ eine beliebig gewählte spezielle Lösung des inhomogenen Systems ist.

Aus demselben Grund wie bei homogenen linearen Systemen existieren die Lösungen inhomogener linearer gewöhnlicher Differentialgleichungen auf dem gesamten Intervall I

7.5.a. Berechnung einer speziellen Lösung bei inhomogenen linearen Systemen erster Ordnung

In diesem Abschnitt betrachten wir ein inhomogenes lineares System erster Ordnung

$$y' = Ay + b \tag{7.5.6}$$

Wir haben bereits gezeigt, dass sich jedes inhomogene lineare System höherer Ordnung in eins wie in (7.5.6) überführen lässt, sodass es ausreicht, ein Verfahren vorzustellen, welches die Berechnung einer speziellen Lösung von Sytemen erster Ordnung erlaubt.

Es stellt sich die generelle Frage, wie man denn solch eine spezielle Lösung findet? Wir werden annehmen, dass der Lösungsraum $L_{\text{hom}}(I)$ des homogenen Systems

$$y' = Ay, \quad y : I \to \mathbb{F}^k. \tag{7.5.7}$$

bereits bekannt ist.

Die Idee besteht nun darin, mithilfe von $L_{\text{hom}}(I)$ und einer Parametervariation eine spezielle Lösung v von (7.5.6) zu konstruieren.

Ist $\{u_1, \ldots, u_k\}$ ein Fundamentalsystem von Lösungen des homogenen Systems (also eine Basis von $L_{\text{hom}}(I)$), so erhalten wir für jede Wahl von Konstanten $c_1, \ldots, c_k \in \mathbb{F}$ eine Lösung

$$u := \sum_{i=1}^{k} c_i u_i \in L_{\text{hom}}(I).$$

Die Grundgedanke bei der Parametervariation besteht nun darin, eine Lösung des zugehörigen inhomogenen Systems (7.5.6) dadurch zu bestimmen, dass man die Konstanten in Abhängigkeit von $x \in I$ variiert, das heißt man macht den Ansatz

$$v(x) := \sum_{i=1}^{k} c_i(x) u_i(x),$$

wobei die Funktionen $c_i : I \to \mathbb{F}$ noch zu bestimmen sind.

7.5.2 Satz

Sei $\{u_1, \ldots, u_k\}$ ein Fundamentalsystem von Lösungen des linearen homogenen Systems (7.5.7). Dann existieren stetig differenzierbare Funktionen $c_1, \ldots, c_k : I \to \mathbb{F}$, sodass

$$v(x) := \sum_{i=1}^{k} c_i(x) u_i(x)$$

eine Lösung des inhomogenen Systems (7.5.6) ist. Außerdem sind $c_1, \ldots, c_k$ bis auf Addition von Konstanten $a_1, \ldots, a_k \in \mathbb{F}$ eindeutig bestimmt.

Beweis: Nehmen wir an, dass v stetig differenzierbar ist und das inhomogene System löst. Dann muss gelten:

$$
\begin{aligned}
v' &= \sum_{i=1}^{k} (c_i' u_i + c_i u_i') \\
&= \sum_{i=1}^{k} (c_i' u_i + c_i A u_i) \\
&= Av + \sum_{i=1}^{k} c_i' u_i = Av + b.
\end{aligned}
$$

Also ist v genau dann eine Lösung des inhomogenen Systems, wenn die Funktionen $c_1, \ldots, c_k : I \to \mathbb{F}$ die Gleichung

$$\sum_{i=1}^{k} c_i'(x) u_i(x) = b(x)$$

erfüllen. Da $\{u_1, \ldots, u_k\}$ ein Fundamentalsystem von Lösungen ist und nach Korollar 7.4.4 für jedes $x \in I$ auch $\{u_1(x), \ldots, u_k(x)\}$ eine Basis von $\mathbb{F}^k$ bilden, können wir schließen, dass die Funktionen $c_1'(x), \ldots, c_k'(x)$ existieren und eindeutig bestimmt und stetig sind, denn $u_1, \ldots, u_k$ sind stetig. Daher können die Funktionen $c_1(x), \ldots, c_k(x)$ durch Integration ermittelt werden. Dies zeigt ebenfalls, dass die Funktionen $c_1, \ldots, c_k$ stetig differenzierbar sind und bis auf Addition von Konstanten eindeutig bestimmt sind.

$\square$

7.5.3 Beispiel

Wir betrachten das inhomogene System

$$y'(x) = \begin{pmatrix} \lambda_1 & 0 \\ 0 & \lambda_2 \end{pmatrix} y(x) + \begin{pmatrix} 1 \\ 0 \end{pmatrix}.$$

Die Abbildungen

$$u_1 := \begin{pmatrix} e^{\lambda_1 x} \\ 0 \end{pmatrix}, \quad u_2 := \begin{pmatrix} 0 \\ e^{\lambda_2 x} \end{pmatrix}$$

bilden ein Fundamentalsystem von Lösungen der homogenen Gleichung. Der Ansatz

$$c_1'(x) \begin{pmatrix} e^{\lambda_1 x} \\ 0 \end{pmatrix} + c_2'(x) \begin{pmatrix} 0 \\ e^{\lambda_2 x} \end{pmatrix} = \begin{pmatrix} 1 \\ 0 \end{pmatrix}$$

gibt

$$c_1'(x) = e^{-\lambda_1 x}, \quad c_2'(x) = 0$$

und für $\lambda_1 \neq 0$ können wir

$$c_1(x) = -\frac{1}{\lambda_1} e^{-\lambda_1 x}, \quad c_2(x) = 0$$

wählen, wohingegen wir für $\lambda_1 = 0$

$$c_1(x) = x, \quad c_2(x) = 0$$

bestimmen. Die spezielle Lösung für $\lambda_1 \neq 0$ ist dann

$$v(x) = c_1(x) \begin{pmatrix} e^{\lambda_1 x} \\ 0 \end{pmatrix} + c_2(x) \begin{pmatrix} 0 \\ e^{\lambda_2 x} \end{pmatrix} = \begin{pmatrix} -\frac{1}{\lambda_1} \\ 0 \end{pmatrix}$$

und die spezielle Lösung für den Fall $\lambda_1 = 0$ ist

$$v(x) = c_1(x) \begin{pmatrix} 1 \\ 0 \end{pmatrix} + c_2(x) \begin{pmatrix} 0 \\ e^{\lambda_2 x} \end{pmatrix} = \begin{pmatrix} x \\ 0 \end{pmatrix}.$$

Eine allgemeine Lösung u des inhomogenen Systems lässt sich dann in der Form

$$u(x) = \begin{cases} \begin{pmatrix} -\frac{1}{\lambda_1} + a_1 e^{\lambda_1 x} \\ a_2 e^{\lambda_2 x} \end{pmatrix} & , \text{ falls } \lambda_1 \neq 0 \\[2em] \begin{pmatrix} x + a_1 \\ a_2 e^{\lambda_2 x} \end{pmatrix} & , \text{ falls } \lambda_1 = 0 \end{cases}$$

schreiben, wobei a_1, a_2 beliebige Konstanten sind.

7.5.b. Inhomogene lineare Gleichungen mit konstanten Koeffizienten

In diesem Abschnitt werden wir noch kurz nachtragen, wie sich nun auch die Lösungsräume der inhomogenen linearen Gleichung

$$z^{(n)}(x) + a_{n-1} z^{(n-1)}(x) + \cdots + a_1 z'(x) + a_0 z(x) = f(x) \qquad (7.5.8)$$

bestimmen lassen, wenn $a_0, \ldots, a_{n-1} \in \mathbb{C}$ konstant sind und f eine komplexwertige stetige Funktion bezeichnet. Im vorhergehenden Abschnitt hatten wir allgemein erklärt, wie sich inhomogene Systeme erster Ordnung

$$Z' = AZ + b, \quad Z : I \to \mathbb{C}^n \qquad (7.5.9)$$

durch Variation der Parameter lösen lassen. Wir erinnern uns daran, dass die allgemeine Vorgehensweise dabei aus folgenden Teilschritten besteht.

(1) Man finde ein Fundamentalsystem von Lösungen $\{u_1, \ldots, u_n\}$ des zugehörigen homogenen Systems $Z' = AZ$.

(2) Für jedes $x \in I$ bestimme man $c_1'(x), \ldots, c_n'(x)$, sodass

$$\sum_{j=1}^{n} c_j'(x) u_j(x) = b(x).$$

(3) Man integriere $c_1'(x), \ldots, c_n'(x)$ und erhalte dadurch die Funktionen $c_1, \ldots, c_n :$ $I \to \mathbb{C}$. Dieser Schritt kann schwierig sein.

(4) Die Funktion $v(x) := \sum_{j=1}^{n} c_j(x) u_j(x)$ löst nun das inhomogene System (7.5.9).

Hier, in unserer Situation, kann zunächst die homogene lineare Gleichung

$$z^{(n)}(x) + a_{n-1} z^{(n-1)}(x) + \cdots + a_1 z'(x) + a_0 z(x) = 0 \qquad (7.5.10)$$

der Ordnung n auf das lineare System erster Ordnung

$$Z' = AZ \qquad (7.5.11)$$

reduziert werden, wobei die Matrix A durch

$$A = \begin{pmatrix} 0 & 1 & 0 & \cdots & 0 \\ \vdots & 0 & \ddots & \ddots & \vdots \\ \vdots & \vdots & \ddots & \ddots & 0 \\ 0 & 0 & \cdots & 0 & 1 \\ -a_0 & -a_1 & \cdots & -a_{n-2} & -a_{n-1} \end{pmatrix}.$$

gegeben ist.

Ist z eine Lösung von (7.5.10), so ist

$$Z := \begin{pmatrix} z \\ z' \\ \vdots \\ z^{(n-1)} \end{pmatrix}$$

eine Lösung von (7.5.11) und umgekehrt gilt: Ist Z eine Lösung von (7.5.11), so ist $z := \langle Z, e_1 \rangle$, das heißt die erste Komponente von Z, eine Lösung von (7.5.10).

Findet man nun eine Lösung Z von (7.5.9) mit

$$b(x) := \begin{pmatrix} 0 \\ \vdots \\ 0 \\ f(x) \end{pmatrix},$$

so löst $z := \langle Z, e_1 \rangle$ die inhomogene Gleichung (7.5.8).

Fassen wir diese Ergebnisse zusammen. Um eine spezielle Lösung der inhomogenen Gleichung (7.5.8) zu bestimmen, gehen wir wie folgt vor:

(1) Wir bestimmen das Fundamentalsystem $\{z_1, \ldots, z_n\}$ von Lösungen der homogenen Gleichung.

(2) Für jedes $x \in I$ bestimmen wir $c_1'(x), \ldots, c_n'(x)$ mit

$$\sum_{j=1}^{n} c_j'(x) u_j(x) = b(x),$$

wobei wir für jedes $j \in \{1, \ldots, n\}$ die Abbildung u_j durch

$$u_j(x) := \begin{pmatrix} z_j(x) \\ z_j'(x) \\ \vdots \\ z_j^{(n-1)}(x) \end{pmatrix}$$

erklären und

$$b(x) := \begin{pmatrix} 0 \\ \vdots \\ 0 \\ f(x) \end{pmatrix}.$$

(3) Wir integrieren $c_1'(x), \ldots, c_n'(x)$ und erhalten die Funktionen $c_1, \ldots, c_n : I \to \mathbb{C}$.

(4) Die erste Komponente der Abbildung

$$v(x) := \sum_{j=1}^{n} c_j(x) u_j(x)$$

ist eine spezielle Lösung von (7.5.8).

7.5.4 Beispiel

Wir betrachten als Beispiel die inhomogene Gleichung

$$z''(x) = -2z'(x) - z(x) + e^{-x}. \tag{7.5.12}$$

(1) Die homogene Gleichung ist

$$z'' + 2z' + z = 0$$

und das charakteristische Polynom hiervon ist

$$L(p) = p^2 + 2p + 1 = (p+1)^2.$$

Die Nullstelle $\lambda = -1$ von L besitzt die Vielfachheit 2 und nach Satz 7.4.14 ist das Fundamentalsystem von Lösungen durch die beiden Funktionen

$$z_1(x) = e^{-x}, \quad z_2(x) = xe^{-x}$$

gegeben.

(2) Wir definieren die Abbildungen

$$u_1 := \begin{pmatrix} z_1 \\ z_1' \end{pmatrix} = \begin{pmatrix} e^{-x} \\ -e^{-x} \end{pmatrix}, \quad u_2 := \begin{pmatrix} z_2 \\ z_2' \end{pmatrix} = \begin{pmatrix} xe^{-x} \\ -xe^{-x} + e^{-x} \end{pmatrix}$$

und den Vektor

$$b := \begin{pmatrix} 0 \\ f \end{pmatrix} = \begin{pmatrix} 0 \\ e^{-x} \end{pmatrix}.$$

Als nächstes lösen wir die lineare Gleichung

$$c_1' u_1 + c_2' u_2 = b,$$

das heißt

$$c_1'(x) \begin{pmatrix} e^{-x} \\ -e^{-x} \end{pmatrix} + c_2'(x) \begin{pmatrix} xe^{-x} \\ -xe^{-x} + e^{-x} \end{pmatrix} = \begin{pmatrix} 0 \\ e^{-x} \end{pmatrix}.$$

Dieses Gleichungssystem ist äquivalent zu

$$c_1'(x) \begin{pmatrix} 1 \\ -1 \end{pmatrix} + c_2'(x) \begin{pmatrix} x \\ 1-x \end{pmatrix} = \begin{pmatrix} 0 \\ 1 \end{pmatrix}.$$

Es folgt $c_1'(x) = -x, c_2'(x) = 1$.

(3) Wir integrieren die Funktionen c_1', c_2' und erhalten

$$\begin{aligned} c_1(x) &= -\frac{x^2}{2} \\ c_2(x) &= x. \end{aligned}$$

(4) Die Abbildung $v := c_1 u_1 + c_2 u_2$ ist gegeben durch

$$\begin{aligned} v(x) &= c_1(x) \begin{pmatrix} e^{-x} \\ -e^{-x} \end{pmatrix} + c_2(x) \begin{pmatrix} xe^{-x} \\ -xe^{-x} + e^{-x} \end{pmatrix} \\ &= \begin{pmatrix} \frac{x^2}{2} e^{-x} \\ (x - \frac{x^2}{2}) e^{-x} \end{pmatrix} \end{aligned}$$

und ihre erste Komponente

$$z(x) = \frac{x^2}{2} e^{-x}$$

ist eine spezielle Lösung von (7.5.12).

7.6. Nichtlineare gewöhnliche Differentialgleichungen

Im letzten Abschnitt dieses Kapitels möchten wir einige in der Praxis besonders wichtige Typen nichtlinearer gewöhnlicher Differentialgleichungen sowie verschiedene Lösungsmethoden vorstellen.

7.6.a. Die Bernoullische Differentialgleichung

7.6.1 Definition
Es seien g, h stetige Funktionen auf einem Intervall I. Für $\alpha \neq 0, 1$ heißt die Gleichung

$$y'(x) + g(x)y(x) + h(x)y^\alpha(x) = 0, \; x \in I \tag{7.6.1}$$

BERNOULLISCHE *Differentialgleichung*.

Da $y \equiv 0$ eine Lösung von (7.6.1) ist, folgt aus dem Existenz- und Eindeutigkeitssatz von PICARD–LINDELÖF, dass entweder

$$y(x) > 0, \; \text{für alle } x \in I, \quad y(x) < 0, \; \text{für alle } x \in I, \quad y \equiv 0.$$

Wir können daher im Folgenden ohne Einschränkung annehmen, dass $y(x) \neq 0$, für alle $x \in I$.

Eine BERNOULLISCHE Differentialgleichung kann auf eine lineare Differentialgleichung zurückgeführt werden. Multipliziert man Gleichung (7.6.1) mit $(1 - \alpha)y^{-\alpha}$, so erhält man

$$(y^{1-\alpha})' + (1 - \alpha)g(x)y^{1-\alpha} + (1 - \alpha)h(x) = 0.$$

Für $z := y^{1-\alpha}$ bekommen wir also die lineare Gleichung

$$z' + (1 - \alpha)gz + (1 - \alpha)h = 0. \tag{7.6.2}$$

Ist z eine Lösung von (7.6.2) mit $z(\xi) = \eta^{1-\alpha}$, so ist $y(x) := z(x)^{\frac{1}{1-\alpha}}$ eine Lösung von (7.6.1) mit $y(\xi) = \eta$. Wegen des Exponenten α muss man Vorsicht walten lassen bezüglich auftretender Vorzeichen.

7.6.2 Beispiel
Betrachte die Gleichung

$$y' + \frac{y}{1+x} + (1+x)y^4 = 0. \tag{7.6.3}$$

Hier ist $\alpha = 4$ und mit der Substitution $z := y^{1-\alpha} = y^{-3}$ erhalten wir

$$z' - \frac{3}{1+x}z - 3(1+x) = 0. \tag{7.6.4}$$

$z(x) = c(1+x)^3$ ist eine Lösung der homogenen Gleichung

$$z' - \frac{3}{1+x}z = 0 \tag{7.6.5}$$

zur Anfangsbedingung $z(0) = c$, wobei c eine beliebige Konstante ist. Um eine spezielle Lösung der inhomogenen Gleichung zu erhalten, machen wir den Ansatz $z(x) = c(x)(1+x)^3$. Es folgt $c'(x) = 3(1+x)^{-2}$ und danach $c(x) = -3(1+x)^{-1}$. Eine Lösung von (7.6.4) ist somit

$$z(x;a) := a(1+x)^3 + 3x(1+x)^2$$

mit einer beliebigen Konstanten a. Da $\alpha = 4$ gerade ist, erhalten wir daraus die Lösung

$$y(x;a) := \frac{\operatorname{sgn}((a+3)x + a)}{\sqrt[3]{(1+x)^2|(a+3)x + a|}}$$

von (7.6.3). Die Lösung mit der Anfangsbedingung $y(0) = -1$ ist zum Beispiel gegeben durch

$$y(x) = -\frac{1}{\sqrt[3]{(1+x)^2(1-2x)}}, \text{ für } -1 < x < \frac{1}{2}.$$

7.6.b. Die Riccati-Gleichung

7.6.3 Definition
Die Funktionen $g, h, k : I \to \mathbb{R}$ seien stetig auf einem Intervall $I \subset \mathbb{R}$. Unter der RICCATI-*Gleichung* versteht man die gewöhnliche Differentialgleichung

$$y'(x) + g(x)y(x) + h(x)y^2(x) = k(x). \tag{7.6.6}$$

Sie besitzt eine ähnliche Struktur wie die BERNOULLISCHE Differentialgleichung für $\alpha = 2$, weist jedoch zusätzlich eine Inhomogenität durch die Funktion k auf der rechten Seite der Gleichung auf. Zwar lassen sich nicht in allen Fällen alle Lösungen von (7.6.6) explizit angeben, doch sobald eine spezielle Lösung bekannt ist, ermöglicht der folgende Satz die Bestimmung weiterer Lösungen.

7.6.4 Satz

Sei $y_s : I \to \mathbb{R}$ eine Lösung von (7.6.6). Dann existiert für jede weitere Lösung $y : I \to \mathbb{R}$ von (7.6.6) eine Lösung der linearen Gleichung

$$z'(x) = \big(g(x) + 2y_s(x)h(x)\big)z(x) + h(x), \qquad (7.6.7)$$

sodass

$$y(x) = y_s(x) + \frac{1}{z(x)}.$$

Beweis: Sei y eine weitere Lösung von (7.6.6). Setzt man $u := y - y_s$ so ergibt sich für u die Differentialgleichung

$$
\begin{aligned}
u' = y' - y_s' &= -gy - hy^2 + gy_s + hy_s^2 \\
&= -gu - hu^2 + 2hy_s^2 - 2hyy_s \\
&= -(g + 2hy_s)u - hu^2.
\end{aligned}
$$

u ist daher eine Lösung der BERNOULLISCHEN Differentialgleichung

$$u' + \tilde{g}u + hu^2 = 0,$$

mit $\tilde{g} := g + 2hy_s$. Die Transformation $z := u^{-1}$ ergibt die lineare Gleichung (7.6.7). $\qquad \square$

7.6.5 Beispiel

Wir untersuchen die RICCATI-Gleichung

$$y'(x) + (1 - 2x)y(x) + (x - 1)y^2(x) = -x, \qquad (7.6.8)$$

das heißt hier gilt

$$g(x) = 1 - 2x, \quad h(x) = x - 1, \quad k(x) = -x.$$

Man kann eine spezielle Lösung raten, die Funktion $y_s(x) \equiv 1$. Die allgemeine Lösung ist daher gegeben durch

$$y(x) = 1 + \frac{1}{z(x)},$$

wobei z die Gleichung

$$z'(x) = -z(x) + x - 1 \qquad (7.6.9)$$

löst. Diese Gleichung ist wiederum eine inhomogene lineare Gleichung. Die Lösungen der homogenen Gleichung $z' = -z$ sind die Funktionen ae^{-x}, mit einer beliebigen Konstanten $a \in \mathbb{R}$. Um eine spezielle Lösung z_s der inhomogenen Gleichung (7.6.9) zu bestimmen, variieren wir die Parameter durch den Ansatz $z_s(x) := c(x)e^{-x}$ und müssen daher die Gleichung

$$c'(x)e^{-x} = x - 1$$

nach c auflösen. Dies ergibt erst $c'(x) = (x-1)e^x$ und danach durch Integration $c(x) = (x-2)e^x$. Eine spezielle Lösung der inhomogenen linearen Gleichung (7.6.9) ist folglich die Funktion $z_s(x) := x - 2$. Damit haben wir die allgemeine Lösung y von (7.6.8) bestimmt und zwar

$$y(x) \equiv 1 \text{ oder } y(x) = 1 + \frac{1}{x - 2 + ae^{-x}}, \text{ mit } a \in \mathbb{R}.$$

7.6.c. Eulersche Differentialgleichung

7.6.6 Definition

Seien $a_0, \dots, a_n$ reelle Zahlen mit $a_n \neq 0$. Die lineare Gleichung

$$a_n x^n y^{(n)}(x) + a_{n-1}x^{n-1}y^{(n-1)}(x) + \cdots + a_1 xy'(x) + a_0 y(x) = 0 \qquad (7.6.10)$$

heißt EULERSCHE *Differentialgleichung*.

Das Polynom

$$L(p) := (p - k + 1) \cdots (p - 1)p$$

vom Grad k in p lässt sich auch in der Form

$$L(p) = k!\binom{p}{k}$$

schreiben. Falls wir $L\left(\frac{\partial}{\partial t}\right)$ als Differentialoperator auffassen, so wird daher für jede n-mal stetig differenzierbare Funktion u in t

$$L\left(\frac{\partial}{\partial t}\right)u = k!\binom{\frac{\partial}{\partial t}}{k}u.$$

7.6.7 Satz

Jede Lösung $y : (0, \infty) \to \mathbb{R}$ von (7.6.10) kann jeweils aus einer Lösung $u : \mathbb{R} \to \mathbb{R}$ der linearen homogenen Differentialgleichung

$$\sum_{k=0}^{n} a_k k!\binom{\frac{\partial}{\partial t}}{k}u = 0 \qquad (7.6.11)$$

erhalten werden. Ist u eine Lösung von (7.6.11) für $t \in \mathbb{R}$, so ist $y(x) := u(\ln x)$ eine Lösung von (7.6.10) auf $(0, \infty)$.

Beweis: Es sei $y : (0, \infty) \to \mathbb{R}$ eine Lösung von (7.6.10). Wir definieren $u(t) := y(e^t)$. Aus der Kettenregel folgt mit $x := e^t$

$$y'(e^t) = e^{-t}\dot{u}(t).$$

Induktiv ergibt sich mit Formel (7.4.17) die Gleichung

$$y^{(k)}(x) = e^{-kt}k! \begin{pmatrix} \frac{\partial}{\partial t} \\ k \end{pmatrix} u(t).$$

Da $x^k = e^{kt}$, folgt

$$x^k y^{(k)}(x) = k! \begin{pmatrix} \frac{\partial}{\partial t} \\ k \end{pmatrix} u(t).$$

Dies impliziert, dass u Gleichung (7.6.11) löst. Umgekehrt generiert jede Lösung u von (7.6.11) auf dieselbe Weise eine Lösung $y(x) = u(\ln x)$ von (7.6.10), welche für $x > 0$ definiert ist. □

7.6.8 Beispiel

(a) Es gelte

$$a_2 x^2 y''(x) + a_1 x y'(x) + a_0 y(x) = 0, \quad a_2 \neq 0.$$

Die lineare Gleichung

$$\sum_{k=0}^{n} k! a_k \begin{pmatrix} \frac{\partial}{\partial t} \\ k \end{pmatrix} u = 0$$

ist äquivalent zu der einfach zu lösenden homogenen linearen Gleichung

$$\ddot{u} + \left(\frac{a_1}{a_2} - 1 \right) \dot{u} + \frac{a_0}{a_2} u = 0.$$

(b) Wir möchten sämtliche Lösungen $y : (0, \infty) \to \mathbb{R}$ von

$$x^2 y''(x) + x y'(x) + y(x) = 0 \tag{7.6.12}$$

bestimmen. Die zugehörige lineare Gleichung mit konstanten Koeffizienten (siehe Teil (a)) ist

$$\ddot{u} + u = 0$$

und die Lösungen hierzu sind

$$u(t) = a \cos t + b \sin t, \quad a, b \in \mathbb{R}.$$

Folglich sind die Lösungen $y : (0, \infty) \to \mathbb{R}$ von (7.6.12) die Funktionen

$$y(x) := a \cos(\ln x) + b \sin(\ln x), \quad a, b \in \mathbb{R}.$$

7.6.d. Exakte Differentialgleichungen

$\Omega \subset \mathbb{R}^2$ sei ein Gebiet und $f, g : \Omega \to \mathbb{R}$ seien stetig differenzierbar. Wir betrachten gewöhnliche Differentialgleichungen der Form

$$f(x, y(x))y'(x) + g(x, y(x)) = 0. \tag{7.6.13}$$

7.6.9 Definition
Eine gewöhnliche Differentialgleichung der Form (7.6.13) heißt *exakt* auf Ω, falls eine zweimal stetig differenzierbare Funktion $\phi : \Omega \to \mathbb{R}$ existiert, sodass

$$\frac{\partial \phi}{\partial x} = g, \quad \frac{\partial \phi}{\partial y} = f. \tag{7.6.14}$$

In diesem Fall nennen wir die Funktion ϕ ein *Potential* für die Gleichung (7.6.13).

Man bemerke, dass ein Potential ϕ, falls es existiert, nur bis auf Addition einer Konstanten eindeutig festgelegt werden kann. Da für eine zweimal stetig differenzierbare Funktion ϕ die Symmetrie

$$\frac{\partial^2 \phi}{\partial x \partial y} = \frac{\partial^2 \phi}{\partial y \partial x}$$

gilt, erhalten wir als notwendige Bedingung für die Exaktheit von (7.6.13) die Gleichung

$$\frac{\partial f}{\partial x} = \frac{\partial g}{\partial y}. \tag{7.6.15}$$

7.6.10 Bemerkung
Man kann zeigen, dass Gleichung (7.6.15) nicht nur notwendig, sondern auch lokal hinreichend für die Exaktheit der Differentialgleichung ist. Falls (7.6.15) in einer offenen Umgebung eines Punktes $(x_0, y_0) \in \Omega$ erfüllt ist, so existiert eine offene Umgebung $\tilde{\Omega} \subset \Omega$ um (x_0, y_0), sodass (7.6.13) auf $\tilde{\Omega}$ exakt ist.

7.6.11 Beispiel
Wir betrachten die Gleichung

$$x^2 y'(x) + 2xy(x) = 0.$$

Hier sind $f(x, y) = x^2, g(x, y) = 2xy$ und wir berechnen

$$\frac{\partial f}{\partial x} = 2x = \frac{\partial g}{\partial y}.$$

Die notwendige Bedingung für die Exaktheit ist also erfüllt. Tatsächlich ist die Gleichung exakt mit Potential $\phi(x, y) := x^2 y$.

7.6.12 Satz
Die Gleichung $f(x, y(x))y'(x) + g(x, y(x)) = 0$ sei auf einem Gebiet $\Omega \subset \mathbb{R}^2$ exakt mit Potential $\phi : \Omega \to \mathbb{R}$ und für ein $(x_0, y_0) \in \Omega$ gelte $f(x_0, y_0) \neq 0$. Dann existiert um x_0 ein offenes Intervall I und eine stetig differenzierbare Funktion $y : I \to \mathbb{R}$

mit $y(x_0) = y_0$, sodass $(x, y(x)) \in \Omega$ und $\phi(x, y(x)) = \phi(x_0, y_0)$ für alle $x \in I$. Insbesondere ist $y : I \to \mathbb{R}$ auf dem Intervall I eine Lösung von $f(x, y(x))y'(x) + g(x, y(x)) = 0$.

Beweis: $y : I \to \mathbb{R}$ sei eine stetig differenzierbare Funktion mit $I \times y(I) \subset \Omega$. Die totale Ableitung von $h(x) := \phi(x, y(x))$ ist

$$\frac{dh}{dx} = \frac{\partial \phi}{\partial x} + \frac{\partial \phi}{\partial y} y' = g + f y'.$$

Ist daher $\phi(x, y(x)) = \phi(x_0, y(x_0))$ für alle $x \in I$, so ist h konstant und y löst die exakte Differentialgleichung. Da nach Voraussetzung $\frac{\partial \phi}{\partial y}(x_0, y_0) = f(x_0, y_0) \neq 0$, folgt die Existenz der Funktion y auf einem hinreichend kleinen Intervall I um x_0 aus dem Satz über implizite Funktionen. $\qquad\square$

7.6.13 Beispiel

Wir möchten die Lösung des Anfangswertproblems

$$\begin{cases} x^2 y' + 2xy = 0, \\ y(1) = 3 \end{cases}$$

bestimmen. Diese exakte Differentialgleichung besitzt als Potential die Funktion $\phi(x, y) = x^2 y$. Außerdem sind

$$x_0 = 1, \quad y_0 = 3, \quad \phi(x_0, y_0) = \phi(1, 3) = 3.$$

Lösen wir die Gleichung $x^2 y = \phi(x, y) = \phi(x_0, y_0) = 3$ nach y auf, erhalten wir die gesuchte Lösung $y(x) = \frac{3}{x^2}$.

Für den Fall, dass $f(x, y)y' + g(x, y) = 0$ nicht exakt ist, kann man manchmal eine Funktion $m(x, y)$ bestimmen, sodass die Gleichung

$$m(x, y)f(x, y)y' + m(x, y)g(x, y) = 0$$

exakt wird. Solch eine Funktion m nennt man EULER-*Multiplikator*.

7.6.14 Beispiel

Die Gleichung $xy' + 2y = 0$ ist nicht exakt, wohl aber die Gleichung $x^2 y' + 2xy = 0$. Der EULER-Multiplikator ist $m(x, y) := x$.

Trennung der Variablen

Eine gewöhnliche Differentialgleichung erster Ordnung mit *getrennten Variablen* ist eine Gleichung der Form

$$y'(x) = f(x)g(y(x)). \tag{7.6.16}$$

Es seien $f : I_x \to \mathbb{R}$, $g : I_y \to \mathbb{R}$ stetige Funktionen auf Intervallen I_x bzw. I_y mit $g(y) \neq 0$ für alle $y \in I_y$. Gleichung (7.6.16) kann dann umgeschrieben werden in

$$\frac{y'(x)}{g(y(x))} = f(x). \tag{7.6.17}$$

Dies ist nun eine exakte Differentialgleichung mit Potential

$$\phi(x,y) := \int_{y_0}^{y} \frac{dt}{g(t)} - \int_{x_0}^{x} f(t)dt, \text{ für alle } x_0 \in I_x, y_0 \in I_y. \tag{7.6.18}$$

Daraus ergibt sich unmittelbar der Satz:

7.6.15 Satz
f, g seien wie oben. Für $x_0 \in I_x, y_0 \in I_y$ ist das Anfangswertproblem

$$\begin{cases} y'(x) = f(x)g(y(x)) \\ y(x_0) = y_0 \end{cases}$$

in einer offenen Umgebung von x_0 eindeutig lösbar. y kann durch Auflösen der Gleichung

$$\int_{x_0}^{x} f(t)dt = \int_{y_0}^{y} \frac{dt}{g(t)}$$

erhalten werden.

7.6.16 Beispiel
Die gewöhnliche Differentialgleichung

$$y'(x) = -\frac{x}{y(x)}$$

ist eine Gleichung mit getrennten Variablen mit $f(x) := -x$, $g(y) := \frac{1}{y}$ und die exakte Form ist

$$y'(x)y(x) + x = 0.$$

Durch Integration der Gleichung

$$\int_{x_0}^{x} (-t)dt = \int_{y_0}^{y} tdt$$

erhalten wir

$$y(x) = \pm\sqrt{x_0^2 + y_0^2 - x^2},$$

wobei das Vorzeichen vom Vorzeichen der Konstanten y_0 abhängt. Man beachte, dass wir $y \neq 0$ und $y_0 \neq 0$ annehmen müssen, sodass dies

$$x \in \left(-\sqrt{x_0^2 + y_0^2}, \sqrt{x_0^2 + y_0^2} \right)$$

impliziert.

7.6.e. Eulers homogene Differentialgleichung

7.6.17 Definition

Eulers homogene Differentialgleichung besitzt die Gestalt

$$y'(x) = h\left(\frac{y(x)}{x}\right),$$

mit einer stetigen Funktion h.

Eulers homogene Differentialgleichung kann durch die Substitution $z(x) := \frac{y(x)}{x}$ in eine Differentialgleichung mit getrennten Variablen transformiert werden. Damit wird $xz'(x) + z(x) = y'(x)$, sodass

$$z'(x) = \frac{h(z(x)) - z(x)}{x}$$

oder in exakter Form

$$\frac{z'(x)}{h(z(x)) - z(x)} = \frac{1}{x}.$$

7.6.18 Beispiel

Es seien $x_0 > 0$, $y_0 \in \mathbb{R}$. Wir betrachten das Anfangswertproblem

$$y' = \frac{y^2(x)}{x^2} + \frac{y(x)}{x}, \quad y(x_0) = y_0.$$

Mit den Bezeichnungen von oben ist hier also $h(t) = t^2 + t$. Die Transformation $y(x) = xz(x)$ ergibt

$$z'(x) = \frac{z^2(x)}{x}.$$

Mit Satz 7.6.15 erhalten wir durch Auflösen der Gleichung

$$\int_{x_0}^{x} \frac{1}{t}\,dt = \int_{z_0}^{z} \frac{1}{t^2}\,dt$$

für $x > 0$ zunächst

$$\ln x - \ln x_0 = \frac{1}{z_0} - \frac{1}{z(x)}$$

und dann die Lösung

$$z(x) = \frac{z_0}{1 - z_0 \ln \frac{x}{x_0}}$$

bzw.

$$y(x) = \frac{y_0 x}{x_0 - y_0 \ln \frac{x}{x_0}}.$$

Für $y_0 = 0$ ist $y \equiv 0$. In den anderen Fällen ist entweder $y_0 < 0$ und y auf $(x_0 e^{x_0/y_0}, \infty)$ definiert oder es ist $y_0 > 0$ und y existiert auf dem Intervall $(0, x_0 e^{x_0/y_0})$.

Aufgaben

Explizite gewöhnliche Differentialgleichungen

Aufgabe 7.1
Man reduziere die folgenden Anfangswertprobleme für Gleichungen und Systeme höherer Ordnung jeweils auf Anfangswertprobleme eines Systems erster Ordnung.

(a) $y''(x) = e^x \sin(y)\cos(y')$, $\quad y(0) = y'(0) = 0$.

(b) $u'(x) = \cos(x), v''(x) = -\sin(x), \quad u(0) = v'(0) = 0, v(\pi) = 1$.

(c) $y^{(3)} = y^3 y' y''$, $\quad y(0) = 0, y'(0) = 1, y''(0) = 2$.

Aufgabe 7.2
Man bestimme die Real- und Imaginärteile der folgenden komplexen gewöhnlichen Differentialgleichungen.

(a) $z' = z^3$.

(b) $z_1' = z_1 z_2$, $\quad z_2'' = 2z_1 - z_2$.

(c) $z'' = \cos z$.

Existenz und Eindeutigkeit

Aufgabe 7.3
Die Funktion $f : [a,b] \times \mathbb{R} \to \mathbb{R}$ sei für jedes (feste) $x \in [a,b]$ als Funktion von y monoton fallend. Man zeige, dass dann das Anfangswertproblem $y'(x) = f(x,y), y(a) = \eta$, höchstens eine Lösung auf $[a,b]$ besitzt.

Aufgabe 7.4
Man benutze das Iterationsverfahren im Beweis des Satzes von Picard–Lindelöf, um die folgende lineare Gleichung zweiter Ordnung zu lösen:

$$y'' = -y, \quad y(0) = \xi, y'(0) = \eta,$$

Hinweis: Man reduziere das System zunächst auf ein System erster Ordnung für eine Abbildung $z := \begin{pmatrix} u \\ v \end{pmatrix}$ und fasse die Gleichung als eine komplexe Gleichung auf.

Maximale Lösungen

Aufgabe 7.5
Welche der folgenden gewöhnlichen Differentialgleichungen sind linear beschränkt?

(a) $u'(x) = e^x u(x)$.

(b) $u(x)u''(x) = 1$.

(c) $u'(x) = v(x), \quad v''(x) = u^2(x)$.

(d) $u'(x) = \frac{\sin x}{v^2(x)+1}, \quad v'(x) = v(x) + x^2 + 2u(x)$.

Lineare gewöhnliche Differentialgleichungen

Aufgabe 7.6
(a) Es sei $L : \mathbb{R}^n \to \mathbb{R}^n$ eine lineare Abbildung. Man zeige:

(i) Die Reihe $e^L := \sum_{k=0}^\infty \frac{1}{k!} L^k$ konvergiert bezüglich der Operatornorm.

(ii) Ist $v \in \mathbb{R}^n$ und ist $\gamma : \mathbb{R} \to \mathbb{R}^n$ durch $\gamma(x) := e^{xL}v$ definiert, so gilt $\gamma'(x) = L\gamma(x)$ für alle $x \in \mathbb{R}$.

(iii) Die Lösung $y : \mathbb{R} \to \mathbb{R}^n$ der Differentialgleichung $y'(x) = Ly(x)$ mit $y(x_0) = y_0$ ist durch $y(x) = e^{(x-x_0)L}y_0$ gegeben.

(b) Mit (a) löse man die folgenden Anfangswertprobleme für Funktionen $y_1, y_2 : \mathbb{R} \to \mathbb{R}$.

(i) $y_1'(x) = y_1(x) + y_2(x), y_2'(x) = y_2(x)$ mit $y_1(0) = 1, y_2(0) = 2$.

(ii) $y_1'(x) = 2y_1(x) - y_2(x), y_2'(x) = -y_1(x) + 2y_2(x), y_1(0) = 2, y_2(0) = 0$.

Aufgabe 7.7

(a) Man bestimme sowohl den Raum der komplexen als auch der reellen Lösungen der linearen gewöhnlichen Differentialgleichung

$$y^{(3)} = 3y'' - 4y' + 2y.$$

(b) Bestimme alle komplexen Lösungen von $z^{(3)} = iz$.

Aufgabe 7.8

(a) **Mathematisches Pendel**. Man bestimme näherungsweise die Lösungen des mathematischen Pendels der Masse m und Länge L, das heißt von der Differentialgleichung

$$\ddot{\phi}(t) = -\frac{g}{L} \sin \phi(t),$$

wenn $\phi \ll 1$, sodass $\sin \phi \approx \phi$ (dabei ist g die Gravitationskonstante). Man berechne die Dauer T einer vollen Schwingung.

(b) **Gedämpftes mathematisches Pendel**. Wie oben betrachte man nun das gedämpfte mathematische Pendel mit kleinen Amplituden $\phi \ll 1$, jedoch mit einer zusätzlichen zur Winkelgeschwindigkeit $\dot{\phi}$ proportionalen Reibung $-2\gamma\dot{\phi}$, sodass die Gleichung nun wie folgt lautet:

$$\ddot{\phi}(t) = -2\gamma\dot{\phi}(t) - \frac{g}{L} \sin \phi(t) \approx -2\gamma\dot{\phi}(t) - \frac{g}{L}\phi(t).$$

Man bestimme die Nullstellen des charakteristischen Polynoms und sowohl den komplexen als auch den reellen Lösungsraum.

(c) **Harmonischer Oszillator mit periodischer Kraft**. Der harmonische Oszillator mit Frequenz ω, welcher einer zusätzlichen externen periodischen Kraft mit derselben Frequenz ω unterworfen ist, erfüllt die Bewegungsgleichung

$$\ddot{x}(t) + \omega^2 x(t) = f_0 \cos(\omega t)$$

mit einer Konstanten $f_0 \in \mathbb{R}$. Man bestimme die reellen Lösungen dieser inhomogenen Gleichung. Wie verhält sich die Amplitude als Funktion von t?

(d) **Gedämpfter harmonischer Oszillator**. Man bestimme die allgemeine Lösung des gedämpften harmonischen Oszillators mit periodischer Kraft, das heißt von der Gleichung

$$\ddot{x}(t) + 2\gamma\dot{x}(t) + \omega^2 x(t) = f_0 \cos(\alpha t),$$

wobei $\gamma, \omega, f_0, \alpha$ jeweils konstant sind. Man unterscheide zwischen $\gamma^2 < \omega^2$ (schwache Dämpfung), $\gamma^2 = \omega^2$ (aperiodischer Grenzfall) und $\gamma^2 > \omega^2$ (starke Dämpfung). Was kann man über die Amplituden aussagen? Man diskutiere die Lösungen.

Spezielle gewöhnliche Differentialgleichungen

Aufgabe 7.9

Man löse die folgenden Differentialgleichungen und bestimme das maximale Existenzintervall.

(a) $y' = -\frac{x^2}{y^3}$, $y(0) = 1$ bzw. $y(0) = -1$.

(b) $\dot{u} = e^u \sin t$.

(c) $y' = \frac{x+2y}{2x+y}$, $y(1) = 0$.

(d) $xyy' = -(x^2 + y^2)$, $y(1) = 1$.

(e) $y' = \sin(x+y)$, $y(0) = 0$.

Aufgabe 7.10

(a) **Riccati-Gleichung**. Man bestimme die Lösungen der folgenden Gleichungen.

   (i) $y' + (\frac{2}{x} - 2x^3)y + x^3y^2 = \frac{2}{x} - x^3$, $x > 0$, $y(1) = 2$.

   (ii) $y' + 2y + e^{-x}y^2 = 4e^x$, $y(0) = 2$.

   (iii) $y' + (3 - x)y + (\frac{x}{3} - 1)y^2 = 2 - \frac{2}{3}x$, $y(0) = \frac{3}{2}$.

   (iv) $y' + \cos(x)\,y^2 = \cos(x)$, $y(0) = 3$.

(b) **Eulersche Differentialgleichung**.

   (i) Bestimme sämtliche Lösungen $y : (0,\infty) \to \mathbb{R}$ der EULERSCHEN Differentialgleichung
$$x^2y'' + axy' + by = 0, \quad a, b \in \mathbb{R}.$$

   (ii) Es sei $y_1 : (0,\infty) \to \mathbb{R}$ eine Lösung von
$$\sum_{i=0}^{n} a_i x^i y^{(i)} = 0.$$
Man zeige $y_2(x) := y_1(-x)$ ist eine Lösung derselben Gleichung auf $(-\infty, 0)$.

   (iii) Man bestimme sämtliche Lösungen $y : (0,\infty) \to \mathbb{R}$ von
$$xy' + ay = x^k,$$
wobei a, k konstant sind.

(c) **Exakte Differentialgleichung**. Man bestimme die Lösungen der folgenden Differentialgleichungen unter Zuhilfenahme eines EULER-Multiplikators (falls nötig).

   (i) $x^3y + \frac{x^4}{4}y' = 0$, $y(1) = 1$.

   (ii) $\sin x + yy' = 0$, $y(0) = 2$.

   (iii) $\cos x + \sin y + xy' \cos y = 0$, $y(\pi) = 0$.

   (iv) $e^x + (e^x \tanh y + 1)y' = 0$, $y(-\ln 2) = -\ln\sqrt{3}$.

Lösungen ausgewählter Aufgaben

Lösung zu Aufgabe 7.1:

Wir reduzieren die folgenden Anfangswertprobleme für Gleichungen und Systeme höherer Ordnung jeweils auf Anfangswertprobleme eines Systems erster Ordnung.

(a) $y''(x) = e^x \sin(y) \cos(y')$, $y(0) = y'(0) = 0$.

   Wir führen folgende Variablen ein: $y_1(x) := y(x)$, $y_2(x) := y'(x)$.

Dann ergibt sich das System erster Ordnung zu:

$$\begin{cases} y_1'(x) = y_2(x) \\ y_2'(x) = e^x \sin(y_1(x)) \cos(y_2(x)) \end{cases}$$

mit Anfangswerten $y_1(0) = 0$, $y_2(0) = 0$.

(b) $u'(x) = \cos(x)$, $v''(x) = -\sin(x)$, $u(0) = v'(0) = 0$, $v(\pi) = 1$.

Wir definieren: $u_1(x) := u(x)$, $v_1(x) := v(x)$, $v_2(x) := v'(x)$.

Damit erhalten wir:

$$\begin{cases} u_1'(x) = \cos(x) \\ v_1'(x) = v_2(x) \\ v_2'(x) = -\sin(x) \end{cases}$$

mit Anfangswerten $u_1(0) = 0$, $v_2(0) = 0$, $v_1(\pi) = 1$.

(c) $y^{(3)} = y^3 y' y''$, $y(0) = 0$, $y'(0) = 1$, $y''(0) = 2$.

Wir setzen: $y_1(x) := y(x)$, $y_2(x) := y'(x)$, $y_3(x) := y''(x)$.

Daraus ergibt sich:

$$\begin{cases} y_1'(x) = y_2(x) \\ y_2'(x) = y_3(x) \\ y_3'(x) = y_1(x)^3 \cdot y_2(x) \cdot y_3(x) \end{cases}$$

mit Anfangswerten $y_1(0) = 0$, $y_2(0) = 1$, $y_3(0) = 2$.

Lösung zu Aufgabe 7.3:

Die Funktion $f : [a, b] \times \mathbb{R} \to \mathbb{R}$ sei für jedes (feste) $x \in [a, b]$ als Funktion von y monoton fallend. Wir zeigen, dass dann das Anfangswertproblem

$$y'(x) = f(x, y), \quad y(a) = \eta$$

höchstens eine Lösung auf $[a, b]$ besitzt.

BEWEIS:

Es seien $y_1(x)$ und $y_2(x)$ zwei Lösungen desselben Anfangswertproblems. Wir betrachten die Funktion

$$\varphi(x) := y_1(x) - y_2(x).$$

Durch Differentiation erhalten wir

$$(\varphi^2(x))' = 2(y_1(x) - y_2(x))(f(x, y_1(x)) - f(x, y_2(x))).$$

Nun impliziert die Monotonie von f im zweiten Argument aber, dass die rechte Seite dieser Gleichung stets nicht-positiv ist, also

$$(\varphi^2(x))' \leq 0.$$

Da $0 \leq \varphi^2(x)$ und $\varphi(0) = 0$, schließen wir $\varphi(x) = 0$ für alle x. Das war zu zeigen. ⊛

Lösung zu Aufgabe 7.5:

Welche der folgenden gewöhnlichen Differentialgleichungen sind linear beschränkt?

(a)
$$u'(x) = e^x u(x).$$
Linear beschränkt, denn wir definieren $f(x, u) := e^x u$. Dann gilt:
$$|f(x, u)| = |e^x u| = e^x |u| \leq a(x)|u| + b(x)$$
mit $a(x) = e^x$, $b(x) = 0$. Beide Funktionen sind stetig $\Rightarrow f$ ist linear beschränkt.

(b)
$$u(x)u''(x) = 1.$$
Nicht linear beschränkt, denn nach überführung in ein System erster Ordnung mit $v = u'$ gilt
$$(u, v)' = f(x, u, v) = (v, 1/u).$$
Die rechte Seite ist nicht einmal wohldefiniert für $u(x) = 0$, geschweige denn beschränkt durch eine lineare Funktion von u.

(c)
$$u'(x) = v(x), \quad v''(x) = u^2(x).$$
Nicht linear beschränkt, denn mit $w = v'$ lässt sich das System zunächst in das folgende System erster Ordnung überführen:
$$(u, v, w)' = f(x, u, v, w), \quad \text{mit } f(x, u, v, w) = (v, w, u^2).$$
Die rechte Seite ist aber quadratisch in u und lässt sich nicht linear beschränken.

(d)
$$u'(x) = \frac{\sin x}{v^2(x) + 1}, \quad v'(x) = v(x) + x^2 + 2u(x).$$
Linear beschränkt, denn es gilt
$$\|f(x, u, v)\|^2 = (u')^2 + (v')^2 \leq 1 + 8(u^2 + v^2) + 2x^4 = a(x)\|(u, v)\|^2 + b(x)$$
mit $a(x) = 8$, $b(x) = 1 + 2x^4$.

Lösung zu Aufgabe 7.7:

(a) Wir bestimmen sowohl den Raum der komplexen als auch der reellen Lösungen der linearen gewöhnlichen Differentialgleichung
$$y^{(3)} = 3y'' - 4y' + 2y.$$

Wir betrachten hierzu die charakteristische Gleichung
$$\lambda^3 - 3\lambda^2 + 4\lambda - 2 = 0.$$

Diese Gleichung schreibt sich auch als
$$\lambda^3 - 3\lambda^2 + 4\lambda - 2 = (\lambda - 1)(\lambda^2 - 2\lambda + 2) = 0.$$

Die Lösungen sind gegeben durch
$$\lambda_1 = 0, \quad \lambda_2 = 1 + i, \quad \lambda_3 = 1 - i.$$

Daraus erhalten wir unmittelbar die komplexen und reellen Lösungen der Differentialgleichung in der folgenden Form.

Komplexe Lösungen:
$$y(x) = c_1 e^x + c_2 e^{(1+i)x} + c_3 e^{(1-i)x}, \quad c_j \in \mathbb{C}.$$

Reelle Lösungen:

$$y(x) = c_1 e^x + c_2 e^x \cos x + c_3 e^x \sin x, \quad c_j \in \mathbb{R}.$$

(b) Wir bestimmen sämtliche komplexen Lösungen von

$$z^{(3)} = iz.$$

Die charakteristische Gleichung ist

$$\lambda^3 - i = 0,$$

welche die drei komplexen Lösungen

$$\lambda_1 = -i, \quad \lambda_2 = \frac{\sqrt{3} + i}{2}, \quad \lambda_3 = \frac{-\sqrt{3} + i}{2}$$

besitzt. Daraus lässt sich sofort der Lösungsraum ablesen, nämlich

$$z(x) = c_1 e^{-ix} + c_2 e^{\frac{\sqrt{3}+i}{2}x} + c_3 e^{\frac{-\sqrt{3}+i}{2}x}, \quad c_j \in \mathbb{C}.$$

Lösung zu Aufgabe 7.9:

Wir lösen die folgenden Differentialgleichungen und bestimmen das maximale Existenzintervall.

(a)

$$y' = -\frac{x^2}{y^3}, \quad y(0) = \pm 1.$$

Durch Trennung der Variablen erhalten wir

$$y^3 dy = -x^2 dx \Rightarrow \int y^3 dy = -\int x^2 dx$$

$$\frac{y^4}{4} = -\frac{x^3}{3} + C \Rightarrow y(x) = \left(-\frac{4}{3}x^3 + C\right)^{1/4}$$

Einsetzen von $y(0) = \pm 1$ ergibt $C = 1$, also

$$y(x) = \pm\left(1 - \frac{4}{3}x^3\right)^{1/4}$$

Das maximale Existenzintervall von y ist $x \in \left(-\infty, \sqrt[3]{\frac{3}{4}}\right)$.

(b)

$$\dot{u} = e^u \sin t.$$

Wir trennen die Variablen und erhalten

$$\frac{du}{e^u} = \sin t \, dt \Rightarrow \int e^{-u} du = \int \sin t \, dt$$

also

$$e^{-u} = \cos t - 1 + e^{-u(0)} \quad \Rightarrow \quad u(t) = \ln(\cos t - 1 + e^{-u(0)})$$

Die Lösung ist nur definiert, solange $\cos t > 1 - e^{-u(0)}$. Je nach Anfangsbedingung ergibt sich ein konkreter Wert, und das maximale Existenzintervall hängt davon ab.

(c)

$$y' = \frac{x + 2y}{2x + y}, \quad y(1) = 0.$$

Wir substituieren $u = \frac{y}{x} \Rightarrow y = ux$, $y' = u + xu'$ und erhalten damit

$$u + xu' = \frac{x + 2ux}{2x + ux} = \frac{1 + 2u}{2 + u}$$

$$\Rightarrow xu' = \frac{1 + 2u}{2 + u} - u = \frac{1 - u^2}{2 + u}.$$

Die Variablen sind jetzt trennbar, was zu

$$\frac{2 + u}{1 - u^2} du = \frac{1}{x} dx \quad \Leftrightarrow \quad \left(\frac{1}{2} \cdot \frac{1}{1 + u} + \frac{3}{2} \cdot \frac{1}{1 - u} \right) du = \frac{1}{x} dx$$

und dann durch Integration zu

$$\ln \frac{1 + u}{(1 - u)^3} = \ln x^2 + \tilde{C}$$

führt, mit einer Konstanten $\tilde{C}$. Wegen der Anfangsbedingung $y(1) = u(1) = 0$ ist $\tilde{C} = 0$ und somit

$$\frac{1 + u}{(1 - u)^3} = x^2.$$

Da $x(1 - u) = x - y$, $x(1 + u) = x + y$, ergibt dies jetzt die implizite Darstellung der Lösung durch die kubische Gleichung:

$$x + y = (x - y)^3, \quad y(0) = 1.$$

Man beachte, dass sich aus $x + y = (x - y)^3$ ebenfalls die Gleichung

$$\frac{x + 2y}{2x + y} = \frac{3(x - y)^2 - 1}{3(x - y)^2 + 1}$$

ergibt.

(d)

$$xyy' = -\left(x^2 + y^2 \right), \, y(1) = 1.$$

Dies ist eine homogene Differentialgleichung und der Ansatz $u = \frac{y}{x}$ führt wegen $y = ux$, $y' = u + xu'$ zu

$$x(ux)(u + xu') = -\left(x^2 + u^2 x^2 \right)$$

$$\Rightarrow u(u + xu') = -(1 + u^2),$$

also durch Trennung der Variablen dann

$$\frac{4u}{1 + 2u^2} du = -\frac{4}{x} dx.$$

Die Integration beider Seiten ergibt

$$\ln(1 + 2u^2) = \ln \frac{1}{x^4} + C$$

mit einer Konstanten C, welche von den Anfangsbedingungen abhängt. Da $y(1) = u(1) = 1$, folgt $C = \ln 3$ und damit

$$1 + 2u^2 = \frac{3}{x^4} \quad \Leftrightarrow \quad u^2 = \frac{1}{2} \left(\frac{3}{x^4} - 1 \right).$$

Dies ergibt

$$y = \sqrt{\frac{3 - x^4}{2x^2}}$$

und das maximale Existenzintervall ist $(0, \sqrt[4]{3})$.

(e) Wir lösen

$$y' = \sin(x + y), \quad y(0) = 0, y(0) = 0$$

und bestimmen das maximale Existenzintervall der Lösung. Hierzu führen wir die Substitution

$$u = x + y \quad \Rightarrow \quad y = u - x \quad \Rightarrow \quad y' = \frac{du}{dx} - 1$$

durch. Die Differentialgleichung wird dadurch zu

$$\frac{du}{dx} - 1 = \sin u \quad \Rightarrow \quad \frac{du}{dx} = \sin u + 1 \quad \Rightarrow \quad \frac{du}{\sin u + 1} = dx.$$

Nun integrieren wir beide Seiten. Es gilt

$$\int \frac{1}{1 + \sin u} \, du = \frac{2}{\tan(u/2) + 1} + C,$$

mit einer Konstanten C, also ergibt sich wegen der Anfangsbedingung $y(0) = 0 = u(0)$ daraus

$$\frac{2}{\tan(u/2) + 1} = x + 2.$$

Dies lässt sich umformen zu:

$$\tan\left(\frac{u}{2}\right) + 1 = \frac{2}{x + 2} \quad \Rightarrow \quad \tan\left(\frac{u}{2}\right) = \frac{2 - (x + 2)}{x + 2} = -\frac{x}{x + 2}.$$

Da $u = x + y$, ergibt sich schließlich

$$y(x) = -2 \arctan\left(\frac{x}{x + 2}\right) - x.$$

Die Funktion $y(x)$ ist genau dann wohldefiniert, wenn der Ausdruck

$$\frac{-x}{x + 2}$$

im Definitionsbereich der `arctan`-Funktion liegt (was immer der Fall ist), und wenn der Nenner $x + 2 \neq 0$ ist, also $x \neq -2$. Da bei $x = -2$ eine Polstelle entsteht und $x = 0$ im Definitionsbereich der Lösung liegt, ist das maximale Existenzintervall der gesuchten Lösung das Intervall $(-2, \infty)$.

Literaturverzeichnis

[1] Herbert Amann und Joachim Escher. *Analysis. II*. Birkhäuser Verlag, Basel, 2008.

[2] Otto Forster. *Analysis. 2*. Grundkurs Mathematik. Vieweg + Teubner, Wiesbaden; Springer Spektrum, Wiesbaden, 2017. Differentialrechnung im $\mathbb{R}^n$, gewöhnliche Differentialgleichungen.

[3] Harro Heuser. *Lehrbuch der Analysis. Teil 1*. Mathematische Leitfäden. B. G. Teubner, Stuttgart, 1991.

[4] Klaus Jänich. *Analysis für Physiker und Ingenieure*. Springer-Lehrbuch. Springer-Verlag, Berlin, 1990. Funktionentheorie, Differentialgleichungen, Spezielle Funktionen.

[5] Jürgen Jost. *Postmodern analysis, dritte Auflage*. Universitext. Springer-Verlag, Berlin, 2005.

[6] Erich Kamke. *Differentialgleichungen, neunte Auflage*. B. G. Teubner, Stuttgart, 1977. Lösungsmethoden und Lösungen. I: Gewöhnliche Differentialgleichungen, mit einem Vorwort von Detlef Kamke.

[7] Konrad Königsberger. *Analysis 2*. Springer-Lehrbuch. Springer-Verlag, Berlin, 1993. Grundwissen Mathematik.

[8] Knut Smoczyk. *Analysis 1, zweite Auflage*. Norderstedt: Book on Demand, 2024.

[9] Rolf Walter. *Einführung in die Analysis. 2*. de Gruyter Lehrbuch. Walter de Gruyter & Co., Berlin, 2007.

[10] Dirk Werner. *Funktionalanalysis*. Springer-Verlag, Berlin, 2000.

Literaturverzeichnis

Symbolverzeichnis

Symbolverzeichnis

Sachverzeichnis

Knut Smoczyk ist Professor für Differentialgeometrie an der Leibniz Universität Hannover. Während seines Studiums der Mathematik und Physik erhielt er ein Stipendium der Studienstiftung des deutschen Volkes und promovierte 1994 im Graduiertenkolleg *Geometrie und Mathematische Physik* an der Ruhr-Universität Bochum. Von 1995 bis 1996 war er Stipendiat der Alexander von Humboldt-Stiftung an der Harvard University. Danach arbeitete er von 1996 bis 1998 als Assistent an der ETH Zürich. Anschließend verbrachte er mehrere Jahre am Max-Planck-Institut für Mathematik in den Naturwissenschaften in Leipzig, wo er sich 2000 an der Universität Leipzig habilitierte und als Privatdozent tätig war. Ab 2004 war er Heisenberg-Stipendiat, bevor er 2005 an die Gottfried Wilhelm Leibniz Universität Hannover berufen wurde.